fit fürs

abi

Klausur-Training

Chemie

Schroedel

fit fürs
abi
Klausur-Training
Chemie

für Schülerinnen und Schüler zur Vorbereitung auf das Abitur

Oberstudienrätin **Martina Tschiedel**, Diplomchemikerin mit Staatsprüfung in Chemie und Biologie, hat seit 1984 Erfahrungen bei der Vorbereitung von Schülern auf das schriftliche und mündliche Abitur im Fach Chemie.

Druck [2] / Jahr 2013

Redaktion und Satz: imprint, Zusmarshausen
Kontakt: lernhilfen@schroedel.de
Herstellung: Sandra Grünberg
Umschlaggestaltung und Innenlayout: Janssen Kahlert Design & Kommunikation, Hannover
Umschlagfoto: Getty Images / Samuel Ashfield
Druck und Bindung: westermann druck GmbH, Braunschweig

ISBN 978-3-507-**23051**-4

Symbolerklärung

- **A** Aufgabe
- **L** Lösung
- **1.** Aufgabe zum mündlichen Abitur
- **1.** Lösung zur Aufgabe zum mündlichen Abitur

Vorwort

Liebe Leserin, lieber Leser,

Fit fürs Abi – Klausur-Training Chemie wendet sich an Schülerinnen und Schüler der gymnasialen Oberstufe, die eine schriftliche oder mündliche Prüfung im Fach Chemie ablegen wollen. Es ist nicht zur reinen Aneignung von Lehrstoff gedacht, sondern als Ergänzung zum Unterricht und zu Lehrbüchern. **Fit fürs Abi – Klausur-Training Chemie** ist hervorragend zum Selbststudium geeignet.

Eine Arbeitserleichterung erhalten Sie dadurch, dass die **Aufgaben komprimiert angeboten** werden und somit der Zeitaufwand des Suchens nach geeigneten Aufgaben entfällt. Sie können sich so in Vorbereitung auf das Abitur einen Themenbereich in der Wiederholung erarbeiten und anschließend mithilfe der Lösungen Ihr Wissen kontrollieren.

Die Palette der Aufgaben ist so ausgewählt, dass **grundsätzliche Themenbereiche der Oberstufe mit Aufgaben unterschiedlicher Schwierigkeitsgrade** vorgestellt werden. Als Richtlinien für die Auswahl der Aufgaben dienten Abituraufgaben aus verschiedenen Bundesländern. Zur Kontrolle werden Lösungsvorschläge angeboten, die sich direkt an die Aufgaben anschließen.

- Zwischen Grund- und Leistungskursfach wird nicht differenziert. Eine besondere Kennzeichnung verschiedener Schwierigkeitsgrade von Aufgaben wird nicht vorgenommen, um unvoreingenommenes Herangehen an die Aufgaben zu ermöglichen.
- Bei einigen Aufgaben wird die Herangehensweise offengelassen. Entscheiden Sie hier selbst, welche Angaben nötig sind, damit die Lösungen den Anforderungen genügen.
- Manchmal müssen mehrere Varianten diskutiert werden.
- Ein Schwerpunkt ist auch das Bearbeiten von Materialien, da diese Form der Aufgabenstellung in den letzten Jahren verstärkt gefordert wurde.
- Bei einem großen Teil der Aufgaben handelt es sich um sogenannte Standardaufgaben, die Grundlage für das erfolgreiche Bestehen im Abitur sind und Ihnen das Verständnis für Anwendungsaufgaben sichern.
- Eventuelle experimentelle Anforderungen sind in Hinweisen enthalten, da auch hier unterschiedliche Prioritäten gesetzt sind.

Viel Erfolg!
Martina Tschiedel

Hinweise zur Arbeit mit dem Klausur-Training

Das Klausur-Training beginnt mit **methodischen Hinweisen** in Kapitel 1. Hier finden Sie mithilfe von Beispielen Informationen zur Herangehensweise an Aufgaben. Diese Hinweise sind allgemein gültig. Beschäftigen Sie sich besonders ausführlich mit diesem Teil, denn dadurch wird ihnen mancher Lösungsweg verständlicher. Viele Dinge werden nur angerissen und lediglich mit einem Beispiel bedacht. Weitere Beispiele finden Sie dann im Aufgabenteil.

Bevor Sie sich einzelnen Kapiteln des Buches zuwenden, überlegen Sie, worauf Sie sich vorbereiten wollen und entscheiden Sie dann, welcher Teil des Buches wichtig ist.
Beispiel: Sie wollen sich auf eine Klausur in Thermochemie vorbereiten:
a) Klausur über 90 Minuten: Erarbeiten Sie sich zuerst den Stoff, dann lösen Sie die Aufgaben im Aufgabenteil, anschließend lösen Sie die Aufgaben im Klausurteil.
b) Leistungskontrolle über 45 Minuten: Erarbeiten Sie sich erst den Stoff, lösen Sie dann die Aufgaben im Aufgabenteil und prüfen Sie anschließend, ob ein entsprechendes Beispiel für eine Leistungskontrolle vorhanden ist.
Nicht für alle Stoffgebiete findet man Klausur- oder Leistungskontrollbeispiele. In diesem Fall sind die Aufgaben im Aufgabenteil ebenfalls zur Vorbereitung geeignet.

Der **Aufgabenteil** (Kapitel 2) enthält Aufgaben zu verschiedenen Stoffgebieten. Bevor Sie Aufgaben lösen, informieren Sie sich bei Ihrer Fachlehrerin bzw. Ihrem Fachlehrer über die Relevanz der Aufgaben in Ihrem Bundesland. Wird ein Stoffgebiet in einem Land nicht thematisiert, ist die Auswahl einfach. Aber auch bei Stoffgebieten, die besprochen werden, können einzelne Aufgaben mitunter für Sie nicht so wichtig sein.

Der **Klausurteil** (Kapitel 3) bietet Aufgaben in einer Form zusammengestellt, die so in Klausuren vorkommen kann. Die Klausuren eins bis acht sind für eine Zeit von 90 Minuten konzipiert. Weiterhin werden **Leistungskontrollen** (Kapitel 4) vorgestellt, die eine Bearbeitungszeit von 45 Minuten vorsehen.

In Kapitel 5 finden Sie Beispiele für **Aufgaben im mündlichen Abitur**. Ein Teil der Aufgaben enthält Experimente. Sollten in Ihrem Bundesland keine Experimente gefordert werden, lassen Sie die Aufgabe einfach weg oder lösen nur die Aufgaben ohne Experiment.

Im Anhang finden Sie den **Analytikteil**. Informieren Sie sich auch hier, welche Nachweisreaktionen oder analytischen Methoden in Ihrem Bundesland gefordert werden.
Weiterhin bietet der Anhang eine Auswahl von Tabellen und Zahlenwerten, die für Sie eine Hilfe bei der Bearbeitung von Aufgaben sein sollen – auch für solche Aufgaben, die nicht in diesem Klausur-Training auftreten.

Anforderungen im Abitur

Allgemeines

Die inhaltliche und organisatorische Durchführung der Abiturprüfung liegt, wie der gesamte Kulturbereich, in der föderalen Hoheit der Bundesländer. Es ist daher im Rahmen dieses Buches nicht möglich, auf jedes Bundesland im Detail einzugehen. Es ist z. B. zu beachten, dass Unterschiede in Bundesländern mit oder ohne Zentralabitur auftreten. Informieren Sie sich daher unbedingt über die für Sie geltenden Bestimmungen Ihres Bundeslandes. Ihre Fachlehrer oder Oberstufenkoordinatoren stehen Ihnen dafür sicherlich gerne als Ansprechpartner zur Verfügung.

Als Abiturientin oder Abiturient müssen Sie in der Lage sein, erworbenes Grundwissen anzuwenden, fachübergreifende Bezüge und Verbindungen zu Praxis und Umwelt herzustellen und zu interpretieren. Besonders im Leistungsfach wird Sicherheit im Umgang mit mathematischen Kenntnissen gefordert. Dies beinhaltet auch den Umgang mit Größen und Einheiten im Bereich der physikalischen Chemie. Gegebenenfalls müssen Fähigkeiten und Fertigkeiten beim Experimentieren nachgewiesen werden.

In vielen Bundesländern werden immer mehr sogenannte „offene" Aufgaben gestellt, die höhere Anforderungen an Verständnis und Anwendungsbereitschaft des Wissens stellen. Damit soll dem Kompetenzmodell Rechnung getragen werden. In offenen Aufgaben müssen häufig Beispiele selbst gewählt und auf Eignung im Sinne der Aufgabenstellung eingeschätzt werden. So ist es z. B. nicht sinnvoll, chemische Gleichgewichte anhand einer Reaktion zu erklären, bei der das Gleichgewicht nahezu auf einer Seite liegt. Außerdem wäre es ungünstig, ein Salz als Düngemittel vorzuschlagen, welches Umweltprobleme hervorrufen könnte.
Dabei spielt auch der Bezug zur Praxis eine große Rolle. Deshalb soll beim Erarbeiten von chemischen Sachverhalten immer die technische oder industrielle Nutzung bedacht werden.

Es gilt immer: Die Struktur eines Stoffes bestimmt seine Eigenschaften, die Eigenschaften bestimmen die Verwendung.

Häufig wird auch der kritische Umgang mit Fakten und die Diskussion von Problemen gefordert. Vor allem im Rahmen fachübergreifender Themen wird die kritische Reflexion von Fakten, Fachliteratur und Pressemeldungen sowie die Diskussion von Problemen verlangt.

Schriftliches Abitur

Im schriftlichen Abitur wird ein Themenbereich in einem Zeitraum von mehreren Stunden (240 bis 300 Minuten) bearbeitet. Lesen Sie die Aufgaben gründlich durch und versuchen Sie, diese unter Anwendung der entsprechenden Fachtermini zu verstehen. In vielen Bundesländern stehen zwei bis drei Themen zur Wahl. Mitunter werden auch Pflicht- und Wahlaufgaben angeboten. In diesem Fall dürfen Sie nur zum Teil frei wählen.

- Nutzen Sie die zumeist gewährte Einlesezeit, bevor Sie sich endgültig entscheiden.
- Lassen Sie sich bei der Auswahl Zeit und wählen Sie die Aufgabe, die für Sie am günstigsten erscheint. Es wird sicher kaum so sein, dass eine Aufgabe in allen Teilbereichen Ihren Neigungen vollständig entspricht.
- Aufgabenstellungen, die nur einen Themenbereich erfassen, treten kaum auf. So können z.B. beim Thema „Organische Chemie“ auch thermodynamische Berechnungen auftreten.
- Nicht in allen Bundesländern werden Aufgaben zur Wahl gestellt. In diesem Fall beginnen Sie mit der Aufgabe, oder den Aufgaben, die Sie sicher lösen können. Dadurch gewinnen Sie Ruhe und Zeit, schwierigere Aufgaben am Schluss zu bearbeiten.
- Eine Kopplung verschiedener Wahlaufgaben ist meist nicht zulässig. Zum Lösen mehrerer Wahlaufgaben fehlt in der Regel die Zeit.
- Denken Sie generell an eine übersichtliche Darstellung Ihrer Ausführungen – fertigen Sie gegebenenfalls zunächst ein Konzept an. Manchmal dürfen „Formpunkte“ abgezogen werden.
- Die Bearbeitung der Themen muss Sicherheit in der chemischen Fach- und Zeichensprache erkennen lassen. Oft genügt es aber nicht, nur eine Reaktionsgleichung ohne Erläuterungen aufzuschreiben.
- Grafiken müssen ausgewertet und teilweise selbst erstellt werden. Materialien sind sinnvoll einzusetzen. Hinweise zu diesem Thema finden Sie im Kapitel 1 „Methodisches Arbeiten“.
- Auch in einer Naturwissenschaft muss eine Facharbeit in einwandfreiem Deutsch abgeliefert werden. Verwenden Sie klare, prägnante Formulierungen ohne Polemik. Arbeiten Sie mit kurzen, klaren Sätzen.
- Sie müssen in der Lage sein, die Zeit für die anstehenden Aufgaben gut einzuteilen. Legen Sie trotzdem während der Prüfung individuelle Pausen ein. Nach einer Pause zum Beinevertreten oder Luftschnappen arbeitet man wieder viel besser und konzentrierter.

Mündliches Abitur

Beim mündlichen Abitur muss eine Aufgabenstellung bearbeitet werden. Diese kann einen theoretischen Teil, Experimente und Rechenaufgaben enthalten. Zur Bearbeitung stehen in der Regel 20 Minuten zur Verfügung; werden Experimente gefordert, erhöht sich die Vorbereitungszeit.

- Erarbeiten Sie in der Vorbereitungszeit ein stichpunktartiges Konzept für Ihren Vortrag. Halten Sie sich dabei eng an die Vorgaben des Themas. Die Themen sind so gestellt, dass eine Behandlung in der vorgegebenen Zeit gut möglich ist.
- Anschließend wird das Thema in einem Vortrag unter Berücksichtigung der chemischen Fach- und Zeichensprache in 10 bis 15 Minuten behandelt.
- Der zweite Teil der Prüfung ist ein Gespräch mit der Prüfungskommission und nimmt ein Zeitvolumen von ca. 10 Minuten in Anspruch.
- Bei einer mündlichen Prüfung ist auch sicheres Auftreten und flüssiges Sprechen gefordert.

Tipp

- Versuchen Sie, Defizite geschickt zu überspielen. Sagen Sie z. B. nicht, dass Sie eine Teilaufgabe nicht lösen können, sondern gehen Sie zur nächsten Teilaufgabe über.
- Die Bearbeitung der Aufgaben in der vorgegebenen Reihenfolge ergibt einen flüssigen Vortrag.
- Verwenden Sie bei Ihren Ausführungen die Tafel. Teilen Sie den Platz an der Tafel gut ein und vermeiden Sie ein Abwischen der Tafel während der Prüfung.

Konzept zur Abiturvorbereitung

- Wenn Sie mit der Abiturvorbereitung beginnen, denken Sie daran, dass ein möglichst frühzeitiger Einstieg von großem Vorteil ist, da der Unterrichtsstoff mehrerer Jahre abgefragt wird. Einige Stoffgebiete liegen länger zurück und müssen gründlicher wiederholt werden.
- Erfragen Sie bei Fachlehrerin oder Fachlehrer Schwerpunktthemen und den Ablauf der Wiederholung im Unterricht.
- Stellen Sie Ihren persönlichen Wiederholungsplan auf, der mit den Wiederholungen im Unterricht abgestimmt sein sollte. Bedenken Sie, dass nicht nur eine Prüfung abzulegen ist.
- Koordinieren Sie einzelne Fächer nach der Reihenfolge der abzulegenden Prüfungen. Es ist meist günstiger, an einem Tag *nicht* für mehrere Fächer zu lernen.
- Sprechen Sie mit Absolventen früherer Jahrgänge über deren Erfahrungen.
- Wiederholen Sie zuerst *ein* Stoffgebiet.
  - Lösen Sie Aufgaben zum Stoffgebiet, um den Erfolg zu kontrollieren. Hierfür eignen sich auch Übungsaufgaben aus dem Unterricht. Decken Sie jedoch zunächst die Lösungen ab.
  - Anschließend können Sie vergleichen, ob Ihr Ergebnis mit dem aus Ihren Unterlagen übereinstimmt. Sehen Sie sich Lösungen jedoch nicht zu früh an. Versuchen Sie, die Aufgabe möglichst ohne Hilfe zu lösen.
  - Auch Klausuraufgaben eignen sich zur Wiederholung! Sollten die Fehler in Klausuren noch nicht berichtigt sein, fertigen Sie eine Berichtigung an. Hilfreich sind hierbei Korrekturhinweise der Lehrerin oder des Lehrers.
- Arbeiten Sie bei der Kontrolle von Wiederholungsergebnissen gegebenenfalls in Gruppen. Kontrollieren Sie sich selbst, ob Sie erarbeiteten Stoff erklären können, denn es gilt: Was man verstanden hat, kann man auch erklären.
- Gehen Sie ausgeruht an die Aufgaben heran und versuchen Sie, sich zu motivieren. Legen Sie in angemessenen Abständen Pausen ein. Stellen Sie sich ein Lernziel und belohnen Sie sich z. B. durch Freizeitangebote wie Sport, Kino usw.
- Informieren Sie sich über zugelassene Hilfsmittel. Manche Bundesländer gestatten Formelsammlungen bzw. Tafelwerke. Diese sind nur dann eine Hilfe, wenn man sich im Umgang mit diesen Büchern auskennt. Ebenfalls müssen Sie rechtzeitig an die materiellen Voraussetzungen denken. Überlegen Sie, ob noch Bücher zu besorgen oder auszuleihen sind.
- Informieren Sie sich, welche Taschenrechner zum Abitur zugelassen sind und ob Ihr Rechner den Anforderungen genügt.
- Denken Sie an ausreichend Schlaf in der Vorbereitungsphase. Beenden Sie Ihre Vorbereitungen rechtzeitig.
- Die letzte Nacht vor der Prüfung ist zum Lernen nicht geeignet.

Erläuterungen zu den Operatoren

Die folgende Übersicht soll Ihnen helfen, Arbeitsanweisungen (Operatoren), die im schriftlichen und mündlichen Abitur auftreten, in ihrer Bedeutung richtig zu verstehen. Einfache Beispiele geben zusätzliche Hinweise zum Verständnis.

Operator: Zeichnen, grafisch darstellen

Erläuterung: Sie sollen eine Zeichnung bzw. grafische Darstellung anfertigen.
Hinweise: Grafische Darstellungen von Daten, Sachverhalten oder Informationen kann man in Diagrammen veranschaulichen. Je nach der Zielsetzung des Diagramms werden unterschiedliche Typen eingesetzt. Im Abitur ist ein Zeitlimit gesetzt. Deshalb eignen sich besonders Achsen- oder Säulendiagramme.

- Achsendiagramme veranschaulichen Zusammenhänge zwischen voneinander abhängigen Werten oder Messgrößen in einem Koordinatensystem. In einem Achsendiagramm können z. B. in der Kinetik Konzentrationen in Abhängigkeit von der Reaktionszeit dargestellt werden.
- Bei einem Säulendiagramm wird der Abstand zwischen Abszissenachse und Datenpunkt mit einer senkrecht auf der Achse stehenden Linie oder rechteckigen Fläche dargestellt. So kann man z. B. Vergleiche von Konstanten (Siede- und Schmelztemperaturen, Säure- und Basekonstanten) vergleichend darstellen.

Grafische Darstellungen enthalten genaue Messwerte. Die Darstellungen müssen beschriftet werden.

1. Stellen Sie die Siedetemperaturen der Alkane und Alkanole in Abhängigkeit der Molekülmasse dar. A

1. L

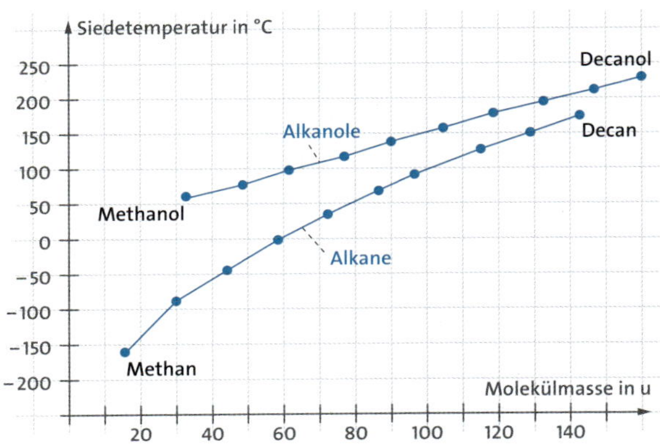

Operator: Skizzieren

Erläuterung: Sie sollen eine stark vereinfachte beschriftete Zeichnung anfertigen.
Hinweise: In der Mathematik ist es üblich, Graphen in ihrem wesentlichen Verlauf als Skizze darzustellen. In der Chemie kann man z. B. Titrationskurven als Skizze darstellen. Hier müssen keine Messwerte eingetragen werden, sondern nur der Verlauf und einige Eckpunkte, wie Anfangspunkt, Endpunkt, Äquivalenzpunkt und eventuell noch Halbäquivalenzpunkte, wenn solche auftreten. So muss aus der Skizze der Titrationskurve von Salzsäure mit Natronlauge nur erkennbar sein, dass die Kurve im stark sauren Bereich beginnt und im stark basischem Bereich endet. Der Äquivalenzpunkt liegt bei pH-Wert 7. Ebenfalls zum Skizzieren sind konduktometrische Kurven geeignet. Der Schwerpunkt kann hier sein, dass man Kurven für schwache Säure und starke Base oder umgekehrt im Verlauf skizziert. Genaue Messwerte sind nicht erforderlich. Auch Skizzen werden beschriftet.

A

2. Skizze Konduktometrie (starke Säure/starke Base)

L

2.

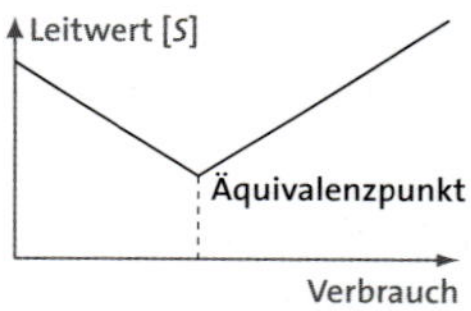

Operator: Nennen, angeben

Erläuterung: Sachverhalte sollen ohne Wertung und Erläuterung eventuell in Tabellenform wiedergegeben werden.
Hinweise: Sachverhalte einfach aufführen wie in Beispiel a) oder wie in Beispiel b) als Tabelle darstellen.

A

3. a) Nennen Sie drei Eigenschaften von Metallen.
b) Nennen Sie die Nachweismittel für Chlorid-, Sulfat-, Aluminium- und Kupfer(II)-Ionen.

L

3. a) Metalle leiten den elektrischen Strom, sind Wärmeleiter und sind plastisch verformbar.

b)

Ion	Nachweismittel
Chlorid-Ion	Silbernitratlösung
Sulfat-Ion	Bariumchloridlösung
Aluminium-Ion	Alizarin S-Lösung
Kupfer(II)-Ionen	Ammoniak-Lösung oder gelbes Blutlaugensalz

Operator: Definieren

Erläuterung: Sie sollen die Bedeutung eines Begriffs knapp formulieren.
Hinweise: Definitionen werden oft von Sachbegriffen verlangt.

4. a) Definieren Sie *Säure* und *Base* nach BRÖNSTED und ARRHENIUS. **A**
b) Definieren Sie den *pH-Wert*.

4. a) BRÖNSTED: Säuren sind Protonendonatoren, Basen sind Protonenakzeptoren. **L**
ARRHENIUS: Säuren dissozieren in wässriger Lösung in positiv geladene Wasserstoff-Ionen und negativ geladene Säurerest-Ionen. Basen dissoziieren in wässriger Lösung in positiv geladene Metall-Ionen und negativ geladene Hydroxid-Ionen.
b) Der pH-Wert ist der negative dekadische Logarithmus der Wasserstoff-(Hydronium)-Ionenkonzentration.

Operator: Beschreiben

Erläuterung: Sie sollen über einen Sachverhalt in einem zusammenhängenden Text berichten.
Hinweise: Es wird lediglich eine Beobachtung ohne Wertung gefordert. Wichtig ist, dass Ihre Texte aus vollständigen Sätzen bestehen, also nennen Sie nicht nur Stichpunkte. Beachten Sie die Unterschiede zum Operator „Erläutern“ bei Aufgabe 7.

5. Beschreiben Sie die Beobachtungen bei der Reaktion von Kupfer(II)-sulfat mit Zink. **A**

5. Kupfer(II)-sulfat ist eine blaue Lösung. Bei Zink handelt es sich um einen grauen Feststoff. Gibt man das Zink in die Kupfer(II)-sulfat-Lösung, so wird die Lösung allmählich farblos und es fällt ein rotbrauner Niederschlag aus. Das Reagenzglas wird warm. **L**

Operator: Vergleichen

Erläuterung: Sie sollen unter verschiedenen Gesichtspunkten Gemeinsamkeiten und Unterschiede zwischen Sachverhalten herausstellen.
Hinweise: Beim Vergleichen müssen immer erst die Sachverhalte geschildert werden bevor man Gemeinsamkeiten und Unterschiede betrachtet.

6. a) Vergleichen Sie Atombindung, polare Atombindung und Komplexbindung. **A**
b) Vergleichen Sie die Vorgänge bei der Leitung des elektrischen Stroms in Metallen und Salzlösungen.

L

6. a) Es handelt sich in allen Fällen um Elektronenpaarbindungen. Bei der *Atombindung* wird das bindende Elektronenpaar (bzw. werden die bindenden Elektronenpaare) von beiden Bindungspartnern gleich stark angezogen, was in der Differenz der Elektronegativitätswerte sichtbar wird. Bei *polarer Atombindung* wird das bindende Elektronenpaar von einem Partner stärker angezogen. Die Differenz der Elektronegativitätswerte wird größer. Bei der *Komplexbindung* wird das bindende Elektronenpaar nicht wie bei der Atombindung von beiden Bindungspartnern gebildet, sondern nur ein Partner (der Ligand) liefert das bindende Elektronenpaar.

b) Metalle und Salzlösungen enthalten Ladungsträger, die für die Leitfähigkeit verantwortlich sind. In Metallen sind das Elektronen, in Salzlösungen Ionen. Erwärmt man Metalle, so steigt der Widerstand und die Leitfähigkeit sinkt. Bei Salzlösungen sinkt beim Erwärmen die Viskosität und die Leitfähigkeit wird dadurch verbessert.

Operator: Erläutern

Erläuterung: Sie sollen einen Sachverhalt mithilfe der Fachsprache, vergleichbarer Beispiele oder Strukturen verdeutlichen.
Hinweise: In der Chemie können Sie Sachverhalte auch mithilfe von chemischen Formeln und Gleichungen veranschaulichen und verständlich machen.

A

7. Erläutern Sie die Beobachtungen der Reaktion Kupfer(II)-sulfat mit Zink.

L

7. Folgende Beobachtungen wurden protokolliert (vgl. Aufgabe 5): „Kupfer(II)-sulfat ist eine blaue Lösung. Bei Zink handelt es sich um einen grauen Feststoff. Gibt man das Zink in die Kupfer(II)-sulfat-Lösung, so wird die Lösung allmählich farblos und es fällt ein rotbrauner Niederschlag aus. Das Reagenzglas wird warm." Die Blaufärbung der Kupfer(II)-sulfatlösung ist auf das Vorhandensein von Kupfer(II)-Ionen zurückzuführen. Diese werden bei der Reaktion verbraucht, weshalb sich die Lösung entfärbt. Aus den Kupfer(II)-Ionen wird Kupfer gebildet, welches rotbraun ausfällt. Das Reagenzglas erwärmt sich, weil eine exotherme Reaktion vorliegt.
$CuSO_4 + Zn \longrightarrow ZnSO_4 + Cu;\ \Delta_R H = -n\ kJ \cdot mol^{-1}$

Operator: Erklären

Erläuterung: Sie sollen durch Darstellung von Ursachen und Zusammenhängen das Verstehen von Erscheinungen ermöglichen.
Hinweise: In der Chemie können viele Erscheinungen mithilfe von Reaktionsgleichungen erklärt werden. Es können auch Erklärungen von Sachverhalten aus Pressemeldungen gefordert werden.

8. Ein Schüler fällt mit Silbernitratlösung und Salzsäure Silberchlorid aus. Anschließend überprüft er die Löslichkeit des Silberchlorids in Natriumthiosulfat. Zuerst löst sich der Niederschlag und später tritt wieder eine Trübung auf und es ist ein stechender Geruch zu beobachten. Erklären Sie das Ergebnis des Experiments. A

8. $Ag^+ + Cl^- \rightleftharpoons AgCl$ Der Niederschlag wird gebildet. L
$AgCl + 2\ Na_2S_2O_3 \longrightarrow Na_3\,[Ag(S_2O_3)_2] + NaCl$ Der Niederschlag löst sich auf, da die entstehende Komplexverbindung löslich ist.
Da der Schüler zum Fällen Salzsäure benutzt hat, kann diese mit dem Natriumthiosulfat nach folgender Bruttogleichung reagieren:
$Na_2S_2O_3 + 2\ HCl \longrightarrow H_2O + SO_2 + NaCl + S$
Der entstandene Schwefel ergibt die Trübung. Außerdem kann man den Geruch von Schwefeldioxid wahrnehmen.

Operator: Erörtern

Erläuterung: Sie sollen die positiven und negativen Seiten eines Sachverhaltes oder einer Entwicklung darstellen und bewerten.
Hinweise: Bei einer Erörterung soll ein eigener Standpunkt zu einer Fragestellung gefunden und argumentativ dargelegt werden. Hierzu eignen sich besonders Pressemeldungen zu verschiedenen Themen z. B. aus Umwelt und Industrie.

9. Erörtern Sie folgende Zeitungsmeldung: A

M1 Die schwarze Pest

Umweltdesaster im Golf von Mexiko: Die vom Ölkonzern BP geleaste *Bohrinsel* „Deepwater Horizon" war am 22. April 2010 nach einer Explosion *gesunken, große Mengen Rohöl strömten monatelang aus mehreren Lecks*. Die *ökologischen und wirtschaftlichen Folgen* waren fatal, die Kosten brachten BP in Existenznot.

9. Hier soll man Fakten aufschreiben (im Text kursiv). Fakten müssen diskutiert werden (siehe auch Methodenteil/Arbeit mit Materialien). L
(Es wird hier bewusst keine Lösung angegeben.)

Operator: Bewerten, beurteilen

Erläuterung: Sie sollen Aussagen über die Richtigkeit, Angemessenheit, Anwendbarkeit eines Sachverhaltes, einer Behauptung oder These machen und dazu wertend Stellung beziehen.
Hinweise: in der Chemie kann man z. B. Verfahren nach ihrer Umweltverträglichkeit oder auch chemische Produkte nach ihren Inhaltsstoffen in Bezug auf die Verwendung beurteilen.

A

10. Prüfen Sie welche der folgenden Salze sich als Düngemittel für sauren Boden eignen. Bedingung ist, dass der pH-Wert des Bodens nicht weiter sinken darf.
Ammoniumdihydrogenphosphat, Ammoniumphosphat, Kupferacetat, Ammoniumcarbonat
Geben Sie eine Begründung an.

L

10. Beurteilung: Saurer Boden muss mit Düngemitteln bearbeitet werden, die den pH-Wert des Bodens nicht noch weiter herabsetzen. Sie dürfen also mit der Bodenfeuchte keine Hydroniumionen bilden.

$NH_4H_2PO_4 \rightleftharpoons NH_4^+ + H_2PO_4^-$

$NH_4^+ + H_2O \rightleftharpoons NH_3 + OH^-$ $K_B = 5{,}6 \cdot 10^{-10}\ mol \cdot \ell^{-1}$

$H_2PO_4^- + H_2O \rightleftharpoons H_3O^+ + HPO_4^{2-}$ $K_S = 6{,}2 \cdot 10^{-8}\ mol \cdot \ell^{-1}$

$H_2PO_4^- + H_2O \rightleftharpoons H_3PO_4 + OH^-$ $K_B = 1{,}3 \cdot 10^{-12}\ mol \cdot \ell^{-1}$

- Ammoniumdihydrogenphosphat besitzt sowohl ein mit der Bodenfeuchte reagierendes Kation als auch ein solches Anion. Das Anion ist außerdem ein Ampholyt. Durch Vergleich der Säure- bzw. Basekonstanten wird das Salz in wässriger Lösung schwach sauer reagieren. Es ist nicht geeignet.
- Ammoniumphosphat: Ammoniumionen zeigen Basereaktion (siehe oben) $PO_4^{2-} + H_2O \rightleftharpoons HPO_4^{2-} + OH^-$ ebenfalls Basereaktion. Das Salz ist geeignet.
- Ammoniumcarbonat: Ammoniumionen (siehe oben). $CO_3^{2-} + H_2O \rightleftharpoons HCO_3^- + OH^-$ beide Ionen basisch, deshalb geeignet.
- Kupferacetat: Die Säure-Base-Reaktionen der Ionen muss nicht untersucht werden, da durch die Dissoziation in Wasser Kupfer(II)-Ionen entstehen. Diese Schwermetall-Ionen würden die Umwelt eventuell ungünstig beeinflussen.

Operator: Erstellen, entwerfen

Erläuterung: Sie sollen auf der Basis gegebenen Materials eine begründete Hypothese, ein Experiment oder ein Modell entwickeln und darstellen.
Hinweise: Dieser Operator wird in der Chemie häufig verwendet, um Pläne für Experimente zu entwickeln.

11. Entwickeln Sie einen Experimentierplan um herauszufinden, ob ein vorgegebenes Düngemittel Stickstoff enthält. A

11. Vorüberlegung: Stickstoff kann in Form von Ammonium- oder Nitrat- bzw. Nitrit-Ionen vorliegen. Fallen die Nachweise positiv aus, kann man davon ausgehen, dass das Düngemittel Stickstoff enthält. L
Zuerst wird das Ammonium-Ion am Feststoff nachgewiesen: Baselösung zugeben. Es entwickelt sich Ammoniakgeruch. Entweichende Gase können mit feuchtem Indikatorpapier in Verbindung gebracht werden. Es wird eine basische Reaktion angezeigt. $NH_4^+ + OH^- \rightarrow NH_3 + H_2O$
Nitrationen weist man wie folgt nach: Die Analysenlösung wird mit frisch bereiteter Eisen(II)-sulfatlösung versetzt und mit konzentrierter Schwefelsäure unterschichtet. Es entsteht ein brauner Ring von Eisen(II)-mononitrososulfat:
$3\ Fe^{2+} + 4\ H_3O^+ + NO_3^- \rightarrow 3\ Fe^{3+} + 4\ H_2O + NO$
$NO + FeSO_4 \rightarrow [Fe(NO)]SO_4$ (braun)
Nitrit lässt sich mit „LUNGES Reagenz" (Gemisch aus Sulfanilsäure und α-Naphthylamin in essigsaurer Lösung) unter Bildung eines roten Azofarbstoffs nachweisen.

Operator: Prüfen, überprüfen

Erläuterung: Sie sollen eine Hypothese oder ein Modell an neuen Beobachtungen oder Versuchsergebnissen messen.
Hinweise: Hier bietet sich ein weites Feld für Beispiele. Es können sowohl Behauptungen über Zusammensetzung von Stoffen experimentell überprüft werden, als auch Hypothesen über mögliche Reaktionen.

12. Überprüfen Sie die Hypothese, dass Eisen in reinem Sauerstoff schneller rostet als an der Luft. A

12. Zur Überprüfung ist ein Experiment nötig. Man geht von gleichen Massen an Eisen aus. Eine Probe wird über eine definierte Zeit an der Luft stehengelassen. Eine zweite Probe gleicher Masse gibt man in ein geschlossenes Gefäß, welches reinen Sauerstoff enthält und lässt sie die gleiche Zeit wie die Probe an der Luft im Gefäß mit Sauerstoff. Die Überprüfung kann rein optisch erfolgen. Eine weitere Möglichkeit wäre die Wägung und unter Umständen die anschließende Berechnung des gebildeten Rostes. Hierbei ist jedoch zu beachten, dass Rost als Formel unterschiedlich interpretiert wird. L

1 Methodisches Arbeiten

Auch wenn dieser Abschnitt keine Aufgaben enthält, ist er wichtig für das Herangehen an die Abitur- oder Klausur-Vorbereitung. Er enthält wichtige Tipps und Ratschläge. Die Lösung vieler Aufgaben fällt nach dem Studium der Methoden leichter.

1.1 Anfertigen eines Protokolls

Wenn Sie im schriftlichen oder mündlichen Abitur ein Experiment durchführen müssen, werden Ihnen die Geräte und Chemikalien bereitgestellt. Bei analytischen Aufgaben müssen meist Nachweismittel angefordert werden.
Das Experiment wird allein durchgeführt. Ein Fachlehrer beobachtet und bewertet die Arbeit.

Es ist zu bedenken, dass im Abitur nur solche Experimente geeignet sind, die sich in einem angemessenen Zeitraum bearbeiten lassen. Dies gilt z. B. für qualitative Analysen (Nachweisreaktionen) und quantitative Analysen (Titrationen). Auch die Bestimmung von Reaktionsenthalpien, die Durchführung von Elektrolysen und der Aufbau von galvanischen Zellen ist in relativ kurzer Zeit zu bewältigen.

Zur Auswertung des Experiments wird die Anfertigung eines Protokolls gefordert. Ein ausführliches Protokoll ist in der folgenden Weise anzufertigen. Wird nur ein Ergebnisprotokoll gefordert, genügt es, Beobachtungen, Berechnungen und Auswertung zu dokumentieren.

Ausführliches Protokoll:

1. Geräte
2. Chemikalien
3. Durchführung
4. Beobachtung
5. Auswertung

Punkt 5 muss enthalten:

- Gleichungen (Reaktionssymbole)
- Berechnungen
- Schlussfolgerungen aus den Beobachtungen
- Formulierung des Ergebnisses

Beispiel

1. Bestimmen Sie durch Titration mit Natronlauge $c(\text{NaOH}) = 0{,}1\ \text{mol} \cdot \ell^{-1}$ die Stoffmengenkonzentration einer Salzsäure. A

1. **1. Geräte:** L

Bürette , Pipette, Erlenmeyerkolben, Pipettierhilfe

2. Chemikalien:

unbekannte Lösung, Maßlösung, Indikator, entmineralisiertes Wasser

3. Durchführung:

Die Maßlösung wird aus der Bürette vorsichtig in die unbekannte Lösung getropft, die den Indikator enthält. Von der unbekannten Lösung wurden 10 ml gewählt. Als Indikator dient Bromthymolblau, da hier der Umschlagsbereich mit dem Wendepunkt der Titrationskurve des durchgeführten Experiments (Natronlauge/ Salzsäure) gut übereinstimmt.

4. Beobachtung:

Nach einem Verbrauch von 5,5 ml schlägt der Indikator (Bromthymolblau) von gelb nach grün um.

5. Auswertung:

Durchschnittsverbrauch: 5,5 ml aus 3 Messungen

Reaktion:

$$\underset{(1)}{\text{HCl}} + \underset{(2)}{\text{NaOH}} \rightleftharpoons \text{NaCl} + \text{H}_2\text{O}$$

Berechnung:

$$\frac{n_1}{n_2} = \frac{1}{1}$$

$$c_1 \cdot V_1 = c_2 \cdot V_2$$

$$c_1 = c_2 \cdot \frac{V_2}{V_1} = 0{,}1\,\text{mol} \cdot \ell^{-1} \cdot \frac{5{,}5\ \text{ml}}{10\ \text{ml}} = 0{,}055\,\text{mol} \cdot \ell^{-1}$$

Ergebnis:

Die Stoffmengenkonzentration der Salzsäure beträgt $0{,}055\ \text{mol} \cdot \ell^{-1}$.

1.2 Durchführung von Berechnungen

Viele Stoffgebiete der Chemie, besonders die physikalische Chemie oder auch die Auswertung von Experimenten, erfordern Berechnungen. Eine Berechnung wird nur akzeptiert, wenn der Rechenweg klar erkennbar ist, die Einheiten beachtet werden und das Ergebnis durch einen Antwortsatz dokumentiert wird. Sinnvoll ist es, nach dem folgenden Schema vorzugehen. Bei manchen Aufgaben ist noch das Aufstellen einer Reaktionsgleichung erforderlich.

1. Gegebene und gesuchte Größen und Konstanten notieren
2. Gesetzmäßigkeit formulieren
3. Einsetzen in die Formel; Einheiten betrachten
4. Ergebnis in einem Antwortsatz formulieren

Der Punkt „gegebene und gesuchte Größen formulieren“ wird nicht immer verlangt. Bei Aufgaben, deren Lösungsweg durch eine Reaktionsgleichung aufgezeigt wird, ist das Notieren von gegebenen und gesuchten Größen überflüssig.
Ein Antwortsatz ist nötig, weil damit auch das Verständnis der Aufgabenstellung dokumentiert wird.
Achten Sie auch auf eine exakte Betrachtung der Einheiten.

Beispiel

A

2. Welche Masse Kupfer wird aus einer Kupfer(II)-salz-Lösung abgeschieden, wenn ein Strom von 2 A fünf Minuten lang durch die Lösung fließt?

L

2. 1. Gegeben: $I = 2\ \text{A}$
$t = 300\ \text{s}$
$F = 9{,}65 \cdot 10^4\ \text{A} \cdot \text{s} \cdot \text{mol}^{-1}$
Gesucht: $m(\text{Cu}^{2+})$

2. $I \cdot t = F \cdot n \cdot z = F \cdot \frac{m}{M} \cdot z$

3. $m(\text{Cu}) = \frac{I \cdot t \cdot M(\text{Cu})}{F \cdot z(\text{Cu}^{2+})} = \frac{2\ \text{A} \cdot 300\ \text{s} \cdot 63{,}55\ \text{g} \cdot \text{mol}^{-1}}{9{,}65 \cdot 10^4\ \text{A} \cdot \text{s} \cdot \text{mol}^{-1} \cdot 2} = 0{,}198\ \text{g}$

4. Es werden 0,1975 g Kupfer abgeschieden.

1.3 Anfertigen und Auswerten von Grafiken und Tabellen

Sollte in der Abiturprüfung die Auswertung bzw. das Erstellen von Grafiken gefordert sein, können Sie folgende Hinweise nutzen:

1. Wählen Sie einen angemessenen Maßstab.
2. Zeichnen Sie die Kurve so in das Koordinatensystem, dass der Platz optimal ausgefüllt ist.
3. Verwenden Sie, wenn hohe Genauigkeit gefordert ist, Millimeterpapier.
4. Listen Sie beim Auswerten zuerst die Fakten auf.
5. Ziehen Sie anschließend Schlussfolgerungen. Dabei kann jedem Fakt die Schlussfolgerung nachgesetzt werden, sodass ein flüssiger Text entsteht.

Im Beispiel finden Sie den Fall vor, bei dem die auszuwertende Kurve vorher in einem Experiment selbst aufgenommen wurde.

Beispiel

3. Werten Sie die Kurve aus, die bei der konduktometrischen Titration eines Gemisches von Essigsäure und Salzsäure mit Natronlauge entstanden ist. A

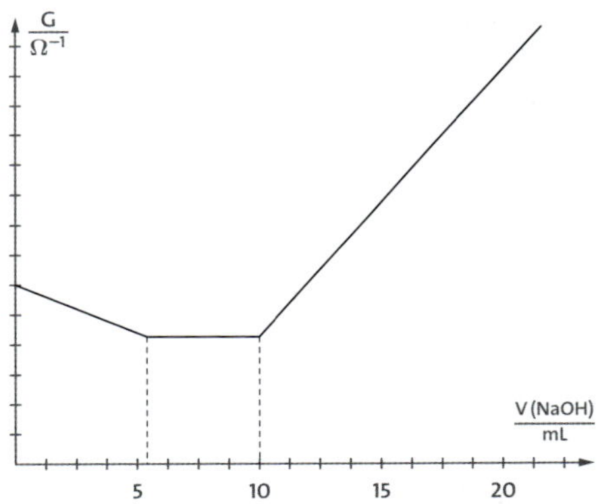

3. L

Fakten	Schlussfolgerungen
Der Leitwert wird gegen den Verbrauch an Natronlauge aufgetragen.	
Die Kurve fällt zuerst ab.	Titration der starken Salzsäure
Die Kurve hat zwei Knickpunkte.	Der erste Knickpunkt entspricht dem Verbrauch an Natronlauge für Salzsäure (6 ml). Der zweite Knickpunkt ist der Verbrauch an Natronlauge für Essigsäure (4 ml).
Die Kurve steigt zwischen den Knickpunkten an.	Nachdissoziation der Essigsäure
Die Kurve steigt am Ende nochmals an.	Der letzte Anstieg ist auf den Überschuss an Natronlauge zurückzuführen.

Es wird immer der Gesamtleitwert der Lösung gemessen. Zu diesem tragen alle vorhandenen Ionen bei. Der Gesamtleitwert kann deshalb nie den Wert „0“ annehmen.

1.4 Arbeiten mit Materialien

Lesen Sie am Anfang nicht nur die Aufgaben, sondern auch alle gegebenen Materialien gut durch. Ordnen Sie anschließend das entsprechende Material einer Aufgabe zu und notieren Sie das Ergebnis auf einem Konzeptbogen, z. B. „Material 1 zu Thema 2 Aufgabe 2.3." So können Sie die Auswertung des Materials nicht vergessen.
Mitunter wird in der Aufgabenstellung auch auf Materialien hingewiesen, z. B. „Verwenden Sie zum Lösen das Material 2".
Beim Bearbeiten von Materialien sollten Sie wissen, dass mitunter mehr Angaben gemacht werden, als Sie zum Lösen der Aufgabe benötigen. Unterstreichen Sie deshalb relevante Fakten oder notieren Sie solche Fakten auf einem Konzeptbogen.

In den folgenden Lösungen zu den Aufgaben wurden nur die Punkte berücksichtigt, die den Materialien zu entnehmen sind. Beachten Sie, dass die Materialien oft nur für einen Teil der Lösung zu verwenden sind oder Hilfestellungen für die Lösung bieten. Lediglich Aufgabe 6 bietet einmal die Schlussfolgerungen aus dem Material und zum Vergleich die vollständige Lösung an.

Es gibt sehr unterschiedliche Formen von Materialien. Einige wichtige sollen hier besprochen werden:

1. Materialien mit Zahlenangaben
2. Materialien mit Eigenschaften und chemischen Sachverhalten
3. Zeitungsartikel- oder Literaturangaben
4. Reaktions- oder Fließschemata

Mitunter sind auch für eine Aufgabe mehrere Materialien gegeben.

Beispiel zu Materialien mit Zahlenangaben

A

4. Diskutieren Sie die Bindungsverhältnisse von Butan und Ethansäure unter Verwendung des VB-Modells.

M1

Verbindung	Siedetemperatur [°C]	Schmelztemperatur [°C]	molare Masse [g/mol]
Butan	−0,5	−135	58
Ethansäure	118,1	16,6	60

4. Aus dem Material kann man ablesen, dass beide Verbindungen eine annähernd gleiche molare Masse haben, Butan bei Raumtemperatur aber ein Gas, Essigsäure jedoch eine Flüssigkeit ist. Daraus kann man ableiten, dass die Essigsäure im Gegensatz zu Butan Wasserstoffbrücken ausbildet und deshalb flüssig ist. **L**
Anmerkung: Das Material hilft Ihnen also nur beim Lösen eines Teils der Aufgabe. Weitere Zahlenangaben können Wellenlängen, die dazu gehörenden Spektralfarben und ihre Komplementärfarbe, Reaktionsenthalpien, Säure- oder Basekonstanten sein.

Beispiel zu Materialien mit Eigenschaften und chemischen Sachverhalten

5. Stellen Sie die Reaktionsgleichung zur Bildung von Acetylsalicylsäure aus Salicylsäure und Essigsäure auf und erläutern Sie Reaktionsart und Reaktionsmechanismus. Warum verwendet man anstelle der Essigsäure besser Essigsäureanhydrid? Welche Möglichkeit gibt es, Salicylsäure und Acetylsalicylsäure analytisch zu unterscheiden? **A**

M2
Acetylsalicylsäure wird in der Medizin als Analgetikum, Antipyretikum und zur Blutverdünnung eingesetzt. Wegen der besseren Verträglichkeit verwendet man auch häufig das Calciumsalz.

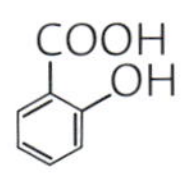

Salicylsäure

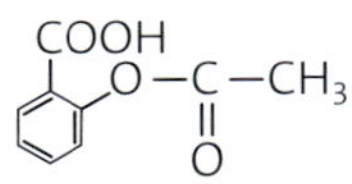

Acetylsalicylsäure

5. Das Material liefert die Formeln des Edukts und des Produkts. Das hilft beim Aufstellen der Gleichung. Weiterhin kann man sehen, dass die Salicylsäure das typische Strukturmerkmal für das Funktionieren der Eisen(III)-chlorid- Reaktion aufweist, die Acetylsalicylsäure jedoch nicht. Deshalb ist die Eisen(III)-chlorid-Reaktion eine Möglichkeit zur analytischen Unterscheidung. **L**
Für die restlichen Aufgabenteile ist das Material nicht zu verwenden.
Hinweis: Gleichung ist nicht nötig, da der Schwerpunkt das Material und dessen Auswertung ist.

Beispiel zu Textmaterialien (Zeitung, Internet)

Textmaterialien müssen analysiert werden, indem man wichtige Fakten unterstreicht oder aufschreibt: Anschließend können die Fakten diskutiert werden. Bei solchen Materialien können auch Aussagen auftreten, die falsch oder nur teilweise richtig sind. Meist müssen nicht alle genannten Fakten bearbeitet werden.

A

6. Diskutieren Sie die Rolle der Stickoxide als Helfer bei der Verhinderung des Ozonabbaus. Werten Sie dazu auch die im Material gemachten Aussagen aus.

M3 Internetrecherche www.was-ist-das-ozonloch.de

Warum bilden sich Ozonlöcher über den Polen?

Über der Antarktis und der Arktis entstehen die „Ozonloch" genannten Schwachstellen der Ozonschicht, durch die eine große Menge an ultravioletter Strahlung zur Erde dringt. In der dünnen, kalten Luft mit Temperaturen von weniger als −80 °C bilden sich im polaren Winter Wolken aus Eiskristallen und Stickoxidkristallen.

Die Stickoxide sind es allerdings, die normalerweise einen Teil des schädlichen Chlors, das aus dem zerschlagenen FCKW entsteht, abfangen. Dadurch, dass die Stickoxide in den Wolken gebunden sind, kann sich immer mehr und mehr Chlor (genauer gesagt: Chlormonooxidmoleküle) ansammeln. Wenn die Frühjahrssonne über den Polen zurückkehrt, beginnen sie sofort mit der Zerstörung des Ozons. Erst wenn die Sonne die Wolken aus Eis- und Stickoxidkristallen wieder schmilzt und die Stickoxide frei werden, können diese erneut das Chlor abfangen und die rapide Ozonzerstörung wird verlangsamt.

L

6. Schwerpunkte:
1. Stickoxide sind bei Temperaturen um die −80 °C fest
2. FCKW werden unter Bildung von Chlormonooxidmolekülen gespalten
3. Chlormonooxidmoleküle zerstören Ozon
4. Stickoxide können Chlormonooxid abfangen.
5. Ozonzerstörung wird verlangsamt.

Antwort:

FCKW werden durch UV-Licht gespalten: $FCl_2{-}C{-}Cl \rightarrow FCl_2{-}C\cdot + Cl\cdot$

Chlorradikale reagieren mit Ozon zu Chlormonooxidradikalen:

$Cl\cdot + O_3 \rightarrow ClO\cdot + O_2$

Die zweite Aussage ist ungenau, da der Prozess in Stufen abläuft. Es wird nicht auf die Radikale als gebildete Teilchen eingegangen.

Chlormonooxidmoleküle reagieren nicht mit Ozon.
Richtig ist:
$Cl\cdot + O_3 \rightarrow ClO\cdot + O_2$

Chlormonooxidradikale stören den natürlichen Wiederaufbau von Ozon und bilden schädliche Chlorradikale:
$ClO\cdot + O \rightarrow Cl\cdot + O_2$
Aussage drei ist ebenfalls unexakt.
Stickoxide gibt es sehr viele, hier meint man Stickstoffdioxid (Schmelztemperatur −11°C)
Folgende Reaktion ist richtig:
$ClO\cdot + NO_2 \rightarrow ClNO_3$
Diese Reaktion ist aber in der Wärme (Frühjahr) auch umkehrbar, wobei wieder Chlormonooxidradikale frei werden.

Aussage eins ist für NO_2 richtig, Aussage vier stimmt nur zum Teil.

Aussage fünf kann man so nicht treffen, wenn keine genaueren Bedingungen angegeben sind.

Das Material enthält teilweise ungenaue und unkorrekte Angaben. Die Verwendung der chemischen Fachtermini ist mangelhaft, dadurch können Missverständnisse entstehen. Die Recherche ist zum Erkenntnisgewinn nur bedingt geeignet.

2 Übungsaufgaben – schriftliches Abitur

Hier finden Sie Übungsaufgaben, die häufig Standardaufgaben sind und Ihnen helfen, das Wissen nach der Wiederholung des entsprechenden Stoffgebietes zu überprüfen. Achten Sie auf die Lehrpläne oder Rahmenrichtlinien der einzelnen Bundesländer. Nicht alle Stoffgebiete werden in allen Ländern gleich favorisiert.

2.1 Atombau und Periodensystem

1869 ordneten MEYER und MENDELEJEW unabhängig voneinander die bisher bekannten Elemente nach steigender Atommasse unter Berücksichtigung ihrer chemischen Eigenschaften an und erhielten dadurch das Periodensystem. Heute ist das PSE eines der wichtigsten Arbeitsmittel des Chemikers. Das heutige Ordnungsprinzip ist die Protonenzahl.

Wissen

- Ausführliche Schreibweise der Elektronenkonfiguration:
  Cu: $1s^2$; $2s^2$; $2p^6$; $3s^2$; $3p^6$; $4s^1$; $3d^{10}$
- Die einfachere und ebenfalls zulässige Schreibweise betrachtet nur die äußeren Orbitale und stellt die vorher erreichte Edelgaskonfiguration voran:
  Cu: [Ar] $4s^1$; $3d^{10}$
  Diese Schreibweise soll im Folgenden verwendet werden.
- Bei der Bildung von Ionen der Nebengruppenelemente werden die s-Elektronen zuerst abgegeben. Dadurch ergibt sich insgesamt ein stabilerer Zustand.

A

1. a) Schreiben Sie die Elektronenkonfiguration für folgende Atome und Ionen auf:
Kupfer-Atom,
Kupfer(I)-Ion,
Eisen-Atom,
Eisen(II)-Ion,
Eisen(III)-Ion,
Mangan-Atom,
Mangan(II)-Ion,
Schwefel-Atom,
Sulfid-Ion,
Chlor-Atom,
Chlorid-Ion.

b) Welche Teilchen haben durch voll- bzw. halbbesetzte Orbitale stabilen oder quasistabilen Zustand erreicht? Begründen Sie Ihre Aussagen.

c) Geben Sie die Elektronen an, die auf folgende Niveaus passen:
$n = 2;\ l = 1;\ n = 3,\ l = 1;\ n = 4,\ l = 1$

2. Im Falle von Kupfer weicht die Orbitalbesetzung von der allgemein angegebenen Regel ab.
Beschreiben Sie den Unterschied.
Geben Sie ein weiteres 3d-Element an, bei dem ein ähnlicher Unterschied besteht.

3. Wie erkennt man aus der Besetzung der Orbitale, ob es sich um ein Haupt- oder ein Nebengruppenelement handelt?

4. Warum treten Nebengruppenelemente in Verbindungen oft in sehr vielen und auch teilweise hohen Oxidationsstufen auf?
Erläutern Sie diese Tatsache am Beispiel von Mangan.
Geben Sie für vier Oxidationsstufen Verbindungen und deren Farben an.

5. Auch Hauptgruppenelemente betätigen teilweise mehrere Oxidationsstufen.
Erläutern Sie am Beispiel von Stickstoff.

L

1. a)

Cu^{+}	[Ar] $4s^0$; $3d^{10}$	*
Fe	[Ar] $4s^2$; $3d^6$	
Fe^{2+}	[Ar] $4s^0$; $3d^6$	
Fe^{3+}	[Ar] $4s^0$; $3d^5$	*
Mn	[Ar] $4s^2$; $3d^5$	*
Mn^{2+}	[Ar] $4s^0$; $3d^5$	*
S	[Ne] $3s^2$; $3p^4$	
S^{2-}	[Ne] $3s^2$; $3p^6$	*
Cl	[Ne] $3s^2$; $3p^5$	
Cl^{-}	[Ne] $3s^2$; $3p^6$	*

b) Mit * gekennzeichnete Fälle erreichen bezüglich ihres Atombaus einen stabilen bzw. quasistabilen Zustand. Stabile Zustände besitzen voll besetzte Orbitale, quasistabile Zustände besitzen halb besetzte Orbitale.

c) Hauptquantenzahl *n* steht für das Energieniveau.
Das Pauli-Prinzip legt die maximale Besetzung $2n^2$ fest.
Deshalb ergeben sich jeweils 6 Elektronen.

2. Kupfer füllt das 3d-Orbital voll auf, bevor 4s vollständig besetzt ist, dadurch entsteht ein stabilerer Zustand. 4s ist halbbesetzt, 3d vollbesetzt.
Bei Chrom tritt aus den gleichen Gründen ein ähnlicher Fall auf. Cr: [Ar] $4s^1$; $3d^5$
(**Hinweis:** Diese Orbitalbesetzungen sind wissenschaftlich nachgewiesen.)

3. Hauptgruppenelemente sind im Begriff s- oder p-Orbitale aufzufüllen, Nebengruppenelemente füllen d- oder f-Orbitale auf.

4. Der energetische Abstand der Orbitale nimmt mit zunehmender Energie ab. Somit liegen z. B. s- und d-Orbitale energetisch sehr nahe und somit können s- und d-Elektronen als Außenelektronen betrachtet werden und gemeinsam abgegeben werden. Daraus resultiert z. B. die Oxidationsstufe VII beim Mangan. Durch partielle Abgabe von Elektronen ergeben sich weitere Oxidationsstufen.

Beispiele:

Oxidationszahl	Formel	Name	Farbe
VII	$KMnO_4$	Kaliumpermanganat	violett
II	$MnSO_4$	Mangan(II)-sulfat	rosa
IV	MnO_2	Mangan(IV)-oxid	braun
VI	K_2MnO_4	Kaliummanganat	grün

5. Diese Eigenschaft haben besonders Elemente mit hohen Hauptgruppennummern wie Stickstoff, Chlor oder Schwefel. Elektronen können aufgenommen und abgegeben werden.
Beispiel Stickstoff: I in N_2O; II in NO, IV in NO_2, III in N_2O_3, V in N_2O_5, –III in NH_3

2.2 Chemische Bindung

Man unterscheidet zwischen Primärbindungen (Ionenbindung, Atombindung (kovalente Bindung), Metallbindung) und Sekundärbindungen (Wasserstoffbrückenbindung, Dipol-Dipol-Bindung, VAN-DER-WAALS-Bindung)

A

1. a) Bestimmen und beschreiben Sie die jeweils vorliegenden Bindungsarten: Magnesiumoxid, Magnesiumchlorid, Magnesium, Chlorwasserstoff, Chlor, Schwefeldioxid
b) Ordnen Sie die Komplexbindung in das Bindungsmodell ein.

2. Schreiben Sie folgende Strukturfomeln unter Beachtung der Oktettregel auf: Stickstoffmonooxid, Distickstofftrioxid, Sulfat-Ion, Carbonat-Ion, Salpetersäure, Phosphorsäure, Kohlenstoffmonooxid.

3. Ermitteln Sie die Geometrie folgender Moleküle: PF_3, NO_2, H_2S, SO_3, UF_6
Begründen Sie Ihre Antworten mithilfe des Elektronenpaarabstoßungsmodells.

4. a) Kennzeichnen Sie die Hybridisierung der Kohlenstoff-Atome in folgenden Verbindungen: Propin, Benzen, Ethansäure, Aminoethansäure, Butan. Kennzeichnen Sie π- und σ-Bindungen!
b) Im Ammoniak ist der Stickstoff sp^3-hybridisiert. Zeichnen Sie die Elektronenverteilung in den Orbitalen.

5. Welche der folgenden Teilchen sind mesomeriestabilisiert? Begründen Sie anhand von Strukturformeln:
Carbonat-Ion, Nitrat-Ion, Carboxylat-Ion, Aldehyd-Gruppe, Amino-Gruppe

6. a) Schwefelwasserstoff ist bei Raumtemperatur gasförmig, Wasser jedoch flüssig. Begründen Sie diese Tatsache.
b) Bei der experimentellen Molmassenbestimmung niederer Carbonsäuren erhält man oft den doppelten Wert. Erklären Sie.

7. Erklären Sie die unterschiedlichen Aggregatzustände der Halogene Chlor, Brom und Iod bei Raumtemperatur.

8. Zum Lösen eines Fettes stehen folgende Lösungsmittel zur Verfügung: Heptan, Wasser, Propansäure, Propansäurepropylester.
Schätzen Sie die Eignung der Lösungsmittel mit den Prädikaten geeignet und ungeeignet ab. Begründen Sie Ihre Einschätzung.

L

1. a) Magnesium ist ein Metall. Die Bindungsart ist Metallbindung. Bei den übrigen Fällen kann man durch Bestimmung der Elektronegativitätsdifferenzen die Polarität der Bindung einschätzen.
Ein Richtwert ist die Differenz 1,7: $\Delta EN < 1{,}7 \Rightarrow$ Elektronenpaarbindung; $\Delta EN > 1{,}7 \Rightarrow$ Ionenbindung

Magnesiumoxid	$\Delta EN = 2{,}3$	Ionenbindung
Magnesiumchlorid	$\Delta EN = 1{,}8$	Ionenbindung
Chlorwasserstoff	$\Delta EN = 0{,}9$	polare Elektronenpaarbindung
Chlor	$\Delta EN = 0{,}0$	Elektronenpaarbindung
Schwefeldioxid	$\Delta EN = 1{,}0$	polare Elektronenpaarbindung

Je mehr sich die Differenz dem Richtwert 1,7 nähert, desto polarer wird die Bindung und die ionischen Anteile nehmen zu.

b) Die Komplexbindung ist eine Elektronenpaarbindung, bei der das bindende Elektronenpaar nur von einem Bindungspartner (dem Liganden) stammt. Sie kann mehr oder weniger polar sein.

2.

Name	Strukturformel	Bemerkung
Stickstoffmonooxid	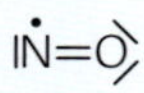	
Distickstofftrioxid	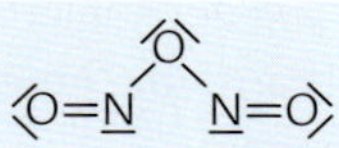	
Sulfat-Ion	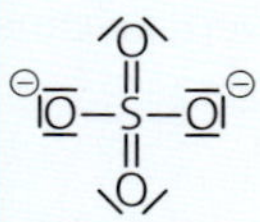 bzw. 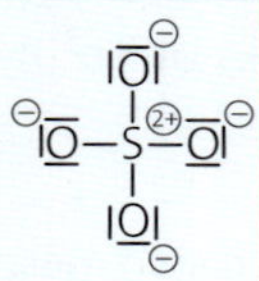	Elemente der 3. Periode können ihr Oktett erweitern. Deshalb sind beide Formeln richtig.
Carbonat-Ion	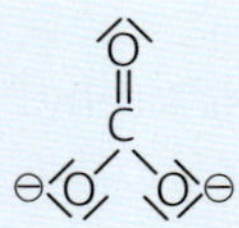	
Salpetersäure	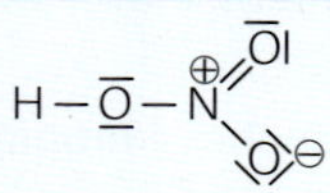	Beim Stickstoff ist die Einhaltung der Oktettregel zwingend.
Phosphorsäure	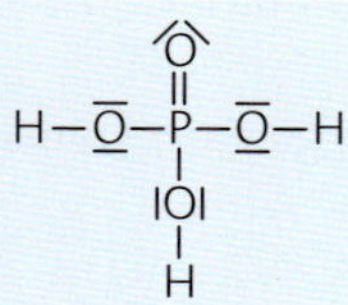	
Kohlenstoff-monooxid	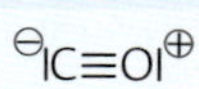	

3.

PF_3		4 Elektronenpaare am Zentralatom, davon 3 bindend	trigonal pyramidal
NO_2	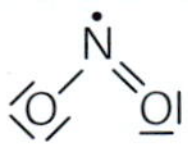	3 Elektronenpaare, ein freies Elektron am Zentralatom	gewinkelt
H_2S	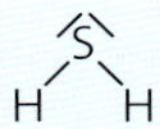	4 Elektronenpaare am Zentralatom, davon 2 bindend	gewinkelt
SO_3	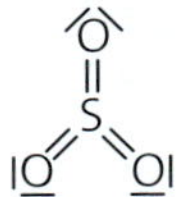	6 bindende Elektronenpaare am Zentralatom	trigonal eben
UF_6	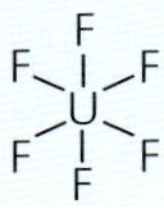	6 bindende Elektronenpaare am Zentralatom	oktaedrisch

4. a)

Propin	alle C—H: σ-Bindungen C—C: σ-Bindung C≡C: eine σ-Bindung und zwei π-Bindungen C_1: sp-Hybridisierung C_2: sp-Hybridisierung C_3: sp^3-Hybridisierung	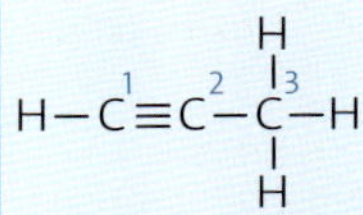
Benzen	alle C—H: σ-Bindungen alle C—C: σ-Bindung und delokalisiertes π-Elektronensystem alle C: sp^2-Hybridisierung	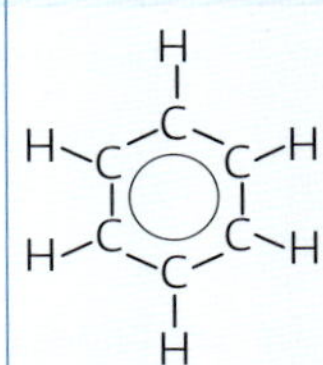
Ethansäure	alle C—H: σ-Bindungen C—C: σ-Bindung C=O: eine σ-Bindung und eine π-Bindung O—H: σ-Bindung C_1: sp^2-Hybridisierung C_2: sp^3-Hybridisierung	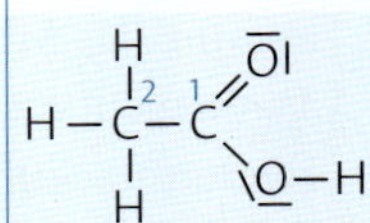
Amino-ethansäure	alle C—H: σ-Bindungen C—C: σ-Bindung C=O: eine σ-Bindung und eine π-Bindung C—N: σ-Bindung N—H: σ-Bindung O—H: σ-Bindung C_1: sp^2-Hybridisierung C_2: sp^3-Hybridisierung	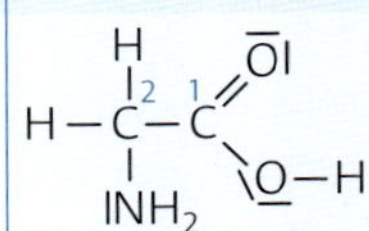
Butan	alle C—H: σ-Bindungen alle C—C: σ-Bindungen alle C: sp^3-Hybridisierung	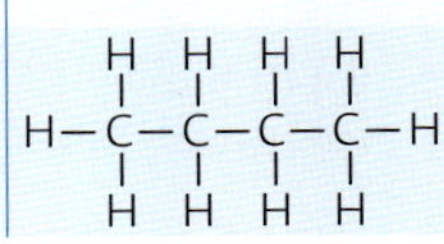

b) 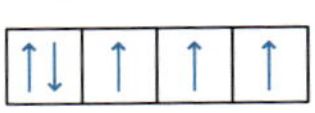

5. Bei Verbindungen mit delokalisierten Elektronen treten Mesomerieeffekte auf, die zur energetischen Stabilisierung dieser Teilchen führen. Die Energiedifferenz zwischen der realen Struktur und den durch Grenzformeln dargestellten fiktiven Strukturen heißt **Mesomerieenergie**.

Name	Strukturformel
Carbonat-Ion	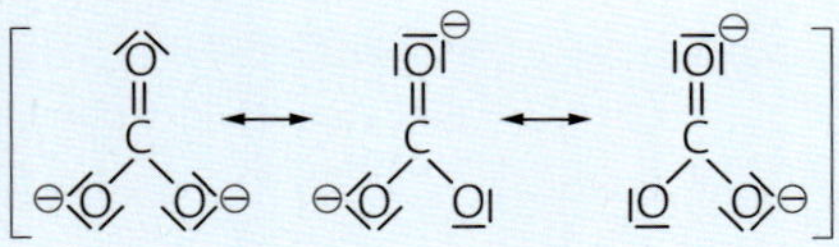
Nitrat-Ion	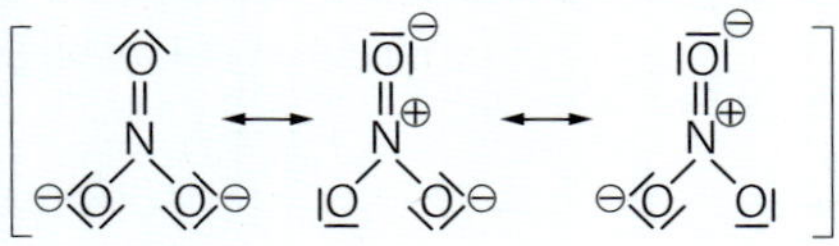
Carboxylat-Ion	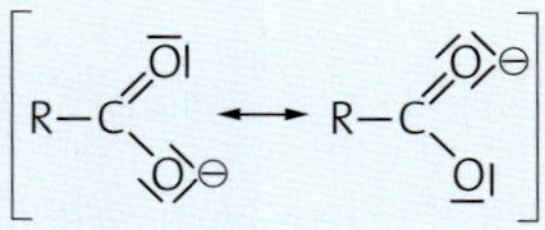
Aldehyd-Gruppe (keine Mesomerie)	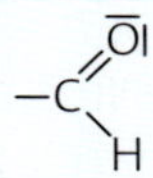
Amino-Gruppe (keine Mesomerie)	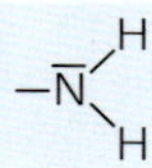

6. a) Wasser bildet zwischenmolekulare Bindungen in Form von Wasserstoffbrücken aus, die das Molekül stabilisieren. Beim Schwefelwasserstoff ist dies in diesem Maße nicht möglich.

b) Niedermolekulare Carbonsäuren können durch die Ausbildung von Wasserstoffbrücken zwischen zwei Carboxyl-Gruppen dimerisieren.

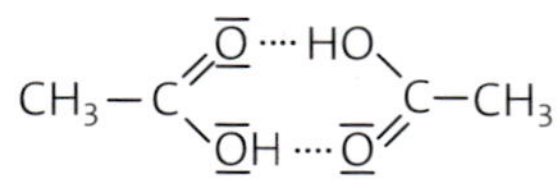

7. Große Moleküle sind leichter polarisierbar als kleine Moleküle. Deshalb nimmt die Festigkeit der VAN-DER-WAALS-Bindung von Chlor über Brom zum Iod zu (Chlor: gasförmig; Brom: flüssig; Iod: fest). VAN-DER-WAALS-Bindungen sind Anziehungskräfte zwischen Dipolmolekülen oder Wechselwirkungen zwischen unpolaren Molekülen.

8. Fett ist unpolar, daher sind unpolare Lösungsmittel geeignet (Heptan, Propansäurepropylester) und polare Lösugnsmittel ungeeignet (Wasser, Propansäure).

2.3 Thermochemie

Thermochemie ist ein Teilbereich der physikalischen Chemie. Gegenstand der Thermochemie ist der Zusammenhang von Wärme und chemischen Reaktionen.
Thermochemie ist Thermodynamik angewandt auf Atome und Moleküle.
Der Begriff Thermochemie gilt auch als Synonym für chemische Thermodynamik.

A

1. Berechnen Sie die Reaktionsenthalpien und die molare Volumenarbeit (Normzustand) für die Ammoniaksynthese und die Methanolsynthese.
Ziehen Sie Schlussfolgerungen aus den errechneten Zahlenwerten.

2. a) Entwickeln Sie die Gleichungen für die vollständige Verbrennung von Butan und Octan.
b) Berechnen Sie die molare Volumenarbeit (Normzustand). Beziehen Sie das Ergebnis auf ein Mol Kohlenwasserstoff. Gehen Sie davon aus, dass Butan gasförmig, Octan flüssig ist und alle Reaktionsprodukte gasförmig auftreten.

3. Wie ändern sich die Ergebnisse von Aufgabe 2, wenn man als Reaktionstemperatur 300 °C und einen Druck von 98,9 kPa annimmt?

4. a) Vergleichen Sie die molare Verbrennungsenthalpie und den Heizwert von Erdgas (Methan).
b) Diskutieren Sie die Frage, ob man aus den Angaben der Heizwerte von verschiedenen Brennstoffen eine Entscheidung über den Einsatz treffen kann.

5. Berechnen Sie aus folgender Gleichung die Bildungsenthalpie von Pyrit (FeS_2).
$4\ FeS_2 + 11\ O_2 \rightarrow 8\ SO_2 + 2\ Fe_2O_3;\ \Delta_R H = -3324\ kJ$

6. Laufen folgende Reaktionen bei 25 °C in der angegebenen Richtung freiwillig ab? Werten Sie die Ergebnisse.
a) Kupfer(II)-oxid mit Zink
b) Eisen(III)-oxid mit Kohlenstoff
c) Natriumhydrogencarbonat (fest) mit Salzsäure

7. a) In 100 ml Wasser werden 2 g festes Natriumhydroxid gelöst.
Die Temperatur steigt um 5 K.
Berechnen Sie die molare Lösungsenthalpie.
b) Planen Sie die Durchführung des entsprechenden Experiments.

8. a) Bei der Herstellung von einem Mol Calciumcarbid aus Branntkalk und Koks werden 465 kJ aufgenommen. Berechnen Sie unter Annahme des vollständigen Stoffumsatzes die für die Produktion einer Tonne Calciumcarbid benötigte Energie.

b) Welche Bedeutung hat die Carbidsynthese?

L

1. Ammoniaksynthese:

$N_2(g) + 3\,H_2(g) \rightleftharpoons 2\,NH_3(g)$

Berechnung der Reaktionsenthalpie $\Delta_R H$:

$\Delta_R H = 2 \cdot \Delta_f H(NH_3) - [\Delta_f H(N_2) + 3 \cdot \Delta_f H(H_2)] = 2 \cdot (-46\ kJ \cdot mol^{-1}) = -92\ kJ \cdot mol^{-1}$

Berechnungen der molaren Volumenarbeit W_m:

Volumenverkleinerung: = 2 mol

$W_m = -p \cdot \Delta_R V_m = -101{,}3\ kPa \cdot (-2 \cdot 22{,}4\ \ell \cdot mol^{-1})$

$= 101{,}3 \cdot 10^3\ N \cdot m^{-2} \cdot 2 \cdot 22{,}4 \cdot 10^{-3}\ m^3 \cdot mol^{-1} = 4538\ N \cdot m \cdot mol^{-1}$

$W_m \approx 4{,}5\ kJ \cdot mol^{-1}$

verwendete Größenbezeichnungen:

$1\ Pa = 1\ N \cdot m^{-2};\ 1\ \ell = 10^{-3}\ m^3;\ 1\ J = 1\ N \cdot m$

Methanolsynthese:

$CO(g) + 2\,H_2(g) \rightleftharpoons CH_3OH(g)$

Berechnung der Reaktionsenthalpie $\Delta_R H$:

$\Delta_R H = \Delta_f H(CH_3OH) - [\Delta_f H(CO) + 2 \cdot \Delta_f H(H_2)]$

$= -201\ kJ \cdot mol^{-1} - (-111\ kJ \cdot mol^{-1}) = -90\ kJ \cdot mol^{-1}$

Berechnung der molaren Volumenarbeit W_m: wie bei der Ammoniaksynthese.

Die Reaktionsenthalpie der Ammoniaksynthese beträgt $-92\ kJ \cdot mol^{-1}$, die Reaktionsenthalpie der Methanolsynthese beträgt $-90\ kJ \cdot mol^{-1}$.

Bei beiden Reaktionen sind alle beteiligten Stoffe Gase. Es findet bei beiden Reaktionen eine Volumenverkleinerung statt. Deshalb hat die molare Volumenarbeit ein positives Vorzeichen. Beide Reaktionen haben die gleiche molare Volumenarbeit, da gleiche Volumenänderungen auftreten. Sie beträgt $+4{,}5\ kJ \cdot mol^{-1}$.

Die Reaktionsenthalpien gelten für Standardbedingungen, die Volumenarbeiten für Normbedingungen. Für weitere Berechnungen z. B. zur Berechnung von $\Delta_R U$ muss das molare Volumen erst umgerechnet werden. Siehe Aufgabe 2 und Aufgabe 3.

2. a) $C_4H_{10} + 6{,}5\ O_2 \rightarrow 4\ CO_2 + 5\ H_2O$
$C_8H_{18} + 12{,}5\ O_2 \rightarrow 8\ CO_2 + 9\ H_2O$

b) **Butan:**

7,5 mol Gas $\rightarrow$ 9 mol Gas $\Rightarrow$ $\Delta V = 1{,}5$ mol

$W_m = p \cdot \Delta_R V_m = -\ 101{,}3\ \text{kPa} \cdot 1{,}5 \cdot 22{,}4\ \ell \cdot \text{mol}^{-1}$

$= -101{,}3 \cdot 10^3\ \text{N} \cdot \text{m}^{-2} \cdot 1{,}5 \cdot 22{,}4 \cdot 10^{-3}\ \text{m}^3 \cdot \text{mol}^{-1} = -3404\ \text{N} \cdot \text{m} \cdot \text{mol}^{-1}$

$W_m \approx 3{,}4\ \text{kJ} \cdot \text{mol}^{-1}$

Octan:

12,5 mol Gas $\rightarrow$ 17 mol Gas $\Rightarrow$ $\Delta V = +4{,}5$ mol

$W_m = -p \cdot \Delta_R V_m = -101{,}3\ \text{kPa} \cdot 4{,}5 \cdot 22{,}4\ \ell \cdot \text{mol}^{-1}$

$= 10{,}3 \cdot 10^3\ \text{N} \cdot \text{m}^{-2} \cdot 4{,}5 \cdot 22{,}4 \cdot 10^{-3}\ \text{m}^3 \cdot \text{mol}^{-1}$

$= -10{,}211\ \text{N} \cdot \text{m} \cdot \text{mol}^{-1}$

$W_m \approx -10{,}2\ \text{kJ} \cdot \text{mol}^{-1}$

Beide Voumenarbeiten tragen negatives Vorzeichen, da Volumenvergrößerung eintritt. Es muss mit gebrochenen Stöchiometriezahlen für Sauerstoff gerechnet werden, da die Berechnung für ein Mol Kohlenwasserstoff gefordert ist. Bei der Verbrennung von Octan ist die geleistete Volumenarbeit mehr als doppelt so groß wie bei der Butanverbrennung.

Tipp zu Aufgabe 3

Das Gasvolumen muss mit der Gasgleichung auf gegebene Bedingungen umgerechnet werden und dann in die Gleichung für die Berechnung der Volumenarbeit eingesetzt werden. Da sich Gase beim Erwärmen ausdehnen, wird die molare Volumenarbeit größer.

3. Berechnung des molaren Volumens für 98,9 kPa und 300 °C bzw. 573 K

$\frac{p_0 \cdot V_0}{T_0} = \frac{p_1 \cdot V_1}{T_1}$; $V_1 = \frac{p_0 \cdot V_0 \cdot T_1}{T_0 \cdot p_1} = \frac{101{,}3\ \text{kPa} \cdot 22{,}4\ \ell \cdot 573\ \text{K}}{273\ \text{K} \cdot 98{,}9\ \text{kPa}}$; $V_1 = 48{,}2\ \ell$

Berechnung der Volumenarbeit unter veränderten Bedingungen

Butan:

Berechnung der Volumenarbeit für 98,9 kPa und 300 °C (573 K):

$W_m = -p \cdot \Delta_R V_m = -98{,}9\ \text{kPa} \cdot 1{,}5 \cdot 48{,}2\ \ell \cdot \text{mol}^{-1}$

$= -98{,}9 \cdot 10^3\ \text{N} \cdot \text{m}^{-2} \cdot 1{,}5 \cdot 48{,}2 \cdot 10^{-3}\ \text{m}^3 \cdot \text{mol}^{-1} = -7151\ \text{N} \cdot \text{m} \cdot \text{mol}^{-1}$

$W_m \approx -7{,}2\ \text{kJ} \cdot \text{mol}^{-1}$

Octan:

Berechnung der Volumenarbeit für 98,9 kPa und 300 °C (573 K):

$W_m = p \cdot \Delta_R V_m = -98{,}9\ \text{kPa} \cdot 4{,}5 \cdot 48{,}2\ \ell \cdot \text{mol}^{-1}$

$= -98{,}9 \cdot 10^3\ \text{N} \cdot \text{m}^{-2} \cdot 4{,}5 \cdot 48{,}2 \cdot 10^{-3}\ \text{m}^3 \cdot \text{mol}^{-1} = -21\,451\ \text{N} \cdot \text{m} \cdot \text{mol}^{-1}$

$W_m \approx -21{,}5\ \text{kJ} \cdot \text{mol}^{-1}$

Die Volumenarbeiten für geänderte Bedingungen betragen für Butan $-7{,}9\ \text{kJ} \cdot \text{mol}^{-1}$ und für Octan $-21{,}8\ \text{kJ} \cdot \text{mol}^{-1}$.

4. a) Verbrennungsenthalpie ist die Wärmemenge, die bei der vollständigen Verbrennung von einem Mol Stoff frei wird. Der Heizwert bezieht sich auf ein Kilogramm Stoff bzw. auf 1 m^3.

$CH_4 + 2\,O_2 \rightarrow CO_2 + 2\,H_2O\,(g)$

Berechnung der Verbrennungsenthalpie $\Delta_c H_m$:

$\Delta_c H_m = [\Delta_f H(CO_2) + 2 \cdot \Delta_f H(H_2O)] - [\Delta_f H(CH_4) + 2 \cdot \Delta_f H(O_2)]$

$= [-393\ kJ \cdot mol^{-1} + 2 \cdot (-242\ kJ \cdot mol^{-1})] - [-75\ kJ \cdot mol^{-1}] = -802\ kJ \cdot mol^{-1}$

Berechnug des Heizwertes pro Kilogramm:

16 g Methan (≙ 1 mol) $\Rightarrow \Delta_c H_m = -802$ kJ

1000 g Methan $\Rightarrow \Delta_c H_m = -50\,125$ kJ

Die Verbrennungsenthalpie für Erdgas beträgt $-802\ kJ \cdot mol^{-1}$ und der Heizwert beträgt $-50\,125\ kJ \cdot kg^{-1}$. Da Methan ein Gas ist, gibt man den Heizwert besser in $kJ \cdot m^{-3}$ an.

Berechnung des Heizwertes in $kJ \cdot m^{-3}$

$\varrho(\text{Methan}) = \frac{m}{V} = 0{,}717\ g \cdot \ell^{-1}$

$V(\text{Methan}) = \frac{m}{\varrho} = \frac{1000\ g}{0{,}717\ g \cdot \ell^{-1}} = 1395\ \ell \approx 1{,}4\ m^3$

1,4 m^3 Methan $\Rightarrow \Delta_c H = -50\,125$ kJ

1 m^3 Methan $\Rightarrow \Delta_c H = -35\,804$ kJ

b) Die Heizwerte liefern Angaben über die energetischen Verhältnisse bei der Verbrennung. Zur Entscheidung über die Nutzung müssen noch die Preise der Brennstoffe betrachtet werden. Diese sind oft vom Anbieter und den verbrauchten Mengen abhängig. Weiterhin müssen auch ökologische Gesichtspunkte einbezogen werden.

5. $\Delta_R H = [8 \cdot \Delta_f H(SO_2) + 2 \cdot \Delta_f H(Fe_2O_3)] - [4 \cdot \Delta_f H(FeS_2) + 11 \cdot \Delta_f H(O_2)] = -3324\ kJ \cdot mol^{-1}$

$[8 \cdot (-297\ kJ \cdot mol^{-1}) + 2 \cdot (-824\ kJ \cdot mol^{-1})] - (4 \cdot \Delta_f H(FeS_2)) = -3324\ kJ \cdot mol^{-1}$

$\Delta_f H(FeS_2) = \frac{1}{4} \cdot (-2376\ kJ \cdot mol^{-1} - 1648\ kJ \cdot mol^{-1} + 3093\ kJ \cdot mol^{-1} = -175\ kJ \cdot mol^{-1}$

Die Bildungsenthalpie von Pyrit beträgt $-175\ kJ \cdot mol^{-1}$.

6. Zur Abschätzung des freiwilligen Ablaufs einer Reaktion muss $\Delta_R G$, die freie Enthalpie, berechnet werden: $\Delta_R G = \Delta_R H - T \cdot \Delta_R S$ (GIBBS-HELMHOLTZ-Gleichung)

a) $CuO + Zn \rightarrow Cu + ZnO$

$\Delta_R H = \Delta_f H(ZnO) - \Delta_f H(CuO) = -348\ kJ \cdot mol^{-1} - (-157\ kJ \cdot mol^{-1}) = -191\ kJ \cdot mol^{-1}$

$\Delta_R S = [S(Cu) + S(ZnO)] - [S(CuO) + S(Zn)]$

$= [33\ J \cdot mol^{-1} K^{-1} + 44\ J \cdot mol^{-1} \cdot K^{-1}] - [43\ J \cdot mol^{-1} \cdot K^{-1} + 42\ J \cdot mol^{-1} \cdot K^{-1}]$

$= -8\ J \cdot mol^{-1} \cdot K^{-1}$

$\Delta_R G = -191\ kJ \cdot mol^{-1} - 298\ K \cdot (-0{,}008\ kJ \cdot mol^{-1} \cdot K^{-1}) = -189\ kJ \cdot mol^{-1}$

b) Reduktion unter Bildung von Kohlenstoffdioxid:

$2\,Fe_2O_3 + 3\,C \rightarrow 4\,Fe + 3\,CO_2$

$\Delta_R H = 3 \cdot \Delta_f H(CO_2) - 2 \cdot \Delta_f H(Fe_2O_3) = 3 \cdot (-393\ kJ \cdot mol^{-1}) - 2\,(-824\ kJ \cdot mol^{-1})$

$= 469\ kJ \cdot mol^{-1}$

$\Delta_R S = [4 \cdot S(Fe) + 3 \cdot S(CO_2)] - [2 \cdot S(Fe_2O_3) + 3 \cdot S(C)]$

$= [4 \cdot 27\ J \cdot mol^{-1} \cdot K^{-1} + 3 \cdot 214\ J \cdot mol^{-1} \cdot K^{-1}]$

$- [2 \cdot 87\ J \cdot mol^{-1} \cdot K^{-1} + 3 \cdot 6\ J \cdot mol^{-1} \cdot K^{-1}]$

$= 558\ J\ mol^{-1} \cdot K^{-1}$

$\Delta_R G = 469\ kJ \cdot mol^{-1} - 298\ K \cdot 0{,}558\ kJ \cdot mol^{-1} \cdot K^{-1} = 303\ kJ \cdot mol^{-1}$

Reduktion unter Bildung von Kohlenstoffmonooxid

$Fe_2O_3 + 3\,C \rightarrow 2\,Fe + 3\,CO$

$\Delta_R H = 3 \cdot \Delta_f H(CO) - \Delta_f H(Fe_2O_3) = 3 \cdot (-111\ kJ \cdot mol^{-1}) - (-824\ kJ \cdot mol^{-1})$

$= 491\ kJ \cdot mol^{-1}$

$\Delta_R S = [2 \cdot S(Fe) + 3 \cdot S(CO)] - [S(Fe_2O_3) + 3 \cdot S(C)]$

$= [2 \cdot 27\ J \cdot mol^{-1} \cdot K^{-1} + 3 \cdot 198\ J \cdot mol^{-1} \cdot K^{-1}] - [87\ J \cdot mol^{-1} \cdot K^{-1} + 3 \cdot 6\ J \cdot mol^{-1} \cdot K^{-1}]$

$= 543\ J \cdot mol^{-1} \cdot K^{-1}$

$\Delta_R G = 491\ kJ \cdot mol^{-1} - 298\ K \cdot 0{,}543\ kJ \cdot mol^{-1} \cdot K^{-1} = 329\ kJ \cdot mol^{-1}$

c) $NaHCO_3(s) + H^+(aq) + Cl^-(aq) \rightarrow Na^+(aq) + Cl^-(aq) + H_2O(\ell) + CO_2(g)$

$\Delta_R H = [\Delta_f H(Na^+) + \Delta_f H(Cl^-) + \Delta_f H(H_2O) + \Delta_f H(CO_2)]$

$- [\Delta_f H(NaHCO_3) + \Delta_f H(H^+) + \Delta_f H(Cl^-)]$

$= [-240\ kJ \cdot mol^{-1} + (-286\ kJ \cdot mol^{-1}) + (-393\ kJ \cdot mol^{-1})] - (-948\ kJ \cdot mol^{-1})$

$= 29\ kJ \cdot mol^{-1}$

$\Delta_R S = [S(Na^+) + S(Cl^-) + S(H_2O) + S(CO_2)] - [S(NaHCO_3) + S(H^+) + S(Cl^-)]$

$= [59\ J \cdot mol^{-1} \cdot K^{-1} + 70\ J \cdot mol^{-1} \cdot K^{-1} + 214\ J \cdot mol^{-1} \cdot K^{-1}] - 102\ J \cdot mol^{-1} \cdot K^{-1}$

$= 241\ J \cdot mol^{-1} \cdot K^{-1}$

$\Delta_R G = 29\ kJ \cdot mol^{-1} - 298\ K \cdot 0{,}241\ kJ \cdot mol^{-1} \cdot K^{-1} = -43\ kJ \cdot mol^{-1}$

Reaktion a) ist exotherm und exergonisch. Sie müsste freiwillig bei 25 °C ablaufen. Kupfer(II)-oxid und Zinkpulver reagieren jedoch nicht, wenn man sie bei Raumtemperatur mischt. Um die Reaktion in Gang zu setzen, muss zur Aktivierung Energie zugeführt werden (z. B. Erhitzen mit dem Gasbrenner).
Beide Varianten der Reaktion b) verlaufen endotherm und endergonisch. Reaktion c) ist endotherm, aber exergonisch. Sie läuft bei 25 °C freiwillig ab.

7. a) Aus experimentellen Werten werden Reaktionsenthalpien über die kalorimetrische Grundgleichung berechnet.

$$\Delta_L H = -\frac{m(H_2O) \cdot c_p(H_2O) \cdot \Delta T}{n(\text{Feststoff})}$$

$m(H_2O) = 100\ g$

$c_p = 4{,}18\ J \cdot g^{-1} \cdot K^{-1}$

$\Delta T = 5\ K$

$$n(\text{NaOH}) = \frac{m}{M} = \frac{2\ g}{40\ g \cdot mol^{-1}} = 0{,}05\ mol$$

$$\Delta_L H = -\frac{100\ g \cdot 4{,}18\ J \cdot g^{-1} \cdot K^{-1} \cdot 5\ K}{0{,}05\ mol} = -41{,}8\ kJ \cdot mol^{-1}$$

Die molare Lösungsenthalpie für Natriumhydroxid beträgt etwa $-42\ kJ \cdot mol^{-1}$.

b) Das Wasser wird genau abgemessen und in ein Gefäß (Kalorimeter) gegeben, welches Wärmeabstrahlung verhindert. Geeignet sind DEWAR-Gefäße oder mit Styropor ummantelte Glasgefäße, die möglichst eine Abdeckung besitzen sollten. Die Ausgangstemperatur wird gemessen. Zum Wasser wird die genau abgewogene Menge des Natriumhydroxids gegeben und vollständig gelöst. Dann ist die Temperaturdifferenz zu messen. Ist die Wärmekapazität des Kalorimeters bekannt, wird sie wie folgt in die Gleichung einbezogen:

$$\Delta_L H = -\frac{\left(C + m(H_2O) \cdot c_p(H_2O)\right) \Delta T}{n}$$

C = Kalorimeterkonstante

Rest der Berechnung unter a).

8. a) $CaO + 3\ C \rightarrow CaC_2 + CO;\ \Delta_R H = -475\ kJ \cdot mol^{-1}$

$M(CaC_2) = 64\ g \cdot mol^{-1}$

$64\ g = 475\ kJ$

$10^6\ g = x\ kJ$

$x = 7{,}4 \cdot 10^6\ kJ$

Für die Produktion von 1 t Calciumcarbid müssen 7400 MJ bzw. $7{,}4 \cdot 10^6\ kJ$ aufgewendet werden.

b) Calciumcarbid kann zu Acetylen weiterverarbeitet werden.
Dieses dient als Schweißgas und Ausgangsstoff für Synthesen.
Hinweis: Heute wird Ethin überwiegend durch Pyrolyse oder partielle Oxidation von Methan gewonnen.

2.4 Geschwindigkeit chemischer Reaktionen (Reaktionskinetik)

Die Kinetik (Reaktionskinetik) ist ein Teilbereich der physikalischen Chemie. Sie beschäftigt sich mit dem zeitlichen Ablauf chemischer Reaktionen oder physikalisch-chemischer Vorgänge. Als grundlegende Größe gilt in der Kinetik die Reaktionsgeschwindigkeit. Sie gibt an, wie viele Teilchen pro Zeiteinheit in einer chemischen Reaktion umgesetzt werden.

1. a) Stellen Sie für folgende Modellreaktionen (Elementarreaktionen) die Geschwindigkeitsgleichungen auf. A

$A \rightarrow B + C$

$A + B \rightarrow C + D$

$2\,A \rightarrow C + D$

b) Diskutieren Sie die angegebene Geschwindigkeitsgleichung für folgende Reaktion:

$CH_4 + 4\,Cl_2 \rightarrow CCl_4 + 4\,HCl$

$v = k \cdot c(CH_4) \cdot c^4(Cl_2)$

2. a) Stellen Sie die Reaktionsgleichung für die Reaktion von Magnesium mit Salzsäure auf.

b) Berechnen Sie die durchschnittlichen Reaktionsgeschwindigkeiten bezogen auf Salzsäure und auf Magnesiumchlorid für diese Reaktion, wenn bei einem Experiment mit 20 ml Salzsäure innerhalb von 4 min 120 ml Wasserstoff entstehen. Hinweis: $V_m = 24\,\ell \cdot mol^{-1}$

3. Erläutern Sie Möglichkeiten, die Reaktionsgeschwindigkeit zu verändern.

4. Bei der Reaktion von Salzsäure mit Natriumthiosulfat führt nur die Variation der Thiosulfatkonzentration zu wesentlichen Änderungen der Reaktionsgeschwindigkeit. Stellen Sie Vermutungen an, die diese Tatsache erklären.

5. Ermitteln Sie aus den gegebenen Versuchsergebnissen grafisch die Reaktionsordnung für die hydrolytische Spaltung von Rohrzucker (Saccharose):

$C_{12}H_{22}O_{11} + H_2O \rightarrow C_6H_{12}O_6 + C_6H_{12}O_6$

t in min	0	39	80	140	210
$c(C_{12}H_{22}O_{11})$ in $mol \cdot \ell^{-1}$	0,316	0,274	0,238	0,190	0,146

6. Erläutern Sie den Begriff *Aktivierungsenergie*. Warum ist die häufig gebrauchte Redeweise „man muss erst Aktivierungsenergie zuführen“ nicht exakt?

L

1. a) $v = k \cdot c\,(\mathrm{A})$
$v = k \cdot c\,(\mathrm{A}) \cdot c\,(\mathrm{B})$
$v = k \cdot c^2\,(\mathrm{a})$

b) Bei der angegebenen Geschwindigkeitsgleichung müssten fünf Teilchen zusammenstoßen, was praktisch nahezu unmöglich ist.

2. a) $Mg + 2\,HCl \rightarrow MgCl_2 + H_2$

b) $n\,(H_2) = \Delta n(MgCl_2) = \frac{V(H_2)}{V_m} = \frac{120\ \mathrm{ml}}{24\,\ell \cdot \mathrm{mol}^{-1}} = 5\,\mathrm{mmol}$

$\Delta c\,(MgCl_2) = \frac{5\ \mathrm{mmol}}{20\ \mathrm{ml}} \cdot 0{,}25\ \mathrm{mol} \cdot \ell^{-1}$

$v(MgCl_2) = \frac{\Delta c\,(MgCl_2)}{\Delta t} = \frac{0{,}25\ \mathrm{mol} \cdot \ell^{-1}}{4\,\mathrm{min}} = 0{,}0625\ \mathrm{mol} \cdot \ell^{-1} \cdot \mathrm{min}^{-1}$

$v(HCl) = 2 \cdot v(MgCl_2) = 0{,}12\ \mathrm{mol} \cdot \ell^{-1} \cdot \mathrm{min}^{-1}$

3.
- Die Reaktionsgeschwindigkeit kann man durch Temperaturänderung beeinflussen. Erwärmung beschleunigt die Reaktion und Abkühlen verzögert die Reaktion.
- Die RGT-Regel besagt, dass die Erhöhung der Temperatur um 10 K die Geschwindigkeit verdoppelt bis verdreifacht.
- Die Vergrößerung der Oberfläche von Reaktionspartnern führt ebenfalls zur Beschleunigung.
- Ein Katalysator beschleunigt die Reaktion, sodass mehr Reaktionsprodukt pro Zeiteinheit gebildet wird.
- Eine Erhöhung der Konzentrationen der Reaktionspartner beschleunigt die Reaktion, eine Erniedrigung der Konzentrationen verlangsamt sie.
- Bei Gasreaktionen wird der Reaktionsverlauf durch eine Druckerhöhung beschleunigt.

4. Die Reaktionsgeschwindigkeit dieser Reaktion ist nur von der Konzentrationsänderung des Thiosulfats abhängig. Die Reaktion verläuft nach der 1. Ordnung. Die Salzsäure ist an den geschwindigkeitsbestimmenden Schritten nicht beteiligt. Der langsamste Schritt einer Reaktion bestimmt die Gesamtgeschwindigkeit.

1. Schritt:	$S_2O_3^{2-}(aq) + 2\,H^+(aq) \rightarrow H_2S_2O_3(aq)$	(sehr schnell)
2. Schritt:	$H_2S_2O_3(aq) \rightarrow H_2O\,(l) + SO_2(aq) + S\,(aq)$	(langsam)
3. Schritt:	$8\,S\,(aq) \rightarrow S_8(s)$	(langsam)

Tipp zu Aufgabe 5

- Zur Bestimmung der Reaktionsordnung geht man von den integrierten Geschwindigkeitsgleichungen aus, die der Funktion $y = mx + n$ entsprechen.
- 1. Ordnung: $\ln c_A - \ln c_0 = -k_1 \cdot t$
  Trägt man $\ln c$ gegen t auf, so erhält man eine Gerade, wenn eine Reaktion 1. Ordnung vorliegt.
- 2. Ordnung: $1/c_0 - 1/c_A = -k_2 \cdot t$
  Trägt man $1/c$ gegen t auf, so erhält man eine Gerade, wenn eine Reaktion 2. Ordnung vorliegt. Reaktionen höherer Ordnung sind sehr selten und sollen hier nicht untersucht werden.

5. In unserem Fall liegt eine Reaktion 1. Ordnung vor.
Hinweis: Durch Berechnung von k aus jeweils 2 Wertepaaren kann man auch auf die Reaktionsordnung schließen, wenn k bei verschiedenen Paaren konstant ist.

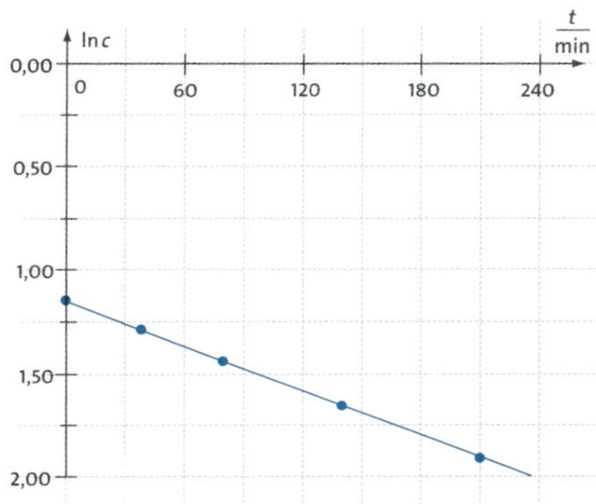

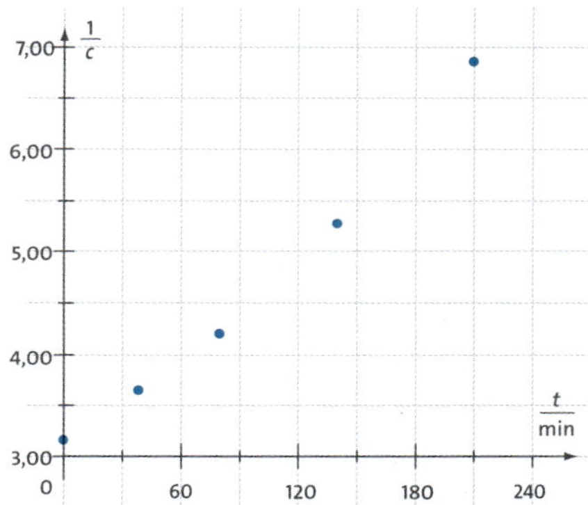

6. Aktivierungsenergie ist die Mindestenergie, die die in einem System reagierenden Teilchen haben müssen, um miteinander zu reagieren.
Man führt einem System keinen bestimmten Betrag an Aktivierungsenergie zu, um zu aktivieren, sondern erreicht mit der Energiezuführung, dass einige Teilchen die erforderliche Mindestenergie überschreiten und die Reaktion an diesen Stellen einsetzt. Die entstehende Wärme sorgt für den vollständigen Ablauf der Reaktion.

2.5 Chemisches Gleichgewicht und Massenwirkungsgesetz

Das chemische Gleichgewicht bezeichnet den Zustand, in dem durch Hin- und Rückreaktion einer umkehrbaren chemischen Reaktion die Konzentration/Menge von Produkten und Edukten nicht mehr verändert wird. Wird das chemische Gleichgewicht gestört, so ist es bestrebt, anders als das Gleichgewicht einer Balkenwaage, sich wieder einzustellen.

A

1. Werten Sie folgende Aussagen:

a) Eine Lösung, die $[Fe(SCN)(H_2O)_5]^{2+}$-Ionen enthält, entfärbt sich beim Verdünnen stärker als eine rote Farbstofflösung.

b) Eine grüne Lösung mit Kupfer(II)-chlorid färbt sich beim Verdünnen hellblau.

c) Kühlt man eine Ampulle mit braunem Stickstoffdioxid ab, so verschwindet die braune Farbe.

d) Eine Lösung von schwarzer Iodstärke entfärbt sich beim Erhitzen.

2. a) Im Hochofen wird aus Kohle das Reduktionsmittel Kohlenmonooxid hergestellt. Stellen Sie die Reaktionsgleichungen auf. Eine dieser Reaktionen ist das BOUDOUARD-Gleichgewicht.

b) Wie kann man nach LE CHATELIER diese Reaktion begünstigen?
Nutzen Sie zur Beantwortung der Frage auch das folgende Material:
Material zum BOUDOUARD-Gleichgewicht

Temperatur [°C]	450	600	650	700	750	800	900	1000
Ausbeute CO [%]	2,0	23,0	38,5	57,7	75,3	94,0	97,2	2,8
Ausbeute CO_2 [%]	98,0	77,0	61,5	42,3	24,7	6,0	2,8	0,7

Druck: 101,3 kPa

c) Nennen Sie Gründe dafür, warum man in der Technik oft von den optimalen theoretischen Reaktionsbedingungen abweichen muss.

3. Formulieren Sie das Massenwirkungsgesetz für die Reaktion von Schwefeldioxid mit Sauerstoff zu Schwefeltrioxid und die Reaktion von Iod und Wasserstoff zu Iodwasserstoff. Stellen Sie für beide Reaktionen den Zusammenhang zwischen K_c und K_p her. Vergleichen Sie die Ergebnisse.

4. Bei der Herstellung von Essigsäureethylester geht man einmal von 1 mol Säure und 1 mol Alkohol aus und in einem zweiten Experiment von 1 mol Säure und 4 mol Alkohol.

a) Berechnen Sie für beide Fälle die Esterausbeute und vergleichen Sie Ihre Ergebnisse.

b) Warum ist es nicht sinnvoll, einen Ausgangsstoff in extrem großem Überschuss einzusetzen? Hilfsgröße: $K_c = 4$

5. Berechnen Sie die Stoffmenge an Essigsäureethylester im Gleichgewicht, wenn man von 1 mol Säure und 1 mol Alkohol und ausgeht. In der Säure sind bereits 0,1 mol Wasser enthalten.
Hilfsgröße: $K_c = 4$

6. Ein Synthesegas enthält 50 mol Kohlenstoffmonooxid und 50 mol Wasserstoff. Durch Konvertierung sollen 90 % des Kohlenstoffmonooxids entfernt werden. Welche Stoffmenge Wasserdampf muss pro Mol Kohlenstoffmonooxid zugesetzt werden, um diese Bedingung zu erfüllen?
$K_c = K_p = 50$
Konvertierung: $CO + H_2O\,(g) \rightarrow CO_2 + H_2$

7. Viele Gleichgewichtsreaktionen werden großtechnisch mit Katalysatoren durchgeführt.
a) Diskutieren Sie die Rolle von Katalysatoren bei Gleichgewichtsreaktionen und nennen Sie allgemeine Eigenschaften von Katalysatoren.
b) Ethanol kann mit dem Katalysator Kupfer dehydriert werden, mit dem Katalysator Aluminiumoxid wird Ethanol dehydratisiert. Stellen Sie die Reaktionsgleichungen für diese Vorgänge auf und unterbreiten Sie Vorschläge, wie man die Reaktionsprodukte nachweisen kann.
Welche Eigenschaft von Katalysatoren wird wirksam?
c) Erläutern sie den Begriff Autokatalyse und geben Sie ein Beispiel an.

L

1. a) $\underset{\text{hellbraun}}{[Fe(H_2O)_6]^{3+}} + SCN^- \rightleftharpoons \underset{\text{tiefrot}}{[Fe(H_2O)_5SCN]^{2+}} + H_2O$

Beim Verdünnen verschiebt sich das Gleichgewicht auf die Seite der Edukte und bewirkt eine stärkere Entfärbung als beim Verdünnen einer Farbstofflösung.

b) $\underset{\text{grün}}{[CuCl(H_2O)_5]^+} + H_2O \rightleftharpoons \underset{\text{hellblau}}{[Cu(H_2O)_6]^{2+}} + Cl^-$

Es findet durch das Verdünnen eine Gleichgewichtsverschiebung statt.

c) $\underset{\text{braun}}{2\,NO_2} \rightleftharpoons \underset{\text{farblos}}{N_2O_4}$

Hinreaktion wird durch niedrige Temperatur begünstigt – exotherm, Rückreaktion durch höhere Temperatur – endotherm.

d) Iod + Stärke $\rightleftharpoons$ Iodstärke
Bei hoher Temperatur wird das Gleichgewicht auf die Seite der Edukte verschoben – Iodstärkebildung ist exotherm.

2. a) Es finden folgende Reaktionen statt:
Reaktion (1): $C(s) + O_2(g) \rightleftharpoons CO_2(g)$ exotherm
Reaktion (2): $CO_2(g) + C(s) \rightleftharpoons 2\,CO(g)$ endotherm; BOUDOUARD-Gleichgewicht
Reaktion (3): $2\,C(s) + O_2(g) \rightleftharpoons 2\,CO(g)$ endotherm

b) Die Reaktion 2 wird als BOUDUARD-Gleichgewicht bezeichnet. Sie verläuft endotherm ($\Delta_R H = +170\ kJ \cdot mol^{-1}$).
Das Gleichgewicht verschiebt sich mit steigender Temperatur auf die Seite des Kohlenstoffmonooxides. Dies sieht man auch an den im Material gezeigten Ausbeuten. Endotherme Reaktionen werden durch hohe Temperatur begünstigt. Bei 1000 °C liegen 99,3 % CO vor.
Die Reaktion ist druckabhängig, da sie unter Volumenverkleinerung verläuft. Die Bildung des Kohlenstoffmonooxides wird demzufolge durch niedrigen Druck begünstigt.
Bei Kohlenstoffüberschuss sind ebenfalls höhere Ausbeuten an Kohlenstoffmonooxid zu erwarten.

c)
- Katalysatoren sind oft nötig, um die Reaktion zu ermöglichen. Sie benötigen aber meist eine hohe Anlauftemperatur.
- Die Realisierung von hohem Druck ist in der Regel eine Materialfrage.
- Hohe Temperaturen zu realisieren ist energieaufwendig.

3. **Bildung von Schwefeltrioxid:**

$2\,SO_2 + O_2 \rightleftharpoons 2\,SO_3$

$$K_p = \frac{p^2(SO_3)}{p^2(SO_2) \cdot p(O_2)} \left[\frac{\cancel{Pa}^2}{\cancel{Pa}^2 \cdot Pa}\right] = \frac{p^2(SO_3)}{p^2(SO_2) \cdot p(O_2)} \left[\frac{1}{Pa}\right]$$

Nebenrechung:

$p \cdot V = n \cdot R \cdot T$

$p \cdot V = c \cdot V \cdot R \cdot T$

$c = \frac{p}{R \cdot T}$

$$K_c = \frac{c^2(SO_3)}{c^2(SO_2) \cdot c(O_2)} = \frac{p^2(SO_3) \cdot \cancel{R^2} \cdot \cancel{T^2} \cdot R \cdot T}{\cancel{R^2} \cdot \cancel{T^2} \cdot p^2(SO_2) \cdot p(O_2)} = \frac{p^2(SO_3)}{p^2(SO_2) \cdot p(O_2)} \cdot R \cdot T$$

Zusammenhang der Gleichgewichtskonstanten:

$K_c = K_p \cdot R \cdot T$

Bildung von Iodwasserstoff:

$H_2 + I_2 \rightleftharpoons 2\,HI$

$$K_p = \frac{p^2(HI)}{p(H_2) \cdot p(I_2)} \left[\frac{\cancel{Pa}^2}{\cancel{Pa} \cdot \cancel{Pa}}\right] = \frac{p^2(HI)}{p(H_2) \cdot p(I_2)}\ [1]$$

$$K_c = \frac{c^2(HI)}{c(H_2) \cdot c(I_2)} = \frac{p^2(HI) \cdot \cancel{R} \cdot \cancel{T} \cdot \cancel{R} \cdot \cancel{T}}{\cancel{R^2} \cdot \cancel{T^2} \cdot p(H_2) \cdot p(I_2)} = \frac{p^2(HI)}{p(H_2) \cdot p(I_2)}$$

Zusammenhang der Gleichgewichtskonstanten: $K_c = K_p$

Beim Iodwasserstoff-Gleichgewicht ist $K_p = K_c$. Die Konstanten haben die Einheit [1]. Beim Schwefeltrioxid-Gleichgewicht gilt $K_c = K_p \cdot R \cdot T$.

4. a) **Reaktionsgleichung 1. Fall:**

	$CH_3{-}COOH$ +	$HO{-}CH_2{-}CH_3$ ⇌	H_2O +	$CH_3{-}COO{-}CH_2{-}CH_3$
vor der Reaktion	1 mol	1 mol	0	0
im Gleichgewicht	$(1-x)$ mol	$(1-x)$ mol	x mol	x mol

$$K_c = \frac{c(\text{Wasser}) \cdot c(\text{Ester})}{c(\text{Säure}) \cdot c(\text{Alkohol})}$$

$$4 = \frac{x^2}{(1-x)^2}$$

$$x^2 - \frac{8}{3} \cdot x + \frac{4}{3} = 0$$

$x_{1,2} = \frac{4}{3} \pm \frac{2}{3}$; $x_1 = 2$ (als Lösung nicht sinnvoll, da $x > 1$); $x_2 = 0{,}66$

Die Ausbeute an Ester beträgt 66 %.

2. Fall:

	$CH_3{-}COOH$ +	$HO{-}CH_2{-}CH_3$ ⇌	H_2O +	$CH_3{-}COO{-}CH_2{-}CH_3$
vor der Reaktion	1 mol	4 mol	0 mol	0 mol
im Gleichgewicht	$(1-x)$ mol	$(4-x)$ mol	x mol	x mol

$$4 = \frac{x^2}{(1-x) \cdot (4-x)}$$

$$x^2 - \frac{20}{3} \cdot x + \frac{16}{3} = 0$$

$x_{1,2} = 3{,}3 \pm 2{,}4$; $x_1 = 5{,}7$ (als Lösung nicht sinnvoll, da $x > 1$); $x_2 = 0{,}9$

Die Ausbeute an Ester beträgt 90 %.

b) Wenn man einen Ausgangsstoff im Überschuss einsetzt, erhöht sich die Ester-Ausbeute. Ein sehr großer Überschuss ist nicht sinnvoll, da nur maximal die Stoffmenge des Ausgangsstoffes erreicht werden kann, der in geringerer Menge vorliegt. Da im Beispiel die Ausgangsstoffe im Verhältnis 1 : 1 umgesetzt werden, würde das maximal ein Mol Ester bedeuten. Die Stoffmenge 1 mol kann wegen des Gleichgewichtes nicht erreicht werden. Eine entsprechende Kurve würde sich asymptotisch der eins nähern.

5. Bei der Berechnung ist zu beachten, dass vor der Reaktion wegen der wässerigen Lösung der Säure bereits Wasser vorhanden ist und mitberücksichtigt werden muss.

Reaktionsgleichung:

	$CH_3{-}COOH$ +	$HO{-}CH_2{-}CH_3$ ⇌	H_2O +	$CH_3{-}COO{-}CH_2{-}CH_3$
vor der Reaktion	0,9 mol	1 mol	0,1 mol	0 mol
im Gleichgewicht	$(0{,}9-x)$	$(1-x)$ mol	$(x+0{,}1)$ mol	x mol

$$4 = \frac{(x+0{,}1) \cdot x}{(0{,}9-x) \cdot (1-x)} = \frac{x^2 + 0{,}1x}{0{,}9 - 1{,}9x + x^2}$$

$$x^2 + 0{,}1x = 3{,}6 - 7{,}6x + 4x^2$$

$$x^2 - 2{,}57x + 1{,}2 = 0$$

$x_{1,2} = \frac{2{,}57}{2} \pm \sqrt{\frac{2{,}57^2}{4} - 1{,}2}$; $x_1 = 1{,}96$ (als Lösung nicht sinnvoll, da $x > 1$); $x_2 = 0{,}61$

Im Gleichgewicht liegen 0,61 mol Ester vor.

6. Die Konvertierungsreaktion dient dazu, ein gewonnenes Synthesegas mit Wasserstoff anzureichern, um es für bestimmte Verwendungszwecke, die einen höheren Wasserstoffgehalt fordern, zugänglich zu machen. Beispiele sind die Ammoniaksynthese und die Methanolsynthese.

	CO	+	$H_2O_{(g)}$	$\rightleftharpoons$	CO_2	+	H_2
vor der Reaktion	50 mol						50 mol
im Gleichgewicht	(50 – 45) mol		$(x-45)$ mol		45 mol		(50 + 45) mol

$$K_p = K_c = \frac{n(CO_2) \cdot n(H_2)}{n(CO) \cdot n(H_2O)}$$

$$50 = \frac{45\text{ mol} \cdot 95\text{ mol}}{5\text{ mol} \cdot (x-45)\text{ mol}}$$

$x = 330$ mol

Es müssen insgesamt 330 mol Wasserdampf zugesetzt werden. Da im Ausgangsgemisch 50 mol Kohlenstoffmonooxid enthalten waren, ergeben sich 6,6 mol Wasserdampf pro Mol Kohlenstoffmonooxid.

7. a) Positive Katalysatoren verkürzen die Einstellzeit des Gleichgewichtes. Negative Katalysatoren (Inhibitoren) verlängern die Einstellzeit des Gleichgewichtes. Durch Einsatz von Katalysatoren kann man das Konzentrationsverhältnis der im Gleichgewicht vorliegenden Stoffe (Lage des Gleichgewichtes) nicht beeinflussen.

Weitere Eigenschaften von Katalysatoren:

- Katalysatoren haben keinen Einfluss auf die Reaktionswärme.
- Sie wirken spezifisch (nicht jeder Katalysator eignet sich für jede Reaktion).
- Sie wirken selektiv (mit verschiedenen Katalysatoren entstehen aus gleichen Edukten verschiedene Produkte).

b) $CH_3{-}CH_2{-}OH \xrightarrow{[Cu]} CH_3CHO + H_2$

Nachweis von Wasserstoff mit der Knallgasprobe, Nachweis des Aldehyds mit der SCHIFF'schen Probe.

$CH_3{-}CH_2{-}OH \rightarrow CH_2 = CH_2 + H_2O$

Nachweis der Doppelbindung durch die Addition von Brom, Nachweis des Wassers durch Überleiten über wasserfreies Kupfer(II)-sulfat.

Die Beispiele zeigen die Selektivität von Katalysatoren.

c) Autokatalyse ist eine besondere Form der katalytischen chemischen Reaktion, bei der ein Endprodukt als Katalysator für die Reaktion wirkt. Durch die fortlaufende Bildung dieses Katalysators wird die Reaktion ständig beschleunigt.

$5\,HOOC{-}COOH + 2\,MnO_4^- + 6\,H^+ \rightleftharpoons 10\,CO_2 + 2\,Mn^{2+} + 8\,H_2O$

Die entstehenden Mangan-(II)-Ionen wirken als Katalysator für diese Reaktion, sodass die anfänglich zögernde Entfärbung des Permanganats immer schneller verläuft. Werden zum Reaktionsstart Mangan-(II)-Ionen zur Verfügung gestellt, so verläuft die Reaktion bereits zu Beginn schnell.

2.6 Säure/Base- und Löslichkeitsgleichgewichte

Säure/Base-Gleichgewichte und Löslichkeitsgleichgewichte sind eine Anwendung des Massenwirkungsgesetzes. Gegenstand dieses Stoffgebietes sind nicht nur verschiedene Säure/Base-Theorien, sondern auch die quantitative Interpretation von Säure/Base-Reaktionen und Löslichkeitsvorgängen.

A

1. a) Erläutern Sie unter Anwendung Ihrer Kenntnisse der Säure/Base-Theorie nach BRÖNSTED die Begriffe *korrespondierendes Säure/Base-Paar* und *Säure/Base-Reaktion*.
b) Vergleichen Sie das wichtigste Merkmal der Säure/Base-Reaktion nach BRÖNSTED mit dem der Redoxreaktion.

2. Erklären Sie anhand selbst gewählter Beispiele die Zusammenhänge zwischen K_C und K_S (bzw. K_B) sowie K_W.

3. Berechnen Sie die pH-Werte folgender Lösungen mit den Stoffmengenkonzentrationen $c = 0{,}1\ \text{mol} \cdot \ell^{-1}$:
Salzsäure, Schwefelsäure, Essigsäure, Natronlauge, Ammoniak, Natriumacetat, Eisen(III)-chlorid, Natriumcarbonat, Ammoniumchlorid und 2-Aminoethansäure.

4. Nach den in Aufgabe 3 angewendeten Rechenverfahren müsste eine Salzsäure der Stoffmengenkonzentration $c(\text{HCl}) = 10^{-8}\ \text{mol} \cdot \ell^{-1}$ einen pH-Wert von 8 haben. Wo liegt der Fehler?

5. a) Skizzieren Sie die Titrationskurven von Salzsäure und Essigsäure.
Die Stoffmengenkonzentration beträgt jeweils $0{,}1\ \text{mol} \cdot \ell^{-1}$ mit Natronlauge $c(\text{NaOH}) = 0{,}1\ \text{mol} \cdot \ell^{-1}$.
Zeichnen Sie wichtige Punkte ein, die die Kurven durchlaufen. Erläutern Sie den Verlauf und geben Sie geeignete Indikatoren für die Titrationen an.
b) Welcher Unterschied ergäbe sich in der Kurve, wenn man Kohlensäure verwenden würde?

6. Bei der Titration von 10 ml einer Salzsäure bzw. einer Schwefelsäure werden 5 ml Natronlauge, ($c(\text{NaOH}) = 0{,}1\ \text{mol} \cdot \ell^{-1}$) verbraucht. Berechnen Sie die Stoffmengenkonzentration der beiden Säuren und die Massen der Säuren in 100 ml Lösung und vergleichen Sie die Ergebnisse.

7. Bei einer Titration wurden 10 ml Natriumhydroxid-Lösung durch 10 ml einer 0,2-molaren Ethansäure neutralisiert. Berechnen Sie den pH-Wert der entstandenen Lösung.

8. 0,3 g einer Bodenprobe wurden mit 10 ml Salzsäure ($c(HCl) = 0{,}1\ mol \cdot \ell^{-1}$) versetzt. Die Probe wurde anschließend filtriert und mit Natronlauge ($c(NaOH) = 0{,}1\ mol \cdot \ell^{-1}$) titriert.
Dabei wurden 2 ml Lauge verbraucht. Berechnen Sie den Carbonatgehalt der Bodenprobe.

9. a) Beschreiben Sie das Auflösen eines Salzes in Wasser. Verwenden Sie die Begriffe Gitterenthalpie, Solvatationsenthalpie und Lösungsenthalpie.
b) Erläutern Sie die Begriffe *potentielle* und *echte Elektrolyte*.
c) Erklären Sie die Begriffe *Löslichkeit* und *gesättigte Lösung*.

10. Formulieren Sie Gleichungen für alle Fällungsreaktionen, die ablaufen können, wenn man zu einer Lösung, die Chlorid-Ionen, Nitrat-Ionen, Carbonat-Ionen und Chromat-Ionen enthält, Silber-Ionen gibt. In welcher Reihenfolge fallen die entsprechenden Salze aus?

11. In vier unbeschrifteten Gefäßen befinden sich Lösungen von Eisen(II)-sulfat, Eisen(III)-sulfat, Kupfer(II)-sulfat und Aluminiumchlorid. Zur Identifizierung steht verdünnte Natriumhydroxid-Lösung zur Verfügung. Identifizieren Sie die Stoffe und ordnen Sie mögliche Beobachtungen den entsprechenden Lösungen zu.

12. Nennen Sie Beispiele, wo man in der Analytik oder in der Technik die Löslichkeit eines Stoffes durch Komplexbildung gezielt verändert.

13. Ein Niederschlag von Bariumsulfat soll gewaschen werden. Dabei dürfen nicht mehr als 0,05 mg in Lösung gehen. Entscheiden Sie, ob sich 200 ml Schwefelsäure $c(H_2SO_4) = 0{,}1\ mol \cdot \ell^{-1}$ oder 100 ml Wasser besser dazu eignen.
Begründen Sie Ihre Entscheidung.

L

1. a) Nach BRÖNSTED sind Säuren Protonendonatoren, Basen Protonenakzeptoren.
Korrespondierendes Säure/Base-Paar: $\underset{\text{Säure}}{HCl} \rightleftharpoons \underset{\text{Base}}{Cl^-} + H^+$

Korrespondierendes Säure/Base-Paar: $\underset{\text{Base}}{NH_3} + H^+ \rightleftharpoons \underset{\text{Säure}}{NH_4^+}$

Säure/Base-Reaktion: $\underset{\text{Säure 1}}{HCl} + \underset{\text{Base 2}}{NH_3} \rightleftharpoons \underset{\text{Säure 2}}{NH_4^+} + \underset{\text{Base 1}}{Cl^-}$

b) Eine Säure/Base-Reaktion liegt vor, wenn zwei korrespondierende Säure/Base-Paare miteinander unter Protonenübertragung reagieren.

Bei Säure/Base-Reaktionen werden Protonen übertragen, bei Redoxreaktionen werden Elektronen übertragen.
Pro Reaktionsschritt wird bei der Säure/Base-Reaktion nur ein Proton übertragen, bei Redoxreaktionen können auch mehrere Elektronen übertragen werden. Durch Einrichten der Reaktionsgleichungen gleicht man aufgenommene mit abgegebenen Elektronen aus. (→ Redoxreaktionen)

2. Beispiel: Säurereaktion von Essigsäure-Molekülen:
$CH_3{-}COOH + H_2O \rightleftharpoons H_3O^+ + CH_3{-}COO^-$ (Säurereaktion)
$K_c = \frac{c(CH_3COO^-) \cdot c(H_3O^+)}{c(CH_3COOH) \cdot c(H_2O)}$; $K_S = K_c \cdot c(H_2O)$
Beispiel: Basereaktion von Acetat-Ionen:
$CH_3{-}COO^- + H_2O \rightleftharpoons CH_3{-}COOH + OH^-$ (Basereaktion)
$K_c = \frac{c(CH_3COOH) \cdot c(OH^-)}{c(CH_3COO^-) \cdot c(H_2O)}$; $K_B = K_c \cdot c(H_2O)$
Bei **korrespondierenden** Teilchen ist das Produkt aus K_S und K_B gleich dem Ionenprodukt des Wassers K_W.
Beispiel Essigsäure/Acetat-Ionen:
$K_S = 1{,}8 \cdot 10^{-5}\ mol \cdot \ell^{-1}$ ($pK_S = 4{,}75$)
$K_B = 5{,}6 \cdot 10^{-10}\ mol \cdot \ell^{-1}$ ($pK_B = 9{,}25$)
$K_S \cdot K_B = 1{,}0 \cdot 10^{-14}\ mol^2 \cdot \ell^{-2}$
oder: $pK_S + pK_B = pK_W$; $4{,}75 + 9{,}25 = 14$
Die p*K*-Werte sind jeweils die negativen dekadischen Logarithmen der entsprechenden Konstanten.

3. Bei der Berechnung von pH-Werten müssen die Verbindungen in die Kategorien, starke Säure, schwache Säure, starke Base, schwache Base und Salz eingeordnet werden.
- **Starke Säuren:** Das Proton der Säure wird vollständig an Wasser abgegeben (Beispiel: Bildung von Salzsäure durch Lösen von Chlorwasserstoff). Die Ausgangskonzentration der Säure entspricht der Konzentration der Hydronium-Ionen. Schwefelsäure dissoziiert in zwei Stufen, die beide bei der Berechnung berücksichtigt werden müssen.
- **Starke Basen:** Bilden bei der Dissoziation in Wasser sofort Hydroxid-Ionen (Natronlauge). Hier entspricht die Ausgangskonzentration der Base-Lösung der Konzentration der Hydroxid-Ionen.
- Bei **schwachen Säuren** (Essigsäure) und **schwachen Basen** (Ammoniak) müssen die Gleichgewichtsbedingungen beachtet werden.
- Bei **Salzen** können Kationen und Anionen nach der Dissoziation mit Wasser reagieren und den pH-Wert beeinflussen (Eisen(III)-chlorid, Natriumacetat, Ammoniumchlorid).
- **Aminosäuren** sind Ampholyte und müssen gesondert betrachtet werden.

Berechnungen:

Allgemein gilt: $pH = -\lg \frac{c(H_3O^+)}{mol \cdot \ell^{-1}}$

Salzsäure:

$c_0 = c(H_3O^+)$; pH = 1

Schwefelsäure:

1. Stufe: $c_0 = c(H_3O^+)$; pH = 1

2. Stufe: $HSO_4^- + H_2O \rightleftharpoons SO_4^{2-} + H_3O^+$

$c(SO_4^{2-}) = x \ mol \cdot \ell^{-1}$; $c(H_3O^+) = (0{,}1 + x) \ mol \cdot \ell^{-1}$; $c(HSO_4^-) = c_0(HSO_4^-) - c(SO_4^{2-})$

$= (0{,}1 - x) \ mol \cdot \ell^{-1}$

In den Gleichgewichts-Term für $K_S(HSO_4^-)$ einsetzen:

$$K_S = \frac{c(SO_4^{2-}) \cdot c(H_3O^+)}{c(HSO_4^-)}$$

$$1{,}58 \cdot 10^{-2} \ mol \cdot \ell^{-1} = \frac{x \cdot (0{,}1 + x)}{(0{,}1 - x) \ mol \cdot \ell^{-1}}$$

$x = c(SO_4^{2-}) = 0{,}0123 \ mol \cdot \ell^{-1}$

Die Gesamtkonzentration der Hydronium-Ionen beträgt demzufolge $0{,}1123 \ mol \cdot \ell^{-1}$ und der pH-Wert beträgt 0,95.

Essigsäure:

Genaue Berechnung:

$$\underset{(0{,}1 - x)\ mol}{CH_3{-}COOH} + H_2O \rightleftharpoons \underset{x\ mol}{H_3O^+} + \underset{x\ mol}{CH_3{-}COO^-}$$

$$K_S = \frac{c(CH_3COO^-) \cdot c(H_3O)^+}{c(CH_3COOH)}$$

$$2{,}24 \cdot 10^{-5} \ mol \cdot \ell^{-1} = \frac{x^2}{(0{,}1 - x)} \ mol \cdot \ell^{-1}$$

$x = c(H_3O^+) = 0{,}0015 \ mol \cdot \ell^{-1}$

pH = 2,824

Berechnung mit der Näherungsformel:

$pH = \frac{1}{2} \cdot [pK_S - \lg c_0(HA)]$

$pH = \frac{1}{2} \cdot [4{,}65 - \lg 10^{-1}]$; pH = 2,825

Hinweis: Mittelstarke Säuren (z. B. Salpetersäure) lassen sich mit der Näherungsformel nicht berechnen.

Natronlauge:

$c_0 = c(OH^-)$; $pOH = -\lg c(OH^-)$; pOH = 1; pH + pOH = 14; pH = 13

Ammoniak:

Berechnung über Lösungsformel oder genau (siehe Essigsäure)

$pOH = \frac{1}{2} \cdot p[K_B - \lg c_0(B)]$

$pOH = \frac{1}{2} \cdot [4{,}75 - \lg 10^{-1}]$

pOH = 2,87

pH = 14 – pOH; pH = 11,13

Natriumacetat:

$CH_3-COONa \rightleftharpoons Na^+ + CH_3-COO^-$

$CH_3-COO^- + H_2O \rightleftharpoons CH_3-COOH + OH^-$ (Basereaktion des Anions mit Wasser)

Berechnung wie schwache Base:

$pOH = \frac{1}{2} \cdot [pK_B - \lg c_0(B)]$

$pOH = \frac{1}{2} \cdot [9{,}25 - \lg 10^{-1}]$

$pOH = 5{,}13$

$pH = 14 - pOH$; $pH = 8{,}87$

Eisen(III)-chlorid:

$FeCl_3 \rightleftharpoons Fe^{3+} + 3\ Cl^-$

Das hydratisierte Fe^{3+}-Ion entspricht dem Aquakomplex $[Fe(H_2O)_6]^{3+}$.

$[Fe(H_2O)_6]^{3+} + H_2O \rightleftharpoons [Fe(H_2O)_5OH]^{2+} + H_3O^+$ (Reaktion des hydratisierten Kations mit Wasser)

Berechnung wie schwache Säure:

$pH = \frac{1}{2} \cdot [pK_S - \lg c_0(HA)]$

$pH = \frac{1}{2} \cdot [2{,}22 - \lg 10^{-1}]$; $pH = 1{,}61$

Natriumcarbonat:

$Na_2CO_3 \rightleftharpoons 2\ Na^+ + CO_3^{2-}$

$CO_3^{2-} + H_2O \rightleftharpoons HCO_3^- + OH^-$ (Reaktion des Anions mit Wasser)

Berechnung wie schwache Base:

$pOH = \frac{1}{2} \cdot [pK_B - \lg c_0(B)]$

$pOH = \frac{1}{2} \cdot [3{,}6 - \lg 10^{-1}]$

$pOH = 2{,}30$

$pH = 14 - pOH$; $pH = 11{,}7$

Ammoniumchlorid:

$NH_4Cl \rightleftharpoons NH_4^+ + Cl^-$

$NH_4^+ + H_2O \rightleftharpoons NH_3 + H_3O^+$ (Reaktion des Kations mit Wasser)

Berechnung wie schwache Säure:

$pH = \frac{1}{2} \cdot [pK_S - \lg c_0(HA)]$

$pH = \frac{1}{2} \cdot [9{,}25 - \lg 10^{-1}]$

$pH = 5{,}13$

2-Aminoethansäure ist ein Ampholyt

Lösungsformel für Ampholyte:

$pH = \frac{1}{2}(14 + pK_S - pK_B)$; $pH = \frac{1}{2}(14 + 9{,}7 - 11{,}7)$; $pH = 6$

4. Bei sehr stark verdünnten Säuren oder Basen ist der Anteil an Hydronium-Ionen bzw. Hydroxid-Ionen kleiner als der Anteil dieser Ionen im Wasser. Die Autoprotolyse des Wassers muss berücksichtigt werden. Die Berechnung müsste wie folgt aussehen: (1) $(10^{-7} + 10^{-8} - x) \cdot (10^{-7} - x)\ \text{mol}^2 \cdot \ell^{-2} = 10^{-14}\ \text{mol}^2 \cdot \ell^{-2} \Rightarrow x = 0{,}05 \cdot 10^{-7}$

$c(H_3O^+) = 1{,}05 \cdot 10^{-7}\ \text{mol} \cdot \ell^{-1}$

$\text{pH} = 6{,}98$

In Zeile (1) wird berücksichtigt, dass zur Einstellung des Gleichgewichtes Hydronium-Ionen mit Hydroxid-Ionen reagieren.

5. a) Skizzen: Die Kurven beginnen beim pH-Wert der reinen Säure und enden beim pH-Wert, der sich aus der Konzentration der überschüssigen Natronlauge ergibt. Da gleiche Konzentrationen von Säure und Natronlauge verwendet werden, benötigt man die gleichen Volumina von Säure und Lauge bis zum Erreichen des Äquivalenzpunktes. Im Beispiel wird von jeweils 10 ml Säure ausgegangen.

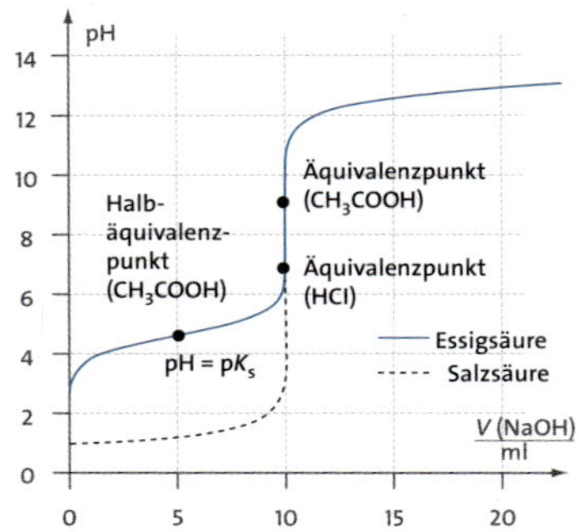

- Salzsäure/Natronlauge: Titration einer starken Säure mit einer starken Base; der Äquivalenzpunkt entspricht einer 0,1-molaren Natriumchlorid-Lösung und liegt bei pH = 7. Besonders geeignet sind Indikatoren, die im Bereich des Äquvivalenzpunkts (Wendepunkt der Titrationskurve) umschlagen, hier Bromthymolblau.
- Essigsäure/Natronlauge: Titration einer schwachen Säure mit einer starken Base; die Kurve steigt wegen der Nachdissoziation der Säure nicht wie bei der Salzsäure linear an. Der Äquivalenzpunkt entspricht einer 0,1-molaren Natriumacetat-Lösung. Er liegt im basischen Bereich (→ Berechnung von pH-Werten). Außerdem verläuft die Kurve nach der Hälfte der verbrauchten Menge Natronlauge durch den pK_S-Wert der Essigsäure. An dieser Stelle haben Essigsäure und Acetat-Ionen die gleiche Konzentration. Es tritt Pufferwirkung ein (→ Puffersysteme). Ein geeigneter Indikator wäre hier Phenolphthalein (Umschlagsbereich bei pH = 8,3 bis 10)

b) Kohlensäure, die wässrige Lösung von Kohlenstoffdioxid, verhält sich wie eine zweiprotonige Säure. Die Kurve hätte einen ersten Äquivalenzpunkt, der einer Hydrogencarbonat-Lösung entspricht und einen zweiten, der einer Carbonat-Lösung entspricht. Beide Äquivalenzpunkte liegen im basischen Bereich. Wie bei Essigsäure steigt die Kurve nicht sofort linear an. Sie durchläuft die zwei pK_S- Werte der verschiedenen Stufen. Der erste Äquivalenzpunkt kann durch den Farbumschlag von Bromthymolblau erfasst werden. Der zweite Äquivalenzpunkt entspricht pH ≈ 13; für diesen pH-Bereich stehen keine geeigneten Indikatoren zur Verfügung.

6. Salzsäure:

Berechnung der Stoffmengenkonzentration:

$HCl + NaOH \rightarrow NaCl + H_2O$

$\frac{n_1}{n_2} = \frac{1}{1}$

$c_1 \cdot V_1 = c_2 \cdot V_2$

$c_1 = \frac{c_2 \cdot V_2}{V_1} = \frac{0{,}1\ \text{mol} \cdot \ell^{-1} \cdot 5\ \text{ml}}{10\ \text{ml}} = 0{,}05\ \text{mol} \cdot \ell^{-1}$

Die Salzsäure ist 0,05-molar.

Berechnung der Masse in 100 ml Lösung:

1 mol HCl $\Rightarrow m = 36{,}5\ \text{g}$

0,05 mol $HCl \cdot \ell^{-1} \Rightarrow m = 1{,}825\ \text{g} \cdot \ell^{-1}$

In 100 ml Salzsäure sind 0,1825 g reine Säure enthalten.

Schwefelsäure:

Berechnung der Stoffmengenkonzentration:

$H_2SO_4 + 2\ NaOH \rightarrow Na_2SO_4 + 2\ H_2O$

$\frac{n_1}{n_2} = \frac{1}{2}$

$n_1 = \frac{1}{2} \cdot n_2$

$c_1 \cdot V_1 = \frac{1}{2} \cdot c_2 \cdot V_2$

$c_1 = \frac{c_2 \cdot V_2}{2 \cdot V_1} = \frac{0{,}1\ \text{mol} \cdot \ell^{-1} \cdot 5\ \text{ml}}{2 \cdot 10\ \text{ml}} = 0{,}025\ \text{mol} \cdot \ell^{-1}$

Die Schwefelsäure ist 0,025-molar.

Berechnung der Masse in 100 ml Lösung:

1 mol H_2SO_4 $\Rightarrow m = 98\ \text{g}$

0,025 mol $H_2SO_4 \cdot \ell^{-1} \Rightarrow m = 2{,}45\ \text{g} \cdot \ell^{-1}$

In 100 ml Schwefelsäure sind 0,245 g reine Säure enthalten.

Da beide Säuren die gleichen Mengen gleichkonzentrierter Natronlauge verbrauchen, die Schwefelsäure aber zweiprotonig ist, verhalten sich die Stoffmengenkonzentrationen wie 2 : 1.

7. Es liegt eine Natriumacetat-Lösung vor. Durch Verdoppelung des Volumens hat die Lösung eine Stoffmengenkonzentration von $0{,}1\ \text{mol} \cdot \ell^{-1}$.

$pOH = \frac{1}{2} \cdot [pK_B - \lg c(CH_3COO^-)] = \frac{1}{2} \cdot [9{,}25 - \lg 10^{-1}]$

$pOH = 5{,}13$

$pH = 14 - pOH$

$pH = 8{,}87$

8. Durch Versetzen mit Salzsäure wird das Carbonat im Boden umgesetzt:

$CO_3^{2-} + 2\,H_3O^+ \rightarrow CO_2 + 3\,H_2O$

Die Säure wird im Überschuss zugesetzt.

Die nicht umgesetzte Säure wird mit Natronlauge rücktitriert.

Berechnung: Die Säure wird im Überschuss zugesetzt:

n(eingesetzte Säure) = $c(HCl) \cdot V(HCl) = 0{,}01\ mol \cdot \ell^{-1} \cdot 0{,}01\ \ell = 0{,}001\ mol$

Die umgesetzte Säure wird rücktitriert:

$HCl + NaOH \rightarrow NaCl + H_2O$

$n_1 : n_2 = 1:1$

$n_1 = c_2 \cdot V_2 = 0{,}1\ mol \cdot \ell^{-1} \cdot 0{,}002\ \ell = 0{,}0002\ mol$

n(umgesetzte Säure) = n(eingesetzte Säure) – n(rücktitrierte Säure)

= 0,001 mol – 0,0002 mol = 0,0008 mol

Masse an umgesetztem Carbonat:

$\frac{n(H^+)}{n(CO_3^{2-})} = \frac{2}{1}$

$n(CO_3^{2-}) = \frac{1}{2} \cdot n(H^+) = 0{,}0004\ mol$

$m(CO_3^{2-}) = n(CO_3^{2-}) \cdot M(CO_3^{2-}) = 0{,}0004\ mol \cdot 60\ g \cdot mol^{-1}$

$m(CO_3^{2-}) = 0{,}024\ g$

Anteil von Carbonat in der Bodenprobe:

m(Bodenprobe) = 3 g; w(Carbonat) = 0,8 %

Die Bodenprobe enthielt Carbonat mit einem Massenanteil von 0,8 %.

9. a) Zwischen den Salz-Ionen und den Dipolen des Wassers bilden sich Anziehungskräfte. Da die Anziehung der einzelnen Ionen des Kristallgitters weniger stark ist als die Anziehungskräfte zwischen den Ionen und den Dipolen des Wassers, werden die Ionen aus dem Ionengitter gelöst und gehen in die wässrige Phase über. Dabei sind sie von mehreren Wassermolekülen umgeben; sie sind hydratisiert.

Um die Ionen aus dem Salzgitter herauszutrennen, muss die Gitterenthalpie aufgewendet werden. Bei Hydratisation der Ionen wird Energie frei. Ob bei der Lösung von Salz in Wasser Wärme frei oder benötigt wird, ist daher abhängig von der Größe der aufzuwendenden Gitterenthalpie und der freiwerdenden Hydratisationsenthalpie.

$\Delta_G H = \Delta_H H$ keine Temperaturänderung

$\Delta_G H > \Delta_H H$ endotherm Reaktion

$\Delta_G H < \Delta_H H$ exotherme Reaktion

b) Ein *echter* Elektrolyt ist ein Stoff, der im festen Aggregatzustand aus Ionenkristallen besteht und in Schmelze oder Lösung, in besonderen Fällen auch als Feststoff den elektrischen Strom leitet.

Beispiele:

$NaCl\ (s) \rightarrow Na^+\ (aq) + Cl^-\ (aq)$

$NaOH\,(s) \rightarrow Na^+\,(aq) + OH^-\,(aq)$

Bei einem *potentiellen* Elektrolyt dagegen entstehen die Ionen erst durch die Reaktion mit dem Lösungsmittel.

Beispiel:

$HCl\,(g) + H_2O \rightarrow Cl^-\,(aq) + H_3O^+$

c) Löslichkeit ist die Konzentration eines Stoffes in seiner gesättigten Lösung. Gesättigt ist eine Lösung, wenn eine weitere Zugabe von Fällungsmittel sofort eine Niederschlagsbildung hervorrufen würde. Die Lösung über dem Bodensatz eines ausgefällten Stoffes ist also immer gesättigt.

10. Es können Silberchlorid, Silbercarbonat und Silberchromat ausgefällt werden. Silbernitrat ist leicht löslich.

$Ag^+ + Cl^- \rightleftharpoons AgCl$

$2\,Ag^+ + CO_3^{2-} \rightleftharpoons Ag_2CO_3$

$2\,Ag^+ + CrO_4^{2-} \rightleftharpoons Ag_2CrO_4$

Die Reihenfolge der Ausfällung kann nicht durch Vergleich der Löslichkeitskonstanten ermittelt werden, da diese unterschiedliche Einheiten haben. Beim Vergleich der Löslichkeitskonstanten von Silberchromat ($K_L = 4 \cdot 10^{-12}\ mol^3 \cdot \ell^{-3}$) und Silberchlorid ($K_L = 1{,}6 \cdot 10^{-10}\ mol^2 \cdot \ell^{-2}$) könnte man annehmen, dass Silberchromat zuerst ausfiele.

Vergleicht man jedoch die Löslichkeiten, so stellt man fest, dass Silberchlorid zuerst ausfällt.

Berechnung der Löslichkeiten:

$$L(A_mB_n) = \sqrt[m+n]{\frac{K_L}{m^m \cdot n^n}}$$

Silberchlorid:

$m = 1;\ n = 1$

$L\,(AgCl) = \sqrt{K_L} = \sqrt{2 \cdot 10^{-10}\ mol^2 \cdot \ell^{-2}} = 1{,}4 \cdot 10^{-5}\ mol \cdot \ell^{-1}$

$M\,(AgCl) = 143{,}5\ g \cdot mol^{-1}$

$L\,(AgCl) = 0{,}002\ g \cdot \ell^{-1}$

Silbercarbonat:

$m = 2;\ n = 1$

$L\,(Ag_2CO_3) = \sqrt[3]{\frac{K_L}{4}} = \sqrt[3]{\frac{8 \cdot 10^{-12}\ mol^3 \cdot \ell^{-3}}{4}} = 1{,}26 \cdot 10^{-4}\ mol \cdot \ell^{-1}$

$M\,(Ag_2CO_3) = 276\ g \cdot mol^{-1}$

$L\,(Ag_2CO_3) = 0{,}035\ g \cdot \ell^{-1}$

Silberchromat:

$m = 2;\ n = 1$

$L\,(Ag_2CrO_4) = \sqrt[3]{\frac{K_L}{4}} = \sqrt[3]{\frac{4 \cdot 10^{-12}\ mol^3 \cdot \ell^{-3}}{4}} = 10^{-4}\ mol \cdot \ell^{-1}$

$M\,(Ag_2CrO_4) = 332\ g \cdot mol^{-1}$

$L\,(Ag_2CrO_4) = 0{,}033\ g \cdot \ell^{-1}$

Zuerst fällt Silberchlorid aus, gefolgt von Silberchromat und zuletzt Silbercarbonat.

11. Es werden die entsprechenden Hydroxide ausfallen, die an ihren unterschiedlichen Farben zu erkennen sind. Aluminiumhydroxid löst sich unter Komplexbildung in einem Überschuss an Lauge auf.

$Fe^{2+} + 2\ OH^-$	$\rightarrow$	$Fe(OH)_2$	graugrün
$Fe^{3+} + 3\ OH^-$	$\rightarrow$	$Fe(OH)_3$	rotbraun
$Cu^{2+} + 2\ OH^-$	$\rightarrow$	$Cu(OH)_2$	hellblau
$Al^{3+} + 3\ OH^-$	$\rightarrow$	$Al(OH)_3$	weiß
$Al(OH)_3 + OH^-$	$\rightleftharpoons$	$[Al(OH)_4]^-$	Auflösen des Niederschlages

12. Löslichkeiten kann man z.B. durch Komplexbildung verbessern. Dies wird genutzt, wenn man der FEHLING'schen Lösung II Tartrat zusetzt, um eine Ausfällung von Kufer(II)-hydroxid beim Mischen mit FEHLING'scher Lösung I zu verhindern (Maskierung). Auch bei der Aluminiumherstellung wird Aluminium über Komplexbildung in Lösung gebracht (→ Lösung Aufgabe 11)
Bei der Goldgewinnung wird die sogenannte Cyanidlaugerei angewendet.
In der Analytik dient die Überprüfung der Löslichkeit zur Unterscheidung von z. B. Chlorid-, Bromid- und Iodid-Ionen.
Eine Verringerung der Löslichkeit erreicht man durch gleichionige Zusätze. Dies ist nötig, um Verluste beim Waschen von Niederschlägen zu minimieren (→ Lösung Aufgabe 13).

13. Berechnung der Löslichkeit von Bariumsulfat in 200 ml Wasser:

$m = 1;\ n = 1$

$L(BaSO_4) = \sqrt{K_L} = \sqrt{10^{-10}\ mol^2 \cdot \ell^{-2}} = 10^{-5}\ mol \cdot \ell^{-1}$

$M(BaSO_4) = 233\ g \cdot mol^{-1}$

$L(BaSO_4) = 0{,}002\,33\ g \cdot \ell^{-1}$

In 200 ml Wasser lösen sich 0,47 mg Bariumsulfat.

Berechnung der Löslichkeit von Bariumsulfat in 200 ml in 0,1-molarer Schwefelsäure:

Durch Zugabe von Schwefelsäure wird die Sulfat-Ionen-Konzentration stark erhöht: $c(SO_4^{2-}$ aus $H_2SO_4) \gg c(SO_4^{2-}$ aus dem Löslichkeitsgewicht von $BaSO_4)$

$\Rightarrow c_{gesamt}(SO_4^{2-}) \approx c(H_2SO_4)$

Daher kann die Löslichkeit nicht mehr als $\sqrt{K_L}$ berechnet werden. Die Barium-Ionen-Konzentration ist wesentlich kleiner als $c(H_2SO_4)$. Die Löslichkeit entspricht der Gleichgewichtskonzentration der Barium-Ionen:

$$c(Ba^{2+}) = \frac{K_L}{c(SO_4^{2-})} = \frac{K_L}{c(H_2SO_4)} = \frac{10^{-10}\ mol^2 \cdot \ell^{-2}}{0{,}1\ mol \cdot \ell^{-1}} = 10^{-9}\ mol \cdot \ell^{-1}$$

$L(BaSO_4) = 10^{-9}\ mol \cdot \ell^{-1};\ M(BaSO_4) = 233\ g \cdot mol^{-1};\ L(BaSO_4) = 0{,}000\,233\ mg \cdot \ell^{-1}$

In 200 ml 0,1-molarer Schwefelsäure lösen sich 0,000 047 mg Bariumsulfat.
Die Sulfat-Ionen der Schwefelsäure sind gleichionige Zusätze. Deshalb zeigen die Ergebnisse, dass die Schwefelsäure als Waschflüssigkeit besser geeignet ist.

2.7 Puffersysteme

Puffer sind Stoffgemische, deren pH-Wert sich bei Zugabe einer Säure oder einer Base wesentlich weniger stark ändert, als dies in einem ungepufferten System der Fall wäre. In der Chemie werden wässrige Pufferlösungen gezielt hergestellt. Puffersysteme liegen in Körperflüssigkeiten wie dem Blut, oder auch in Grundwässern vor.

1. Erläutern Sie an einem selbst gewählten Beispiel Aufbau und Wirkungsweise eines Puffers. Wählen Sie ein Beispiel mit praktischer Bedeutung. A

2. Berechnen Sie den pH-Wert eines Puffers, der entsteht, wenn man 50 ml Essigsäure (die 0,06 g reine Säure enthält) mit 50 ml Natriumacetat-Lösung (die 0,82 g Natriumacetat enthält) mischt?

3. Ermitteln Sie qualitativ den pH-Wert einer verdünnten Natriumdihydrogenphosphat-Lösung. Wie würde sich der pH-Wert ändern, wenn man eine geringe Menge verdünnte Natronlauge zutropft? Erklären Sie mithilfe von Reaktionsgleichungen.

4. Bei der Verwendung von Puffern spricht man oft von der Pufferkapazität. Definieren und erläutern Sie den Begriff. Verwenden Sie zur Beantwortung der Frage auch die Grafik rechts.

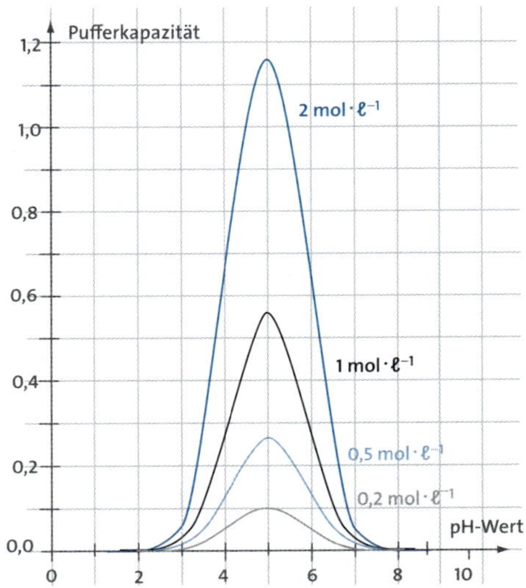

5. Berechnen Sie die Änderung des pH-Wertes eines Acetatpuffers aus 1-molarer Essigsäure und 1-molarer Natriumacetat-Lösung, wenn man so viel Salzsäure zugibt, wie für die Bildung einer 0,01-molaren Lösung benötigt würde. Berechnen Sie anschließend den pH-Wert für die Zugabe von Natronlauge unter den gleichen Bedingungen. Werten Sie die Ergebnisse aus.

6. Leitungswasser mit einem hohen Härtegrad reagiert basisch. Leitet man Kohlenstoffdioxid ein, sinkt der pH-Wert bis zum Neutralpunkt. Auch nach längerem Einleiten von Kohlenstoffdioxid wird das Wasser nicht „sauer". Werten Sie diese Aussagen aus und stellen Sie einen Bezug zu Puffersystemen her.

L

1. Als Beispiel kann der Blutpuffer Hydrogencarbonat/Kohlensäure verwendet werden. Puffer bestehen aus einer schwachen Säure (hier Kohlensäure) und deren korrespondierenden Base (hier Hydrogencarbonat).
Puffer können in einem bestimmten Bereich zugegebene Hydronium- bzw. Hydroxid-Ionen abfangen und den pH-Wert dadurch weitgehend konstant halten.

Grundgleichung: $\underset{\text{Säure}}{H_2CO_3} + H_2O \rightleftharpoons \underset{\text{Base}}{HCO_3^-} + H_3O^+$

Reaktion bei Zugabe von Hydronium-Ionen: $HCO_3^- + H_3O^+ \rightleftharpoons H_2CO_3 + H_2O$

Reaktion bei Zugabe von Hydroxid-Ionen: $H_2CO_3 + OH^- \rightleftharpoons HCO_3^- + H_2O$

Durch Zugabe von Säure oder Base entstehen nur Teilchen, die bereits im Gleichgewicht enthalten sind oder Wasser. Der pH-Wert wird demzufolge nicht verändert. Eine optimale Wirkung hat der Puffer, wenn Säure und korrespondierende Base im Konzentrationsverhältnis 1:1 enthalten sind. In diesem Fall ist laut der Puffergleichung (→ auch Lösung Aufgabe 2 und Lösung Aufgabe 4) $pH = pK_S$.

2. Es wird mit der Puffergleichung gearbeitet (Henderson/Hasselbalch):

$$pH = pK_s + \lg \frac{c(B)}{c(S)}$$

Da die Stoffmengenkonzentrationen der Pufferkomponenten nicht direkt gegeben sind, müssen diese berechnet werden:

$V(\text{Lösung}) = V(\text{HAc}) + V(\text{NaAc}) = 0{,}1\ \ell$

$$c(\text{HAc}) = \frac{n(\text{HAc})}{V(\text{Lösung})} = \frac{m(\text{HAc})}{V(\text{Lösung}) \cdot M(\text{HAc})} = \frac{0{,}06\ \text{g}}{0{,}1\ \ell \cdot 60\ \text{g} \cdot \text{mol}^{-1}} = 0{,}01\ \text{mol} \cdot \ell^{-1}$$

$$c(\text{Ac}^-) = \frac{n(\text{Ac}^-)}{V(\text{Lösung})} = \frac{m(\text{Ac}^-)}{V(\text{Lösung}) \cdot M(\text{Ac}^-)} \qquad (m(\text{NaAc}) = 0{,}82\ \text{g} \Rightarrow m(\text{Ac}^-) = 0{,}59\ \text{g})$$

$$= \frac{0{,}59\ \text{g}}{0{,}1\ \ell \cdot 59\ \text{g} \cdot \text{mol}^{-1}} = 0{,}1\ \text{mol} \cdot \ell^{-1}$$

Einsetzen in die Puffergleichung: $pH = pK_s + \lg \frac{c(B)}{c(S)} = 4{,}75 + \lg \frac{0{,}1\ \text{mol} \cdot \ell^{-1}}{0{,}01\ \text{mol} \cdot \ell^{-1}} = 5{,}75$

Der Puffer hat einen pH-Wert von 5,75.

3. Das Salz dissoziiert in Wasser: $NaH_2PO_4 \rightleftharpoons Na^+ + H_2PO_4^-$

Das Dihydrogenphosphat-Ion kann als Ampholyt wie folgt mit Wasser reagieren:

$H_2PO_4^- + H_2O \rightleftharpoons H_2PO_4^{2-} + H_3O^+$ (Säurereaktion) $K_S = 6{,}2 \cdot 10^{-8}\ \text{mol} \cdot \ell^{-1}$

$H_2PO_4^- + H_2O \rightleftharpoons H_3PO_4 + OH^-$ (Basereaktion) $K_B = 1{,}3 \cdot 10^{-12}\ \text{mol} \cdot \ell^{-1}$

Da $K_S > K_B$ wird das Salz in seiner Lösung schwach sauer reagieren.

Zugabe von einer geringen Menge Natriumhydroxid-Lösung:

$H_2PO_4^- + OH^- \rightleftharpoons H_2O + H_2PO_4^-$

Das Dihydrogenphosphat-Ion reagiert als Säure mit den Hydroxid-Ionen, wobei Hydrogenphosphat- Ionen gebildet werden. Dihydrogenphosphat und Hydrogenphosphat sind Komponenten eines Puffersystems. Der pH-Wert wird demzufolge nahezu konstant bleiben.

4. In der Chemie ist die Pufferkapazität die Menge Base (oder Säure), die durch eine Puffer-Lösung ohne wesentliche Änderung des pH-Wertes aufgenommen werden kann. Die Abbildung zeigt die Pufferkapazität von Essigsäure/Acetatsystemen unterschiedlicher Ausgangskonzentration. Das Maximum der Pufferkapazität liegt bei $pH = pK_S$. Die Abbildung zeigt ebenfalls, dass die Pufferkapazität umso größer ist, je konzentrierter die Puffer-Lösung ist. Außer von der Konzentration hängt die Pufferkapazität vom Konzentrationsverhältnis zwischen Säure und konjugierter Base im Puffersystem ab; sie ist am höchsten beim Verhältnis 1 : 1.

5. Der pH-Wert der Ausgangslösung beträgt 4,75.
Begründung: Bei gleicher Stoffmengenkonzentration der Pufferkomponenten entspricht der pH–Wert des Puffers dem pK_S-Wert der Säure des Puffersystems.

$$pH = pK_s + \lg \frac{c(B)}{c(S)} = 4{,}75 + \lg \frac{1\ mol \cdot \ell^{-1}}{1\ mol \cdot \ell^{-1}}$$

$pH = 4{,}75$

Zugabe von Salzsäure: Die Säure reagiert mit den Acetat-Ionen, deshalb entsteht im Gleichgewicht mehr Essigsäure.
Acetat-Ionen werden verbraucht.

$$CH_3{-}COO^- + H_3O^+ \rightleftharpoons CH_3{-}COOH + H_2O$$

Berechnung:

$$pH = pK_S + \lg \frac{c(B) - c(HCl)}{c(S) + c(HCl)} = 4{,}75 + \lg \frac{(1 - 0{,}001)\ mol \cdot \ell^{-1}}{(1 + 0{,}01)\ mol \cdot \ell^{-1}} = 4{,}75 + \lg \frac{0{,}99\ mol \cdot \ell^{-1}}{1{,}01\ mol \cdot \ell^{-1}}$$

$pH = 4{,}74$

Zugabe von Natronlauge: Die Lauge reagiert mit der Essigsäure, deshalb entstehen im Gleichgewicht mehr Acetat-Ionen. Essigsäure wird verbraucht.

$$CH_3{-}COOH + OH^- \rightleftharpoons CH_3COO^- + H_2O$$

Berechnung:

$$pH = pK_S + \lg \frac{c(B) + c(NaOH)}{c(S) - c(NaOH)} = 4{,}75 + \lg \frac{(1 + 0{,}01)\ mol \cdot \ell^{-1}}{(1 - 0{,}01)\ mol \cdot \ell^{-1}} = 4{,}75 + \lg \frac{1{,}01\ mol \cdot \ell^{-1}}{0{,}99\ mol \cdot \ell^{-1}}$$

$pH = 4{,}76$

Der pH-Wert ändert sich jeweils um 0,01 Einheiten. Er bleibt nahezu konstant. Das ist der Beweis für die Wirksamkeit von Puffersystemen.

6. Leitungswasser mit hoher Härte enthält Hydrogencarbonat-Ionen, die mit Wasser zu einer basischen Lösung reagieren.

$$\underset{\text{Base 1}}{HCO_3^-} + \underset{\text{Säure 2}}{H_2O} \rightleftharpoons \underset{\text{Base 2}}{OH^-} + \underset{\text{Säure 1}}{H_2CO_3}$$

Beim Einleiten von Kohlenstoffdioxid entsteht Kohlensäure.
Hydrogencarbonat und Kohlensäure bilden ein Puffersystem, dessen pH–Wert bei gleicher Konzentration der Komponenten im Neutralbereich liegt. Das Wasser wird nur dann sauer, wenn man die Pufferkapazität des Hydrogencarbonat/Kohlensäure-Puffers überschreitet.

2.8 Redoxreaktionen

Eine Redoxreaktion ist eine chemische Reaktion, bei der ein Reaktionspartner Elektronen auf den anderen überträgt. Bei einer solchen Elektronenübertragungs-Reaktion finden also eine Elektronenabgabe (Oxidation) durch einen Stoff sowie eine Elektronenaufnahme (Reduktion) statt. Viele Stoffwechsel- und Verbrennungsvorgänge, technische Produktionsprozesse und Nachweisreaktionen basieren auf solchen Elektronenübertragungs-Reaktionen.

Wissen

- **Beim Aufstellen der Redoxgleichung betrachtet man zuerst die beiden beteiligten Redoxpaare und stellt die Teilgleichungen für Oxidation und Reduktion auf. Da die Anzahl der von einem Reaktionspartner abgegebenen Elektronen selten direkt mit der vom anderen Reaktionspartner aufgenommenen Anzahl an Elektronen übereinstimmt, müsssen die Teilgleichungen entsprechend vervielfacht werden.**
- **Nach dem Multiplizieren der Teilgleichungen mit geeigneten Faktoren kann die Gesamtgleichung für die Elektronenübertragung entwickelt werden. Anschließend wird die Bruttogleichung einschließlich aller nicht an der Reaktion beteiligten Gegenionen aufgestellt.**
- **Bei der experimentellen Auswertung von Redoxreaktionen lassen sich oft charakteristische Farbänderungen beobachten, die auf den Wechsel der Oxidationsstufen zurückzuführen sind.**

Beispiele:

Oxidationsstufe	Farbe: Mangan	Farbe: Chrom
+II	rosa (in verdünnter Lösung farblos)	–
+III	braun	grün
+IV	braun	–
+V	blau	–
+VI	grün	gelb (Chromat); orange (Dichromat)
+VII	violett	–

A

1. Stellen Sie für folgende Reaktionen in saurer Lösung die Gleichungen auf:

a) Kaliumpermanganat-Lösung mit Kaliumiodid-Lösung
b) Kaliumpermanganat-Lösung mit Natriumsulfit-Lösung
c) Kaliumpermanganat-Lösung mit Oxalsäure
d) Kaliumdichromat-Lösung mit Eisen(II)-sulfat-Lösung
e) Kaliumdichromat-Lösung mit Methanal-Lösung
f) Im klassischen Alkoholprüfröhrchen reagiert Kaliumdichromat im sauren Medium mit Ethanol, was zu einer typischen Grünfärbung führt. Stellen Sie auch hierfür die Reaktionsgleichung auf.

2. a) Bestimmen Sie für folgende Reaktionen die Oxidationszahlen.
Welche Besonderheiten treten auf? Erklären Sie.
$H_2SO_4 + 3\,H_2S \rightarrow 4\,S + 4\,H_2O$
$4\,KClO_3 \rightarrow 3\,KClO_4 + KCl$

b) Stellen Sie die Gleichung für die Reaktion von Chlor mit Wasser auf und ordnen Sie die Reaktion den oben genannten Beispielen zu. Gehen Sie auf die praktische Bedeutung dieser Reaktion ein.

3. Im Labor kann man aus Kaliumpermanganat und Salzsäure kleine Mengen Chlor-Gas herstellen, wobei Mangan in die Oxidationsstufe IV übergeht. Berechnen Sie die Masse an Kaliumpermangant, die zur Herstellung von 5 ml Chlorgas unter Normbedingungen umgesetzt werden muss.
Welches Volumen würde das Gas bei 25 °C und 10^5 Pa einnehmen?

4. Eine Vorratsflasche mit Eisen(II)-sulfat ($FeSO_4 \cdot 7\,H_2O$) hat längere Zeit gestanden und wird durch manganometrische Titration auf Eisen(II)-Ionen untersucht.
Dazu löst man 0,6 g Eisen(II)-sulfat in 100 ml Wasser.
25 ml dieser Lösung verbrauchen 6,3 ml Kaliumpermanganat-Lösung,
$c(KMnO_4) = 0{,}02\ mol \cdot \ell^{-1}$.
Berechnen Sie den prozentualen Anteil an Eisen(II)-Ionen in der Probe.

5. Zum Nachweis von Stärke wird eine Iod/Kaliumiodid-Lösung mit einem Masseanteil von 0,2 % Iod benötigt.
Welches Volumen an Natriumthiosulfat-Lösung $c(Na_2S_2O_3) = 0{,}1\ mol \cdot \ell^{-1}$ wird von 5 ml dieser Lösung bei der iodometrischen Titration verbraucht, wenn die Lösung genau den angegebenen Gehalt aufweist?

6. a) Wasserstoffperoxid kann mit Kaliumpermanganat und mit Kaliumiodid reagieren. Nutzen Sie zur Erklärung der unterschiedlichen Reaktionsmöglichkeiten Reaktionsgleichungen.

b) Warum kann der Gehalt an Bleichmitteln im Waschpulver quantitativ mit Kaliumpermanganat bestimmt werden?

7. In der Werbung wird oft das Produkt „Supersauber" als wahres Wundermittel unter den Bleichmitteln auf Sauerstoffbasis angepriesen (Material M1).
In einem Werbespot wird das Produkt getestet, indem man zu einer Lösung mit „Supersauber" Iod hinzufügt. In kurzer Zeit tritt eine Entfärbung auf.

M1

NEU! Die Komplettlösung gegen Flecken bietet eine Lösung für alle Temperaturen und viele Gewebearten.
„Supersauber" enthält eine besondere Formel,
die das Produkt universell einsetzbar macht:
- entfernt kraftvoll viele Arten von Flecken
- ist für zahlreiche Gewebearten geeignet
- einsetzbar für Weiß- und Buntwäsche
- wirkt auch gegen eingetrocknete Flecken
- wirkt bei allen Temperaturen von 30 °C bis 95 °C

a) Informieren Sie sich, welcher Wirkstoff in Bleichmitteln auf Sauerstoffbasis meist enthalten ist.
b) Diskutieren Sie die Reaktion, die bei der Entfärbung auftreten kann, und stellen Sie die Reaktionsgleichung auf.
c) Diskutieren Sie unter Verwendung des Materials und der Reaktionsgleichung, welche Probleme beim Einsatz von Bleichmitteln auftreten können.

L

1. a)
$MnO_4^- + 8\,H^+ + 5\,e^- \rightleftharpoons Mn^{2+} + 4\,H_2O \quad | \cdot 2$
$2\,I^- \rightleftharpoons I_2 + 2\,e^- \quad | \cdot 5$
$2\,MnO_4^- + 10\,I^- + 16\,H^+ \rightleftharpoons 2\,Mn^{2+} + 5\,I_2 + 8\,H_2O$
$2\,KMnO_4 + 10\,KI + 8\,H_2SO_4 \rightleftharpoons 5\,I_2 + 2\,MnSO_4 + 8\,H_2O + 6\,K_2SO_4$

b)
$MnO_4^- + 8\,H^+ + 5\,e^- \rightleftharpoons Mn^{2+} + 4\,H_2O \quad | \cdot 2$
$SO_3^{2-} + H_2O \rightleftharpoons SO_3^{2-} + 2\,H^+ + 2\,e^- \quad | \cdot 5$
$2\,MnO_4^- + 6\,H^+ + 5\,SO_3^{2-} \rightleftharpoons 5\,SO_4^{2-} + 2\,Mn^{2+} + 3\,H_2O$
$2\,KMnO_4 + 3\,H_2SO_4 + 5\,Na_2SO_3 \rightleftharpoons 5\,Na_2SO_4 + 2\,MnSO_4 + K_2SO_4 + 3\,H_2O$

c)
$MnO_4^- + 8\,H^+ + 5\,e^- \rightleftharpoons Mn^{2+} + 4\,H_2O \quad | \cdot 2$
$(COOH)_2 \rightleftharpoons CO_2 + 2\,H^+ + 2\,e^- \quad | \cdot 5$
$2\,MnO_4^- + 5\,(COOH)_2 + 6\,H^+ \rightleftharpoons 2\,Mn^{2+} + 10\,CO_2 + 8\,H_2O$
$2\,KMnO_4 + 5\,(COOH)_2 + 3\,H_2SO_4 \rightleftharpoons 2\,MnSO_4 + 10\,CO_2 + 8\,H_2O + K_2SO_4$

d) $Cr_2O_7^{2-} + 14\,H^+ + 6\,e^- \rightleftharpoons 2\,Cr^3 + 7\,H_2O \quad | \cdot 1$

$Fe^{2+} \rightleftharpoons Fe^{3+} + e^- \quad | \cdot 6$

$Cr_2O_7^{2-} + 6\,Fe^{2+} + 14\,H^+ \rightleftharpoons 6\,Fe^{3+} + 2\,Cr^{3+} + 7\,H_2O$

$K_2Cr_2O_7 + 6\,FeSO_4 + 7\,H_2SO_4 \rightleftharpoons 3\,Fe_2(SO_4)_3 + Cr_2(SO_4)_3 + K_2SO_4 + 7\,H_2O$

e) $Cr_2O_7^{2-} + 14\,H^+ + 6\,e^- \rightleftharpoons 2\,Cr^{3+} + 7\,H_2O \quad | \cdot 1$

$HCHO + H_2O \rightleftharpoons HCOOH + 2\,H^+ + 2\,e^- \quad | \cdot 3$

$Cr_2O_7^{2-} + 3\,HCHO + 8\,H^+ \rightleftharpoons 2\,Cr^{3+} + 3\,HCOOH + 4\,H_2O$

$K_2Cr_2O_7 + 3\,HCHO + 4\,H_2SO_4 \rightleftharpoons Cr_2(SO_4)_3 + 3\,HCOOH + K_2SO_4 + 4\,H_2O$

f) Kaliumdichromat geht im sauren Medium in die Oxidationsstufe III über. Es tritt die typische Grünfärbung für die Oxidationsstufe III des Chroms auf.

$K_2Cr_2O_7 + 3\,CH_3\text{–}CH_2\text{–}OH + 4\,H_2SO_4 \rightleftharpoons Cr_2(SO_4)_3 + 3\,CH_3\text{–}CHO + 7\,H_2O + K_2SO_4$

2. a) $\overset{\text{I}}{H_2}\overset{\text{VI}}{S}\overset{\text{–II}}{O_4} + 3\,\overset{\text{I}}{H_2}\overset{\text{–II}}{S} \rightleftharpoons 4\,\overset{0}{S} + 4\,\overset{\text{I}}{H_2}\overset{\text{–II}}{O}$

Schwefel geht von einer höheren und einer niederen Oxidationsstufe in eine mittlere Oxidationsstufe über. Es liegt Synproportionierung vor.

$4\,\overset{\text{I}}{K}\overset{\text{V}}{Cl}\overset{\text{–II}}{O_3} \rightleftharpoons 3\,\overset{\text{–I}}{K}\overset{\text{VII}}{Cl}\overset{\text{–II}}{O_4} + \overset{\text{I}}{K}\overset{\text{–I}}{Cl}$

Chlor geht von einer mittleren in eine höhere und eine niedere Oxidationsstufe über. Es liegt eine Disproportionierung vor.

b) $\overset{0}{Cl_2} + H_2O \rightleftharpoons H\overset{\text{I}}{Cl}O + \overset{\text{–I}}{Cl^-}$

Es liegt Disproportionierung vor, weil Chlor von einer mittleren Oxidationsstufe in eine höhere und eine niedere Oxidationsstufe übergeht.

Die Reaktion hat praktische Bedeutung, da zur Entkeimung dem Leitungswasser oder dem Wasser im Schwimmbad Chlor zugesetzt werden kann. Folglich finden wir im chlorierten Wasser Chlorid-Ionen.

3. Gleichung:

$2\,KMnO_4 + 8\,HCl \rightleftharpoons 3\,Cl_2 + 2\,MnO_2 + 4\,H_2O + 2\,KCl$

Berechnung der Masse an Kaliumpermanganat:

$\frac{n(KMnO_4)}{n(Cl_2)} = \frac{2}{3};\; n(KMnO_4) = \frac{2}{3} \cdot n(Cl_2)$

$m(KMnO_4) = \frac{2}{3} \cdot \frac{V(Cl_2)}{V_m} \cdot M(KMnO_4) = \frac{2 \cdot 0{,}005\,\ell \cdot 158\,g/mol}{3 \cdot 22{,}4\,\ell/mol} = 0{,}0235\,g = 24\,mg$

Zur Herstellung von 5 ml Chlor-Gas müssen 24 mg Kaliumpermanganat eingesetzt werden.

Umrechnung des Gasvolumens auf Standardbedingungen:

$\frac{p_0 \cdot V_0}{T_0} = \frac{p_1 \cdot V_1}{T_1}$

$V_1 = \frac{p_0 \cdot V_0 \cdot T_1}{T_0 \cdot p_1} = \frac{1{,}013 \cdot 10^5\,Pa \cdot 0{,}005\,\ell \cdot 298\,K}{273\,K \cdot 10^5\,Pa} = 0{,}005\,53\,\ell$

5 ml Chlor-Gas nehmen unter Standardbedingungen ein Volumen von 5,53 ml ein.

4. $MnO_4^- + 5\,Fe^{2+} + 8\,H^+ \rightleftharpoons Mn^{2+} + 5\,Fe^{3+} + 4\,H_2O$

$\frac{n_1}{n_2} = \frac{1}{5}$; $n_2 = 5 \cdot n_1$; $m_2 = 5 \cdot c_1 \cdot V_1 \cdot M_2 = 5 \cdot 0{,}02\ \text{mol} \cdot \ell^{-1} \cdot 0{,}0063\ \ell \cdot 56\ \text{g} \cdot \text{mol}^{-1} = 0{,}0353\ \text{g}$ (in der 25-ml-Probe)

In 100 ml Lösung sind demzufolge 141,12 mg Eisen(II)-Ionen enthalten.

Die Probe von 0,6 g bzw. 600 mg enthält 23,52 % Eisen(II)-Ionen.

Hinweis:

Für das reine Laborreagenz ergibt sich ein Fe^{2+}-Anteil von 20,1 %. Der experimentell ermittelte höhere Gehalt zeigt an, dass das Reagenz bei der Lagerung einen Teil des sogenannten Kristallwassers als Wasserdampf an die Luft abgegeben hat.

5. $2\,S_2O_3^{2-} + I_2 \rightleftharpoons S_4O_6^{2-} + 2\,I^-$

$\frac{n_1}{n_2} = \frac{2}{1}$

$c_1 \cdot V_1 = 2 \cdot c_2 \cdot V_2$

$c_2 = \frac{c_1 \cdot V_1}{2 \cdot V_2} = \frac{0{,}1\ \text{mol} \cdot 0{,}005\ \ell}{2 \cdot 0{,}01\ \ell} = 0{,}025\ \text{mol} \cdot \ell^{-1}$

Die Stoffmengenkonzentration des Iods in der Lösung beträgt $0{,}025\ \text{mol} \cdot \ell^{-1}$.

6. a) Wasserstoffperoxid kann Oxidationsmittel und Reduktionsmittel sein.
Disproportionierung von Wasserstoffperoxid:
$2\,H_2O_2 \rightarrow 2\,H_2O + O_2$
Das Reduktionsmittel H_2O_2 wandelt sich in Sauerstoff um.
Das Oxidationsmittel H_2O_2 wandelt sich in Wasser um.
Deshalb kann Wasserstoffperoxid mit Kaliumpermanganat als Reduktionsmittel $2\,MnO_4^- + 5\,H_2O_2 + 6\,H^+ \rightleftharpoons 2\,Mn^{2+} + 5\,O_2 + 8\,H_2O$ und mit Kaliumiodid als Oxidationsmittel reagieren: $2\,I^- + 2\,H^+ + H_2O_2 \rightleftharpoons I_2 + 2\,H_2O$.

b) Bleichmittel enthalten oft Percarbonat, $(2\,Na_2CO_3 \cdot 3\,H_2O_2)$ welches sich in Lösung Wasserstoffperoxid freisetzt. Dieses kann manganometrisch bestimmt werden.

7. a) Bleichmittel auf Sauerstoffbasis enthalten meist Percarbonat $(2\,Na_2CO_3 \cdot 3\,H_2O_2)$, welches in Lösung Wasserstoffperoxid freisetzt.
Flüssige Bleichmittel enthalten Wasserstoffperoxid.

b) Das Wasserstoffperoxid reagiert in einer Redoxreaktion als Reduktionsmittel mit dem Iod als Oxidationsmittel. Es ist ein alkalisches Milieu erforderlich.
Sauerstoff wird freigesetzt: $H_2O_2 + I_2 + 2\,OH^- \rightleftharpoons I^- + O_2 + 2\,H_2O$

c) Die Bleichwirkung beruht überwiegend auf der Oxidationswirkung von Wasserstoffperoxid. Waschmittel enthalten zusätzlich einen Bleichmittelaktivator, sodass auch bei Temperaturen unterhalb von 60 °C eine ausreichende Bleichwirkung erreicht wird. Bei farbigen und empfindlichen Textilien können Bleichmittel zu Schäden führen.

2.9 Elektrochemie

Elektrochemie ist ein Teilgebiet der physikalischen Chemie, das sich mit dem Zusammenhang zwischen elektrischen und chemischen Vorgängen befasst. Weiterhin gibt es elektrochemische Methoden in der analytischen Chemie. Die technische Chemie kennt neben großtechnisch angewandten elektrochemischen Synthesemethoden noch die Batterie- und Brennstoffzellentechnik sowie die Galvanotechnik.

Wissen

- Zur Berechnung von Potenzialen für Temperaturen und Konzentration, die von den Standardwerten (298 K, 1 mol · ℓ^{-1}) abweichen, verwendet man die Gleichung von NERNST:

  $$U_H(\text{Ox/Red}) = U_H^0 + \frac{R \cdot T}{z \cdot F} \cdot \ln \frac{c(\text{Ox})}{c(\text{Red})}$$

- Fasst man *R*, *T* und F zusammen und wandelt den natürlichen in den dekadischen Logarithmus um, so erhält man für 298 K (25 °C) einen Wert von 0,059 V als Vorfaktor:

  $$U_H(\text{Ox/Red}) = U_H^0 + \frac{0{,}059\ V}{z} \cdot \lg \frac{c(\text{Ox})}{c(\text{Red})}$$

  Diese Schreibweise soll im Folgenden verwendet werden.
- Im Logarithmus erscheint die oxidierte Form im Zähler, die reduzierte Form im Nenner. Stöchiometriezahlen werden als Exponenten der Konzentrationen angegeben. Für reine Stoffe, wie Metall oder Gase, mit dem Standarddruck 100 kPa, setzt man statt eines Konzentrationswertes den Zahlenwert 1 ein. Er entspricht der Aktivität *a* eines reinen Stoffes.
- Treten in Redoxpaaren Hydronium-Ionen oder Hydroxid-Ionen auf, so sind diese Reaktionen pH-abhängig. Diese Ionen müssen beim Aufstellen der NERNST-Gleichung berücksichtigt werden, da es durch Veränderung des pH-Wertes teilweise zu erheblichen Potenzialveränderungen kommt.

1. Stellen Sie die Gleichungen für die Redoxreaktionen auf, die in den folgenden galvanischen Zellen ablaufen und berechnen Sie die Zellspannung unter Standardbedingungen. **A**

a) $Ni/Ni^{2+}//Zn^{2+}/Zn$ b) $Cu/Cu^{2+}//Ag^{+}/Ag$ c) $Mg/Mg^{2+}//2\ Cl^{-}/Cl_2$

2. a) Berechnen Sie die Potenziale folgender Halbzellen:
$Cl_2/2\ Cl^-$ mit $c(Cl^-) = 0{,}1\ mol \cdot \ell^{-1}$ und Cu^{2+}/Cu mit $c(Cu^{2+}) = 0{,}1\ mol \cdot \ell^{-1}$

b) Berechnen Sie die Spannung einer galvanischen Zelle aus diesen beiden Halbzellen.

3. Zur Bestimmung der Löslichkeitskonstante von Blei(II)-sulfat wird folgende Zelle aufgebaut und das Potenzial gemessen.
$Pb/Pb^{2+}//PbSO_4$(gesättigt)/Pb
Halbzelle 1 Halbzelle 2
$c(PbSO_4) = 0{,}01\ mol \cdot \ell^{-1}$ in Zelle 1
Es wird ein Potenzial von 55 mV bei 25 °C gemessen.
Berechnen Sie die Löslichkeitskonstante.

4. Ein saures Abwasser mit dem pH-Wert 1 enthält Blei(II)-Ionen, die bei diesem pH-Wert nicht elektrolytisch abgeschieden werden können.
Berechnen Sie, ab welchem pH-Wert Blei(II)-Ionen unter Standardbedingungen abgeschieden werden können. Überspannungseffekte bleiben unberücksichtigt.

5. Berechnen Sie, bis zu welchem pH-Wert man mit einer Kaliumpermanganat-Lösung ($c = 0{,}1\ mol \cdot \ell^{-1}$), die Mangan(II)-Ionen ($c = 0{,}0001\ mol \cdot \ell^{-1}$) enthält, Chlorid-Ionen ($c = 1\ mol \cdot \ell^{-1}$) zu Chlor oxidieren kann.

6. Heizkessel aus Eisen werden gewöhnlich mit Kupferrohren verbunden. Warum rostet der Kessel trotzdem kaum?

7. Konservendosen bestehen aus „Weißblech". Dieses wird hergestellt, indem man Eisenblech elektrolytisch verzinnt.
Welche Art von Korrosion läuft ab, wenn der Überzug aus Zinn beschädigt wird, sodass an einer kleineren Stelle das Eisen frei liegt?

8. Um die Korrosion in Rohrleitungen zu verhindern, kann man dem Wasser Natriumsulfit zusetzen. Erklären Sie die Wirkung des Natriumsulfits.

9. Erläutern Sie die Prinzipien der Abscheidung von Stoffen bei der Elektrolyse. Wodurch kann die Abscheidung beeinflusst werden?

10. Erläutern Sie die Begriffe *Zersetzungsspannung* und *Überspannung* am Beispiel von Salzsäure.
Nutzen Sie zur Beantwortung das gegebene Material.

M1 Strom/Spannungs-Kurve für die Elektrolyse von Salzsäure (1 mol · ℓ⁻¹)

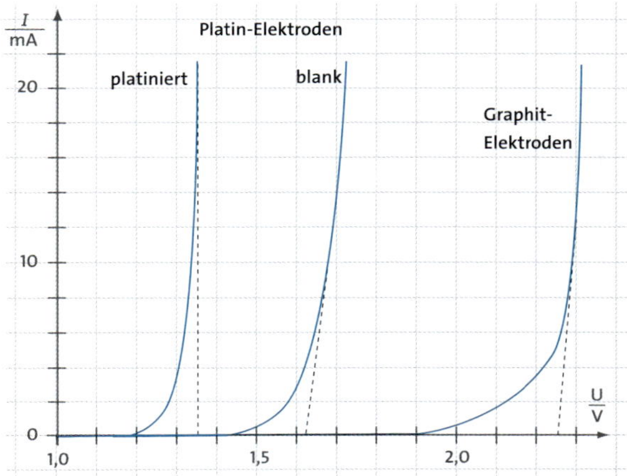

11. a) Erklären Sie die Vorgänge bei der Elektrolyse einer Kupfer(II)-chlorid-Lösung mit Graphitelektroden.

b) Entfernt man nach einiger Zeit die Spannungsquelle und ersetzt diese durch ein Spannungsmessgerät, so kann man eine Spannung ablesen. Erklären Sie diese Beobachtung.

12. Eine wässrige Lösung enthält Zink(II)-Ionen, $c(Zn^{2+}) = 0{,}001\ mol \cdot \ell^{-1}$. Bei welchem pH-Wert der Lösung beginnt die Wasserstoffentwicklung an einer Graphitkathode? Die Überspannung des Wasserstoffs beträgt −0,7 V.

13. Ein Metallgegenstand mit einer Gesamtoberfläche von 109,5 cm^2 soll galvanisch mit einer 0,3 mm starken Nickelschicht überzogen werden. Wie lange muss dazu ein Strom von 3 A durch eine Nickel(II)-salz-Lösung fließen, wenn die Stromausbeute 90 % beträgt?

14. In einer Kupferraffinationsanlage sollen stündlich 100 kg Elektrolytkupfer aus Kupfer(II)-salz-Lösung abgeschieden werden. Berechnen Sie die elektrische Leistung der Anlage, wenn die Badspannung 0,25 V und die Stromausbeute 95 % beträgt.

L

1. a) $U_H^0(Ni^{2+}/Ni) = -0{,}23$ V

$U_H^0(Zn^{2+}/Zn) = -0{,}76$ V

Die Nickelhalbzelle weist das positivere Potenzial auf.
Sie ist also die Akzeptorhalbzelle.
Ablaufende Reaktion: $Ni^{2+} + Zn \rightleftharpoons Zn^{2+} + Ni$

$U = U_H^0(Akzeptor) - U_H^0(Donator)$

$U = -0{,}23\ V - (-0{,}76\ V) = 0{,}53\ V$

Die Zellspannung beträgt 0,53 V.

b) $U_H^0(Ag^+/Ag) = 0{,}8$ V

$U_H^0(Cu^{2+}/Cu) = 0{,}34$ V

Die Silberhalbzelle weist das positivere Potenzial auf.
Sie ist also die Akzeptorhalbzelle.
Ablaufende Reaktion: $2\ Ag^+ + Cu \rightleftharpoons 2\ Ag + Cu^{2+}$

$U = U_H^0(\text{Akzeptor}) - U_H^0(\text{Donator})$

$U = 0{,}8\ V - 0{,}34\ V = 0{,}46\ V$

Die Zellspannung beträgt 0,46 V

c) $Cl_2 + Mg \rightleftharpoons Mg^{2+} + 2\ Cl^-$

$U_H^0(Cl_2/2\ Cl^-) = 1{,}36$ V

$U_H^0(Mg^{2+}/Mg) = -2{,}36$ V

Die Chlorhalbzelle weist das positivere Potential auf.
Sie ist also die Akzeptorhalbzelle.

$U = U_H^0(\text{Akzeptor}) - U_H^0(\text{Donator})$

$U = 1{,}36\ V - (-2{,}36\ V) = 3{,}72\ V$

Die Zellspannung beträgt 3,72 V.

2. **Chlor/Chlorid-Halbzelle:**

$\underset{\text{Ox}}{Cl_2} + 2\ e^- \rightleftharpoons \underset{\text{Red}}{2\ Cl^-}$

$U_H(Cl_2/2\ Cl^-) = U_H^0 + \frac{0{,}059\ V}{2} \cdot \lg \frac{1}{c^2(Cl^-)}$

$U_H(Cl_2/2\ Cl^-) = 1{,}36\ V + \frac{0{,}059\ V}{2} \cdot \lg \frac{1}{0{,}1^2\ mol \cdot \ell^{-1}} = 1{,}42\ V$

Kupfer-Ion/Kupfer-Halbzelle:

$\underset{\text{Ox}}{Cu^{2+}} + 2\ e^- \rightleftharpoons \underset{\text{Red}}{Cu}$

$U_H(Cu^{2+}/Cu) = 0{,}35\ V + \frac{0{,}059\ V}{2} \cdot \lg \frac{0{,}1\ mol \cdot \ell^{-1}}{1} = 0{,}32\ V$

Galvanische Zelle der beiden Halbzellen:

$U = 1{,}42\ V - 0{,}32\ V = 1{,}1\ V$

Die Spannung der Zelle beträgt unter den gegebenen Bedingungen 1,095 V.

3. Die gemessene Spannung beruht auf der Ausbildung einer Konzentrationszelle.

$Pb^{2+} + 2\,e^- \rightleftharpoons Pb$

Ox Red

Durch Elektronenaustausch wird die Halbzelle mit der höheren Konzentration an Blei (II)-Ionen zur Akzeptorhalbzelle, hier findet Elektronenaufnahme statt, die Konzentration der Blei(II)-Ionen wird vermindert (Halbzelle 2). In der Donatorhalbzelle (kleinere Blei (II)-Ionen-Konzentration) findet die Elektronenabgabe statt (Halbzelle 1). Durch Kombination der Halbzellenpotenziale kann man über die NERNST-Gleichung die unbekannte Blei-Ionen-Konzentration c_2 berechnen, über die das Löslichkeitsprodukt ermittelt werden kann.

$U = U_H(\text{Akzeptor}) - U_H(\text{Donator})$

$U = \left[U^0_{Pb/Pb^{2+}} + \frac{0{,}059\,V}{2} \cdot \lg c(Pb^{2+})\right] - \left[U^0_{Pb/Pb^{2+}} + \frac{0{,}059\,V}{2} \cdot \lg c_x(Pb^{2+})\right]$

$U = \left[0{,}13\,V + \frac{0{,}059\,V}{2} \cdot \lg 0{,}01\right] - \left[0{,}13\,V + \frac{0{,}059\,V}{2} \cdot \lg c_x(Pb^{2+})\right]$

$0{,}059\,V = [0{,}0296\,V \cdot \lg 0{,}01] - [0{,}0295\,V \lg c_x(Pb^{2+})]$

$0{,}059\,V = -0{,}059\,V - 0{,}0295\,V$

$\lg c_x(Pb^{2+}) = -3{,}864$

$c_x(Pb^{2+}) = 1{,}367 \cdot 10^{-4}\,mol \cdot \ell^{-1}$

$K_L = c(Pb^{2+}) \cdot c(SO_4^{2-});\; c(Pb^{2+}) = c(SO_4^{2-})$

$K_L = (c(Pb^{2+}))^2 = 1{,}87 \cdot 10^{-8}\,mol^2 \cdot \ell^{-2}$

Der Tabellenwert für K_L beträgt $1{,}5 \cdot 10^{-8}\,mol^2 \cdot \ell^{-2}$.

Die Abweichung ist gering.

4. Die Abscheidungen von Blei und Wasserstoff treten an der Kathode als Konkurrenzreaktionen auf. In beiden Fällen werden bei der Abscheidung Elektronen aufgenommen. Begünstigt für eine Elektronenaufnahme ist immer das positivere Potenzial. Der pH-Wert muss also so groß sein, dass das Potenzial des Redoxpaares $2\,H^+/H_2$ kleiner ist als das Potenzial des Redoxpaares Pb^{2+}/Pb.

$U_H(\text{Akzeptor}) > U_H(\text{Donator})$

$U^0_H(2\,H^+/H_2) + 0{,}059\,V \cdot \lg c(H^+) < U^0_H(Pb^{2+}/Pb)$

$0\,V + 0{,}059\,V \cdot \lg c(H^+) < -0{,}13\,V$

$\lg c(H^+) < -2{,}203$

$pH > 2{,}2$

Unter Standardbedingungen können Blei-Ionen bei pH-Werten oberhalb von 2,2 abgeschieden werden.

5. Akzeptorhalbzelle: $MnO_4^- + 8\,H^+ + 5\,e^- \rightleftharpoons Mn^{2+} + 4\,H_2O$
Donatorhalbzelle: $2\,Cl^- \rightleftharpoons Cl_2 + 2\,e^-$
$c(Cl^-) = 1\,mol \cdot \ell^{-1}$
$U_H = U_H^0 = 1{,}36\,V$
Die Oxidation von Chlorid zu Chlor ist möglich, solange das Akzeptorpotenzial größer ist als das Donatorpotenzial:
$U_H(\text{Akzeptor}) > U_H(\text{Donator})$
$1{,}51\,V + \frac{0{,}059\,V}{5} \cdot \lg c(MnO_4^-) \cdot c^8(H^+)/c(Mn^{2+}) > 1{,}36\,V$
$1{,}51\,V + \frac{0{,}059\,V}{5} \cdot \lg \frac{0{,}1\,mol \cdot \ell^{-1} \cdot c^8(H^+)}{0{,}0001\,mol \cdot \ell^{-1}} > 1{,}36\,V$
$0{,}0118\,V\left[\lg 10^3 + 8\lg c(H^+)\right] > -0{,}15\,V$
$\lg c(H^+) > -1{,}96$
$c(H^+) > 0{,}011\,mol \cdot \ell^{-1}$
$pH < 1{,}96$
Durch eine 0,1-molare Kaliumpermanganat-Lösung kann man Chlorid-Ionen der vorgegebenen Stoffmengenkonzentration zu Chlor oxidieren, solange der pH-Wert unterhalb von 1,96 liegt.

6. Voraussetzung für das Rosten der Heizkessel sind Feuchtigkeit und die Anwesenheit von Sauerstoff. Die Löslichkeit von Sauerstoff jedoch ist temperaturabhängig. Heißes Wasser enthält kaum Sauerstoff, sodass es nicht zur Korrosion kommt.

7. Bei Anwesenheit eines Elektrolyten beginnt sich das Eisen des Weißblechs an der beschädigten Stelle aufzulösen. An der Berührungsstelle zwischen Eisen und Zinn entsteht ein Lokalelement. Eisen als Element mit dem kleineren Standard-Elektrodenpotenzial geht unter Abgabe von Elektronen in Lösung, das edlere Zinn wird nicht oxidiert.

8. Natriumsulfit entzieht dem Wasser den korrosionsfördernden Sauerstoff.
$2\,SO_3^{2-}(aq) + O_2(aq) \rightarrow 2\,SO_4^{2-}(aq)$

9. Bei der Elektrolyse werden Stoffe unter Energieverbrauch zersetzt. Die Zersetzungsspannung ist die Mindestspannung, die für die Zersetzung eines Elektrolyten benötigt wird.
An der Anode (Pluspol) findet die Oxidation statt (Elektronenabgabe). Bei auftretenden Konkurrenzreaktionen wird zuerst der Stoff mit dem niedrigsten Elektrodenpotenzial unter den gegebenen Bedingungen abgeschieden.
An der Kathode (Minuspol) findet die Reduktion statt (Elektronenaufnahme).
Es wird der Stoff abgeschieden, der unter den gegebenen Bedingungen das höchste Elektrodenpotenzial hat.
Die Abscheidung kann durch den pH-Wert der Lösung, das Elektrodenmaterial und auftretende Konkurrenzreaktionen beeinflusst werden.
Besonders bei der Abscheidung von Gasen können an verschiedenen Elektrodenmaterialien Überspannungen auftreten. Es muss eine höhere Spannung angelegt werden als theoretisch berechnet, ehe die Zersetzung beginnt.
Wird eine Elektrolyse in wässriger Lösung durchgeführt, so kann auch das Wasser zersetzt werden. Aus diesem Grund kann z. B. Natrium aus wässriger Lösung nicht abgeschieden werden.
Die Erhöhung der Elektrolysespannung führt nicht zur Erhöhung der Menge an Elektrolyseprodukten, da diese von der Ladung abhängig ist (Produkt aus Stromstärke und Zeit).
Bei Erhöhung der Stromstärke wird in vergleichbaren Zeiträumen mehr Elektrolyseprodukt gebildet.

10. Die Zersetzungsspannung ist die Mindestspannung, bei der die Zersetzung eines Elektrolyten beginnt. Die Überspannung ist die Spannung, die über die berechnete Zersetzungsspannung angelegt werden muss, um den Elektrolyten zu zersetzen.
Die Abbildung zeigt Strom-Spannungs-Kurven für die Zersetzung von Salzsäure $c(\mathrm{HCl}) = 1\ \mathrm{mol} \cdot \ell^{-1}$ mit verschiedenen Elektrodenmaterialien.
Die theoretische Zersetzungsspannung beträgt für den gegebenen pH-Wert:
$U_\mathrm{H} = U_\mathrm{H}(\mathrm{Cl_2/2\,Cl^-}) - U_\mathrm{H}(\mathrm{2\,H^+/H_2}) = 1{,}36\ \mathrm{V} - 0\ \mathrm{V}$
Diese Zersetzungsspannung tritt nur an platinierten Platin-Elektroden (große Oberfläche) auf.
Mit blanken Platin-Elektroden tritt eine Zersetzungsspannung von 1,62 V auf, was einer Überspannung von 0,25 V entspricht.
Mit Kohleelektroden beträgt die Zersetzungsspannung 2,25 V. Es tritt eine Überspannung von 0,89 V auf.

11. a) Kupfer(II)-chlorid-Lösung zersetzt sich an Graphit-Elektroden wegen der Überspannung des Sauerstoffs zu Kupfer und Chlor-Gas. Die Wasserzersetzung tritt demzufolge nicht auf.

Kathode:	$Cu^{2+} + 2\,e^- \rightleftharpoons Cu$	Reduktion/Elektronenaufnahme
Anode:	$2\,Cl^- \rightleftharpoons Cl_2 + 2\,e^-$	Oxidation/Elektronenabgabe
Gesamtreaktion:	$Cu^{2+} + 2\,Cl^- \rightleftharpoons Cu + Cl_2$	

b) Während der Elektrolyse scheiden sich an den Graphit-Elektroden Chlor und Kupfer ab, die die Elektrodenoberflächen verändern. Es entstehen somit die Bedingungen für die folgende galvanische Zelle: $Cu/Cu^{2+}//2\,Cl^-/Cl_2$
Die Spannung ist niedriger als die theoretisch berechnete und fällt schnell ab.

12. Lösung mit der NERNST-Gleichung:

$U_H(Zn^{2+}/Zn) = -0{,}76\ V + \frac{0{,}059\ V}{2} \cdot \lg 10^{-3} = -0{,}85\ V$

$U_H(2\,H^+/H_2) = 0\ V + 0{,}059\ V \cdot \lg c(H^+) + (-0{,}7\ V) = 0{,}059\ V \cdot (-pH) + (-0{,}7\ V)$

Wasserstoff nimmt Elektronen auf. Demzufolge muss sein Potenzial größer als das Potenzial des Zinks sein.

$U_H(2\,H^+/H_2/) > U_H(Zn^{2+}/Zn)$

$-0{,}85\ V < 0{,}059\ V\,(-pH) + (-0{,}7\ V)$

$-0{,}85\ V + 0{,}7\ V < 0{,}059\ V\,(-pH)$

$-pH > -2{,}54$

$pH < 2{,}54$

Bei pH-Werten < 2,54 kommt es zur Wasserstoff-Abscheidung.

13. Die Lösung erfolgt über das FARADAY-Gesetz.

$I \cdot t = F \cdot \frac{m}{M} \cdot z; \quad m = A \cdot h \cdot \varrho$

$$t = \frac{F \cdot A \cdot h \cdot \varrho \cdot z}{I \cdot M \cdot \eta} = \frac{9{,}65 \cdot 10^4\ A \cdot s \cdot mol^{-1} \cdot 109{,}5\ cm^2 \cdot 0{,}03\ cm \cdot 8{,}9\ g \cdot cm^{-3} \cdot 2}{3\ A \cdot 58{,}7\ g \cdot mol^{-1} \cdot 0{,}9} = 35\,566\ s$$

$t = 9\ h\ 53\ min$

Der Strom muss neun Stunden und 53 Minuten durch die Lösung fließen.

14. Zur Lösung verwendet man das FARADAY-Gesetz: $I \cdot t = F \cdot \frac{m}{M} \cdot z$

$P = U \cdot I$

$$P = \frac{U \cdot F \cdot n \cdot z}{t \cdot M \cdot \eta} = \frac{0{,}25\ V \cdot 9{,}65 \cdot 10^4\ A \cdot s \cdot mol^{-1} \cdot 100 \cdot 10^3\ g \cdot 2}{3600\ s \cdot 63{,}55\ g \cdot mol^{-1} \cdot 0{,}95} = 22\,200\ A \cdot V = 22{,}2\ kW$$

Die elektrische Leistung beträgt 22,2 kW.

2.10 Komplexchemie

Die Komplexchemie (Koordinationschemie) ist ein Bereich der anorganischen Chemie, der sich mit chemischen Komplexverbindungen befasst. Eine Koordinationsverbindung ist eine chemische Verbindung, bei der ein Zentralteilchen (Metall-Ion oder Atom) Lücken in seiner Elektronenkonfiguration aufweist. Dadurch können sich Moleküle oder Ionen, die Liganden, anlagern. Diese müssen jeweils mindestens ein freies Elektronenpaar für die Bindung zur Verfügung stellen.

1. a) Stellen Sie für folgende Komplexverbindungen die Formeln auf und ordnen Sie die Verbindungen nach fallender Leitfähigkeit. Hat eine dieser Verbindungen die Leitfähigkeit null? A
Kaliumhexacyanoferrat(II), Triammintrinitritocobalt(III), Hexaammincobalt(III)-chlorid

b) Gegeben ist folgende Komplexverbindung $CoClSO_4 \cdot 5\ NH_3$.
Stellen Sie die Formeln aller Isomere dieser Komplexverbindung auf.
Nehmen Sie an, dass der Ammoniak immer als Ligand auftritt.
Benennen Sie die Verbindungen und stellen Sie die Gleichungen für die Primär-Dissoziation auf.
Formulieren Sie den Ausdruck für die Gleichgewichtskonstante K_D (Zerfallskonstante)

2. Eine Komplexverbindung hat theoretisch folgende Isomere:
a) $[Co(NH_3)_4Cl_2]Cl$; b) $[Co(NH_3)_4Cl]Cl_2$; c) $[Co(NH_3)_4]Cl_3$
Eine analytische Untersuchung des Salzes ergibt, dass beim Versetzen von 2,335 g mit einem Überschuss Silbernitratlösung 1,435 g Silberchlorid ausgefällt werden.
Ermitteln Sie die richtige Formel und benennen Sie die Verbindung.

3. Drei unbeschriftete Gefäße enthalten Lösungen von Kupfer(II)-nitrat, Kupfer(II)-chlorid und Eisen(III)-nitrat.
Erarbeiten Sie einen Plan zur Identifizierung der Lösungen.

4. Versetzt man eine Lösung, die Eisen(II)-Ionen enthält, mit Kaliumcyanid-Lösung im Überschuss und leitet anschließend Schwefelwasserstoff ein, so lässt sich kein Eisen(II)-sulfid ausfällen.
Erklären Sie das Ausbleiben des Niederschlages.

5. Bestimmen Sie die Koordinationszahlen bei der Komplexbildung am Cobalt(III)-Ion und am Nickel(II)-Ion, wenn eine nach der Edelgasregel stabile Elektronenkonfiguration erreicht werden soll.

6. Bei der komplexometrischen Wasserhärtebestimmung wurden in zwei Experimenten getrennt Calcium- und Magnesium-Ionen bestimmt. Bei der Bestimmung der Calcium-Ionen verbrauchten 200 ml Wasser 3,2 ml EDTA. $c(\text{EDTA}) = 0{,}01\ \text{mol} \cdot \ell^{-1}$.
Bei der Bestimmung der Magnesium-Ionen wurden 0,6 ml der gleichen EDTA-Lösung von ebenfalls 200 ml Wasser verbraucht. Berechnen Sie die Gesamthärte des Wassers.
(1 °d = 0,18 mmol Erdalkalimetall-Ionen pro Liter Wasser)

7. Skizzieren Sie die Aufspaltung der d-Orbitale im oktaedrischen Feld
a) unter Einfluss eines starken Liganden.
b) unter Einfluss eines schwachen Liganden.
c) Zeichnen Sie die Elektronenbesetzung des Mn^{2+}-Ions ein.

8. Erklären Sie die Ursachen für die Farbigkeit von Komplexverbindungen.
Werten Sie folgendes Beispiel aus:

Verbindung	Farbe
$[Co(NH_3)_6]^{3+}$	gelb
$[Co(NH_3)_4CO_3]^+$	rot
$[Co(NH_3)_2(CO_3)_2]^-$	blau
$[Co(CO_3)_3]^{3-}$	grün

Wellenlänge	Spektralfarbe	Komplementärfarbe
> 770	Infrarot (IR)	
640–770	rot	grün
600–640	orange	blau
570–600	gelb	violett
490–570	grün	rot
480–490	blaugrün	orange
430–480	blau	gelb
390–430	violett	gelbgrün
< 390	Ultraviolett (UV)	

L

1. a) $[Co(NH_3)_5Cl]SO_4 \rightleftharpoons [Co(NH_3)_5Cl]^{2+} + SO_4^{2-}$
Penta(a)mmin-monochloro-cobalt(III)-sulfat
$[Co(NH_3)_5SO_4]Cl \rightleftharpoons [Co(NH_3)_5\,SO_4]^+ + Cl^-$
Penta(a)mmin-monosulfato-cobalt(III)-chlorid
Hinweis: Liganden werden in alphabetischer Reihenfolge benannt.

b) $K_4[Fe(CN)_6] \rightleftharpoons 4\,K^+ + [Fe(CN)_6]^{4-}$
$[Co(NH_3)_6]Cl_3 \rightleftharpoons [Co(NH_3)_6]^{3+} + 3\,Cl^-$
Kaliumhexacyanoferrat(II) liefert pro Formeleinheit in der Primärdissoziation fünf Ionen. Seine Leitfähigkeit ist bei gleich konzentrierter Lösung höher als die des Hexaammincobalt(III)-chlorids, welches nur 4 Ionen liefert.
Triammintrinitritocobalt(III) ist ein ungeladener Komplex: $[Co(NH_3)_3(NO_2)_3]$.
Es hat die niedrigste Leitfähigkeit. Diese wird aber nicht null, da durch den Zerfall des Komplexes (Sekundärdissoziation) ebenfalls Ladungsträger entstehen.

2. a) $K_D = \frac{1}{K_B} = \frac{[Co(NH_3)_5Cl]^{2+} \cdot [SO_4^{2-}]}{[CoNH_3|_5ClSO_4]}$

b) $K_D = \frac{1}{K_B} = \frac{[Co(NH_3)_5\,SO_4]^{+} \cdot [Cl^{-}]}{[CoNH_3|_5SO_4Cl]}$

Die Molmasse des Komplexes beträgt 233,5 $g \cdot mol^{-1}$.
Die Molmasse von Silberchlorid beträgt 143,5 $g \cdot mol^{-1}$.
Es reagieren nur die Chlorid-Ionen, die nicht komplex gebunden sind.
Aus einem hundertstel Mol Komplex entsteht ein Hundertstel Mol Silberchlorid.
Verbindung a) ist richtig. Es wird hier auch die begünstigte Koordinationszahl 6 betätigt.
Die Verbindung heißt: Tetra(a)mmin-dichloro-cobalt(III)-chlorid

3. 1. Weg: In allen Verbindungen Kupfer(II)-Ionen nachweisen, z. B. mit Ammoniak. Zwei Verbindungen zeigen positives Ergebnis. Diese Verbindungen werden entweder auf Nitrat-Ionen oder Chlorid-Ionen untersucht. Bei der Untersuchung auf Chlorid-Ionen muss die Löslichkeit in Ammoniak bzw. Natriumthiosulfat überprüft werden. Die dritte Verbindung wird zur Sicherheit auf Eisen(III)-Ionen, z. B. mit Kaliumthiocyanat, geprüft.
2. Weg: Alle Verbindungen auf Eisen(III)-Ionen prüfen. Die Verbindungen mit negativem Ergebnis auf Chlorid- oder Nitrat-Ionen prüfen. Es ist auch möglich, ein Lösungsschema anzugeben.

	Ammoniak	**Kaliumthiocyanat**	**Silbernitrat**
Kupfer(II)-chlorid	+	–	+
Kupfer(II)-nitrat	+	–	–
Eisen(III)-nitrat	–	+	–

(Die Reaktionsgleichungen für die Nachweise finden Sie im Anhang.)

4. Die Cyanid-Ionen binden die Eisen(II)-Ionen durch Komplexbildung. Deshalb sind diese maskiert und stehen für die Ausfällung von Eisen(II)-sulfid nicht zur Verfügung.
$Fe^{2+} + 6\,CN^{-} \rightleftharpoons [Fe(CN)_6]^{4-}$
Hinweis: Maskierung von Ionen durch Komplexbildung wird z. B. bei der FEHLING-Probe angewendet. Kupfer(II)-Ionen werden durch Tartrat maskiert.

5. Cobalt(III)-Ionen haben 24 Elektronen. Zur Erreichung einer Edelgaskonfiguration fehlen 12 Elektronen. Da jeder Ligand 2 Elektronen liefert, wäre die Koordinationszahl 6.
Nickel(II)-Ionen haben 26 Elektronen. Es fehlen 10 Elektronen. Hier wäre die Koordinationszahl 5.

6. Die Wasserhärte wird durch vorhandene Calcium- bzw. Magnesium-Ionen bestimmt.

Berechnung des Gehalts an Calcium-Ionen:

1 mol EDTA	≙ 1 mol Calcium-Ionen (40,08 g)
1 ℓ 0,01-molare EDTA-Lsg.	≙ 0,4008 g Calcium-Ionen
1 ml 0,01-molare Lsg.	≙ 0,4008 mg Calcium-Ionen
3,2 ml	≙ x mg

x = 1,28 mg ⇒ In 200 ml Wasser sind 1,28 mg Calcium-Ionen enthalten.
In einem Liter Wasser wären dann 6,4 mg Calcium-Ionen enthalten (0,16 mmol)

Berechnung des Gehalts an Magnesium-Ionen:

1 ml 0,01-molare EDTA-Lsg.	≙ 0,2431 mg Magnesium-Ionen
0,6 ml	≙ x mg

x = 0,146 mg ⇒ In 200 ml Wasser sind 0,146 mg Magnesium-Ionen enthalten.
In einem Liter Wasser sind 0,73 mg Magnesium-Ionen (0,03 mmol) und 6,40 mg Calcium-Ionen (0,16 mmol) enthalten. Ein Liter Wasser enthält 0,19 mmol Erdalkali-Ionen. Das entspricht einer Wasserhärte von rund 1 °d. Bei der Probe handelt es sich um extrem weiches Wasser.

7. Im oktaedrischen Feld werden d-Orbitale, die in Wechselwirkung mit den Liganden treten ($d_{x^2-y^2}$ und d_{z^2}) energetisch angehoben, die anderen Orbitale (d_{xy}, d_{xz} und d_{yz}) werden energetisch abgesenkt.

a), c) b), c)

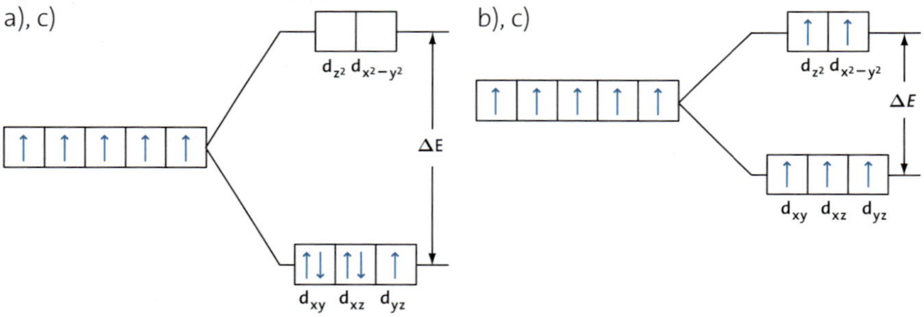

Starke Liganden verursachen ein größeres ΔE als schwache Liganden.

8. Die Ursache für die Farbigkeit von Komplexverbindungen sind Elektronenübergänge zwischen den durch das Ligandenfeld aufgespaltenen d-Orbitalen. Bei diesen Übergängen wird Energie einer bestimmten Wellenlänge absorbiert. Die Verbindung hat dann die Farbe der entsprechenden Komplementärfarbe. Große Aufspaltung führt zur Absorption von energiereichem Licht mit kurzen Wellenlängen, geringe Aufspaltung führt zur Absorption von Licht mit geringerer Energie und größeren Wellenlängen. Im Beispiel wird durch Austausch der Liganden NH_3 gegen CO_3^{2-} die Absorption zu größeren Wellenlängen mit niedrigerer Energie verschoben. Carbonat-Ionen spalten das Ligandenfeld demzufolge weniger stark auf als der Ligand Ammoniak. Ammoniak ist der stärkere Ligand.

2.11 Kohlenwasserstoffe und Halogenkohlenwasserstoffe

Die Kohlenwasserstoffe (C_mH_n) sind eine organische Stoffgruppe, die nur aus Kohlenstoff und Wasserstoff bestehen. Es gibt mehrere Untergruppen wie Alkane, Cycloalkane, Alkene, Alkine und Arene (Aromaten) sowie deren Derivate z. B. Halogenkohlenwasserstoffe. Es ist die einfachste Stoffgruppe der organischen Chemie. Die Kohlenwasserstoffe haben vor allem durch ihre riesigen Vorkommen als fossile Brennstoffe und in der organischen Synthese eine große technische Bedeutung erlangt.

1. Es existieren zwei kettenförmige Verbindungen mit der Summenformel C_3H_4. Schreiben Sie die Strukturformeln der beiden Stoffe auf, benennen Sie die Stoffe und geben Sie für jedes Kohlenstoff-Atom den Hybridisierungszustand an. A

2. Welchen Einfluss hat der Hybridisierungszustand auf Bindungslänge, Bindungsenergie und Elektronegativität des C-Atoms?

3. Entscheiden Sie, ob bei der Überlappung folgender Orbitale σ- oder π-Bindungen entstehen.
a) $sp^3 - sp^3$ b) $sp^3 - sp^2$ c) $sp^2 - sp^2$
d) $s - sp^3$ e) $s - sp^2$ f) $p - p$

4. Schreiben Sie die Formeln für die beiden Isomeren des But-2-en auf und erläutern Sie, warum zwei Isomere entstehen.

5. Von But-2-en gibt es drei verschiedene Brom-Additionsprodukte.
a) Stellen Sie die Strukturformeln auf. Wählen Sie eine Darstellungsweise, in der die räumlichen Verhältnisse erkennbar sind.
b) Wie kann man die Isomeren durch ein einfaches physikalisches Verfahren voneinander trennen?

6. Alkene werden bei Raumtemperatur durch Kaliumpermanganat-Lösung zu 1,2-Diolen oxidiert.
a) Entwickeln Sie die Reaktionsgleichung für die Reaktion von Propen mit Kaliumpermanganat-Lösung.
b) Bei der gleichen Reaktion mit Ethin entsteht Ethendiol. Diese Verbindung zeigt Keto-Enol-Tautomerie. Schreiben Sie die Formeln für das Keton und das Enol auf.

7. Bei der radikalischen Substitution eines Wasserstoff-Atoms von But-2-en durch Chlor sind zwei Reaktionsprodukte möglich. Schreiben Sie die Strukturformeln beider Produkte auf (Z-E-Isomerie soll vernachlässigt werden). Begründen Sie, warum praktisch fast ausschließlich *ein* Produkt entsteht.

8. Ausgehend von Benzol (Benzen) soll 1-Brom-3-nitrobenzol synthetisiert werden.
a) Stellen Sie die Gleichungen für die einzelnen Syntheseschritte auf und erläutern Sie diese (kein Reaktionsmechanismus).
b) An welcher Stelle würde die Zweitsubstitution durch eine Nitro-Gruppe erfolgen?

9. Die Bromierung von Toluol (Toluen) kann als Kern- oder als Seitenkettensubstitution erfolgen. Stellen Sie die Reaktionsgleichungen auf und erläutern Sie die unterschiedlichen Reaktionsbedingungen.

L

1. Propadien (Allen)
$CH_2{=}C{=}CH_2$
sp^2 sp sp^2

Propin
$CH{\equiv}C{-}CH_3$
sp sp sp^3

2. In der Reihenfolge sp^3, sp^2, sp nehmen die Bindungslängen ab, die Bindungsenergien und die Elektronegativität des C-Atoms nehmen zu. Diese Tatsache hat Auswirkungen auf die Reaktivität von Verbindungen mit Einfach-, Doppel- und Dreifachbindung. Durch die größere Elektronegativität des sp-hybridisierten C-Atoms ist Ethin Protonendonator, während Ethan unpolare σ-Bindungen bildet. Ethin bildet unter Abgabe von Protonen Salze mit einigen Metallionen.

3. a) bis e) bilden σ-Bindungen. Nur bei der Überlappung von p-Orbitalen wird eine π-Bindung ausgebildet.

4. Es besteht keine freie Drehbarkeit um die Bindung zwischen den beiden mittleren C-Atomen. Bei einer Rotation müsste die π-Bindung unter hohem Energieaufwand aufgespalten werden. Es tritt Z/E bzw. cis/trans-Isomerie auf.

Z (cis)-Form

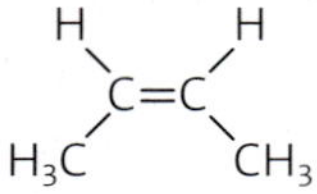

E (trans)-Form

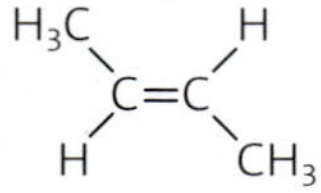

5. a) Geeignete Darstellungsformen sind die FISCHER- oder die NEWMAN-Projektion:

(I) (II) (III) FISCHER-Projektion

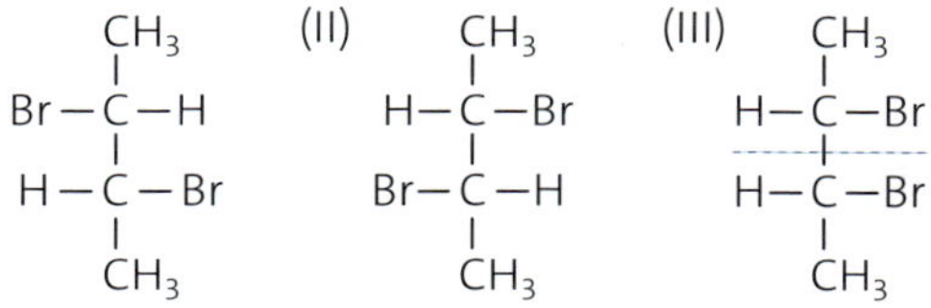

NEWMAN-Projektion

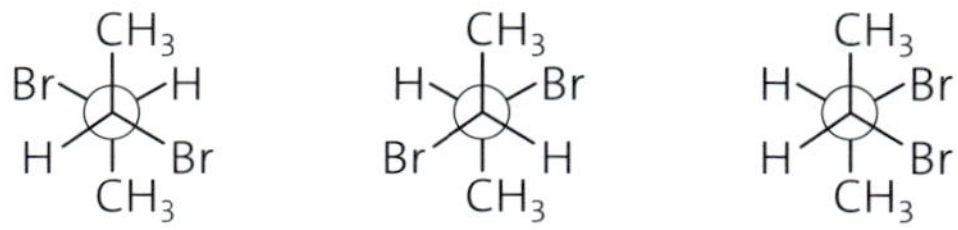

b) Eine Unterscheidung ist über die Bestimmung der optischen Aktivität möglich. (I) und (II) sind Spiegelbildisomere (Enantiomere). Sie drehen die Schwingungsebene des linear polarisierten Lichtes um den gleichen Betrag, aber in entgegengesetzter Richtung. Verbindung (III) hat eine Symmetrieebene (Meso-Form). Sie ist optisch inaktiv.

6. a) $3\ CH_3{-}CH{=}CH_2 + 2\ KMnO_4 + 4\ H_2O$
$\rightleftharpoons 3\ CH_3{-}CH(OH){-}CH_2OH + 2\ MnO_2 + 2\ KOH$

b) Ethendiol (Ketoform) (2-Hydroxyetanal)

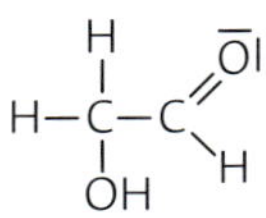

Ethendiol (Enolform) (1,2-Dihydroxyethen)

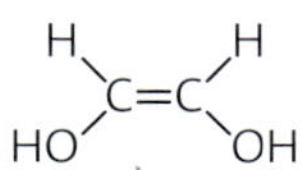

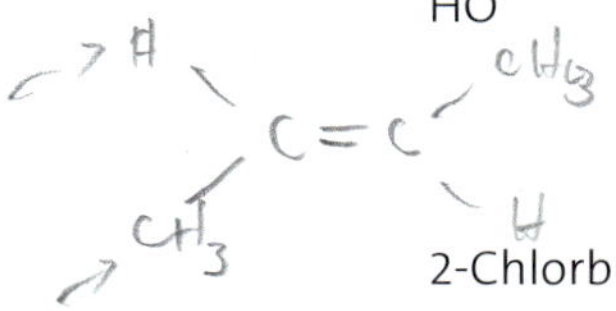

7. Mögliche Produkte:

1-Chlorbut-2-en
$CH_2Cl{-}CH{=}CH{-}CH_3$

2-Chlorbut-2-en
$CH_3{-}CHCl{=}CH{-}CH_3$

Bei der radikalischen Substitution wird im ersten Reaktionsschritt ein Wasserstoff-Atom abgespalten. Es entstehen zwei Radikale.

(I) $\cdot CH_2{-}CH{=}CH{-}CH_3 \Leftrightarrow CH_2{=}CH{-}CH{-}\dot{C}H_3$

(II) $CH_3{-}\dot{C}{=}CH{-}CH_3$

Radikal (I) ist mesomeriestabilisiert. Seine Entstehung ist deshalb begünstigt. Die Selektivität der Substitutionsreaktion wird durch die Mesomeriestabilisierung dieses Radikals bestimmt. Deshalb entsteht vorwiegend 1-Chlor-but-2-en.

8. a) Benzol (Benzen) wird zuerst nitriert und dann bromiert. Die Nitro-Gruppe weist einen –I-Effekt und einen –M-Effekt auf. Sie dirigiert den Zweitsubstituenten daher in meta-Stellung. Brom würde den Zweitsubstituenten in ortho- oder para-Stellung dirigieren. Dies ist über die Stabilität der π-Komplexe erklärbar:

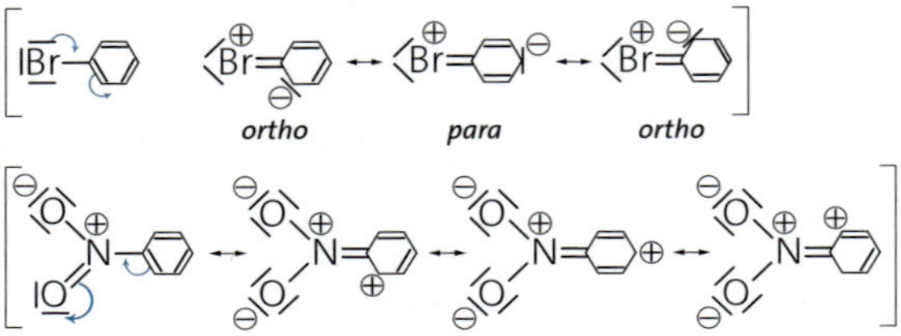

Stellungen mit positiven Ladungen sind für die elektrophile Substitution blockiert. Reaktionsgleichungen:

b) Bei bereits vorhandener Nitro-Gruppe würde eine zweite in meta-Stellung substituiert:
Bei vorhandenem Brom erfolgt eine Zweitsubstitution in ortho- oder para-Stellung:

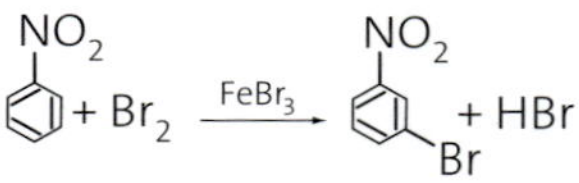

9. Bei der **K**ernsubstitution von Toluol (Toluen) muss in der **K**älte und mit einem **K**atalysator (Lewis-Säure) gearbeitet werden. Man spricht auch von der **KKK**-Regel. Der Mechanismus ist eine elektrophile Substitution.

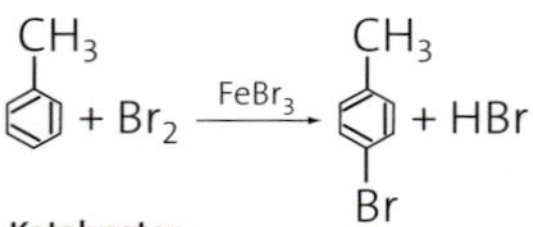

weitere mögliche Produkte:

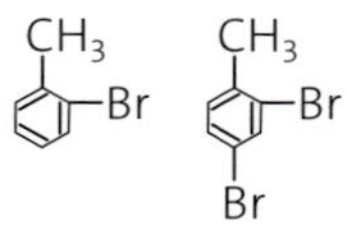

Katalysator:

$FeBr_3 + Br_2 \rightarrow [FeBr_4]^- + Br^+$

Bei der **S**eitenkettensubstitution werden **S**onnenlicht (UV-Licht) und **S**iedehitze benötigt (**SSS**-Regel). Es läuft ein radikalischer Mechanismus ab.

2.12 Kohlenwasserstoffe mit funktionellen Gruppen

Diese Stoffgruppe enthält außer Kohlenstoff und Wasserstoff noch weitere Elemente (Heteroatome) wie Sauerstoff, Stickstoff, Schwefel und Phosphor. Diese Atome sind meist Bestandteil von funktionellen Gruppen und stellen häufig das reaktive Zentrum der Verbindungen. Es gibt auch Verbindungen mit mehreren funktionellen Gruppen. Wichtige Vertreter sind z. B. Alkanole, Alkansäuren und Ester.

1. Ethanol kann mit verschiedenen Katalysatoren dehydriert oder dehydratisiert werden. A
Stellen Sie die Reaktionsgleichungen auf und benennen Sie die Produkte.
Wie kann man die Produkte nachweisen?

2. Erläutern Sie die unterschiedliche Acidität von Ethanol und Phenol.
Leiten Sie daraus Schlüsse für die unterschiedliche Löslichkeit von Phenol in Wasser und Natronlauge ab.

3. Erläutern Sie den Begriff *Carbonyl-Verbindungen*. Geben Sie Name und Struktur der Carbonyl-Verbindungen an, die bei der Oxidation von
a) Butan-2-ol und
b) Butan-1-ol entstehen.

4. Zeichnen Sie die Valenzstrichformeln der Keto-und Enolform von Pentan-2,4-dion.
Welches Tautomere überwiegt?

5. Bei der Veresterung können Ether als Nebenprodukte entstehen.
Erklären Sie diese Tatsache.

6. Erklären Sie die Aciditätsunterschiede von Ameisensäure, Essigsäure und Propionsäure. Nutzen Sie zur Beantwortung das gegebene Material:

M1

Säure	pK_S-Wert
Ameisensäure	3,77
Essigsäure	4,75
Propionsäure	4,88

7. Acetylsalicylsäure ist ein weitverbreitetes Schmerzmittel.
   a) Stellen Sie die Reaktionsgleichung zur Herstellung dieses Stoffes aus Salicylsäure und Essigsäure auf. Ordnen Sie das Reaktionsprodukt einer Stoffklasse zu und benennen Sie die Reaktionsart.
   b) Stellen Sie die Gleichung zur Herstellung von Acetylsalicylsäure aus Essigsäureanhydrid und Salicylsäure auf. Begründen Sie den Vorteil des Einsatzes von Essigsäureanhydrid als Edukt.
   c) Der erfolgte Umsatz kann durch die Eisen(III)-chlorid-Reaktion überprüft werden. Erklären Sie.

8. Entwickeln Sie den Mechanismus für die saure und alkalische Hydrolyse von Essigsäureethylester. Vergleichen Sie die Verfahren.

9. Um welche Substanz handelt es sich?
- Ein Gramm Substanz ergibt bei der Dampfdichtebestimmung ein Volumen von 0,386 ℓ (Normzustand).
- Die Substanz besteht aus Kohlenstoff, Wasserstoff und Sauerstoff.
- Sie entfärbt Bromwasser.
- Sie reagiert mit Natrium unter Wasserstoffbildung.
- Die Iodoformprobe verläuft negativ.
- Eine Aldehyd-Gruppe wurde nicht nachgewiesen.

Stellen Sie für die positiv verlaufenen Reaktionen die Gleichungen auf.

10. Von einer Verbindung, die Kohlenstoff, Wasserstoff und Sauerstoff enthält, wurden 0,216 g vollständig verbrannt. Dabei entstanden 0,514 g Kohlenstoffdioxid und 0,263 g Wasser.
Beim Verdampfen von 0,074 g der gleichen Substanz entstanden bei 22 °C und 98,675 kPa 24,8 ml Dampf.
Ermitteln Sie die Molekülformel und mögliche Strukturen.

11. Nitro- und Amino-Gruppe sind wichtige funktionelle Gruppen.
   a) Geben Sie für zwei Nitro- und zwei Aminoverbindungen Name und Formel an.
   b) Erklären Sie, warum Nitroethan und Aminobenzen nicht in Wasser löslich sind.
   c) Nitroethan löst sich in konzentrierter Natronlauge. Aminobenzol ist in Salzsäure löslich.
   Erklären Sie auch diese Sachverhalte.

12. Schwefel kann in organischen Verbindungen auftreten.
Schreiben Sie Name und Formel für zwei organische Schwefelverbindungen auf.
Finden Sie strukturelle Ähnlichkeiten zu organischen Sauerstoffverbindungen.

13. Eine der folgenden Verbindungen zeigt die Aldolreaktion:
Benzaldehyd,
Dimethylpropanal,
Propanal.
Formulieren Sie den Mechanismus dieser basenkatalysierten Reaktion.

14. Folgende Molekülformeln entsprechen fünf geradkettigen Carbonyl-Verbindungen: C_2H_4O, C_3H_6O, C_4H_8O.
Ordnen Sie mithilfe der Angaben aus der Tabelle die Verbindungen den Buchstaben A bis E zu.
Begründen Sie.

Carbonylverbindung	**A**	**B**	**C**	**D**	**E**
FEHLING-Probe	–	+	+		+
SCHIFF'sche Probe	–	+	+		+
Iodoform-Probe	+	–	–		+
Siedetemperatur (°C)	56	49	76	80	20

15. Die FEHLING-Probe ist eine wichtige Reaktion:

a) Nennen Sie die Inhaltsstoffe der FEHLING-Lösung I und FEHLING-Lösung II und erklären Sie die Funktion dieser Inhaltsstoffe.

b) Stellen Sie eine allgemeine Reaktionsgleichung für die FEHLING-Probe am Beispiel eines Aldehydes auf.

c) Erklären Sie warum die FEHLING-Probe bei Aldehyden positiv verläuft, aber nicht als Nachweisreaktion für Aldehyde gelten kann.

d) Bei Formaldehyd und Benzaldehyd wird die FEHLING-Probe durch die CANNIZZARO-Reaktion gestört. Formulieren Sie eine Reaktionsgleichung.

L

1. Dehydrierung mit Kupferkatalysator:

$CH_3{-}CH_2{-}OH \rightarrow CH_3{-}CHO + H_2$

Das entstehende Aldehyd kann über die SCHIFF'sche Probe nachgewiesen werden (Rotviolettfärbung).

Dehydratisierung mit Aluminiumoxidkatalysator:

$CH_3{-}CH_2{-}OH \rightarrow CH_2{=}CH_2 + H_2O$

Das entstandene Alken kann z. B. durch Addition von Brom nachgewiesen werden.

2. Phenol hat eine höhere Acidität als Ethanol, da das Phenolat-Ion im Gegensatz zum Ethanolat-Ion mesomeriestabilisiert ist: Phenol ist in Natronlauge besser löslich, da Phenol in das salzartige Phenolat überführt wird:

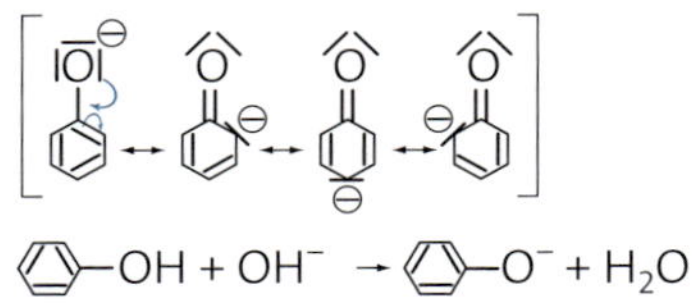

3. Carbonyl-Verbindungen haben die Struktureinheit >C=O. Vertreter sind Aldehyde und Ketone.

a) Butan-2-ol wird zu Butan-2-on oxidiert.

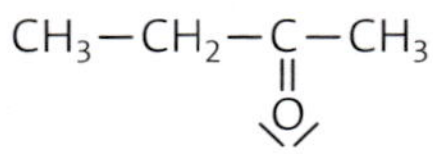

b) Butan-1-ol wird zu Butanal oxidiert.

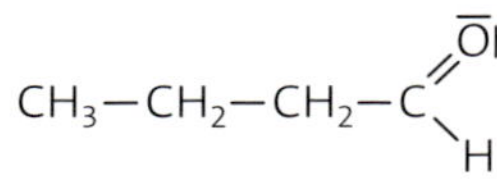

4. Enolform

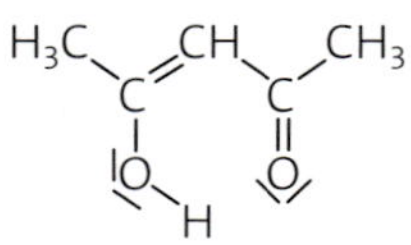

Ketoform

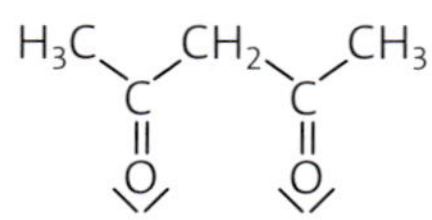

Die Enolform überwiegt, da sie durch konjugierte Doppelbindungen, Wasserstoffbrücken und Mesomerie stabilisiert ist:

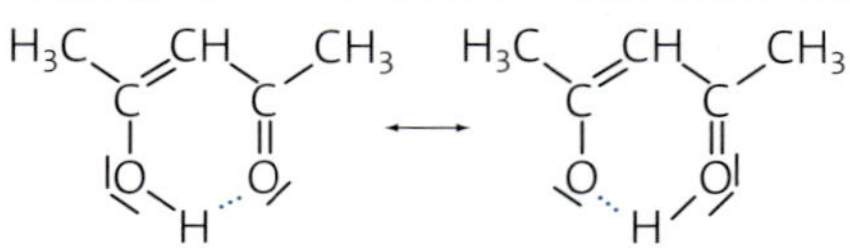

5. Ether entstehen z. B. durch Erhitzen von Alkoholen mit konzentrierter Schwefelsäure.

$2\,CH_3{-}CH_2{-}OH \rightarrow CH_3{-}O{-}CH_3 + H_2O$

Bei der Veresterung wird auch Alkohol und konzentrierte Schwefelsäure als Katalysator zugesetzt.

6. Die Methyl-Gruppe in der Essigsäure erhöht durch ihren +I-Effekt die Elektronendichte im Carbonyl-Kohlenstoff. Dadurch wird die Polarität der O–H-Bindung verringert und die Dissoziation im Vergleich zur Ameisensäure zurückgedrängt. Bei der Propionsäure wird dieser Effekt durch die größere Kettenlänge noch verstärkt. Die pK_S-Werte bestätigen diese Aussagen.

7. a) Das Reaktionsprodukt ist ein Ester. Die Reaktion ist eine Substitution (Kondensation):

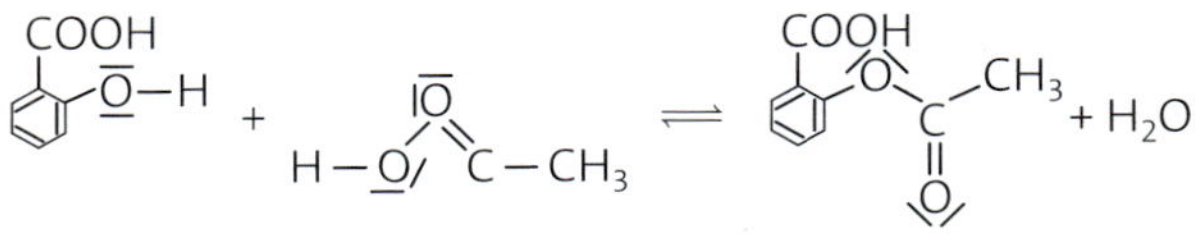

b)

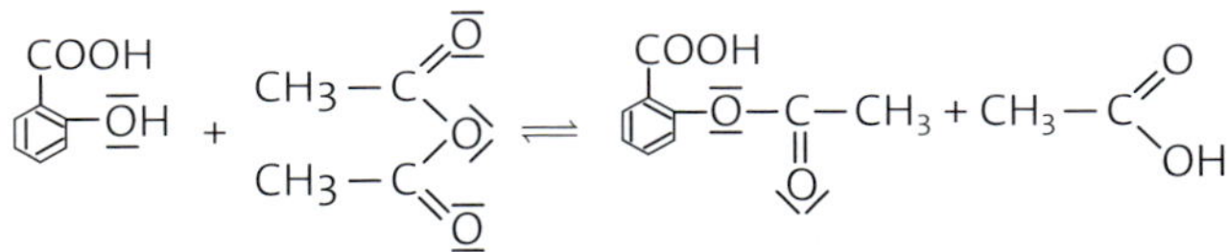

Beim Einsatz von Essigsäureanhydrid entsteht kein Wasser, welches das Gleichgewicht in Richtung der Edukte verschieben kann. Dadurch wird die Ausbeute an Ester erhöht.

c) Die Eisen(III)-chlorid-Reaktion ist typisch für alle Verbindungen mit der Gruppierung >C=C–OH. Es werden violette Eisen(III)-Komplexe gebildet. Da die Gruppierung durch Veresterung der –OH-Gruppe in der Acetylsalicylsäure im Gegensatz zur Salicylsäure nicht mehr vorhanden ist, tritt beim Reaktionsprodukt keine Eisen(III)-chlorid-Reaktion auf.

8. Alle Schritte der säurekatalysierten Esterbildung sind reversibel, deshalb stellt sich ein Gleichgewicht zwischen Edukten und Produkten ein:

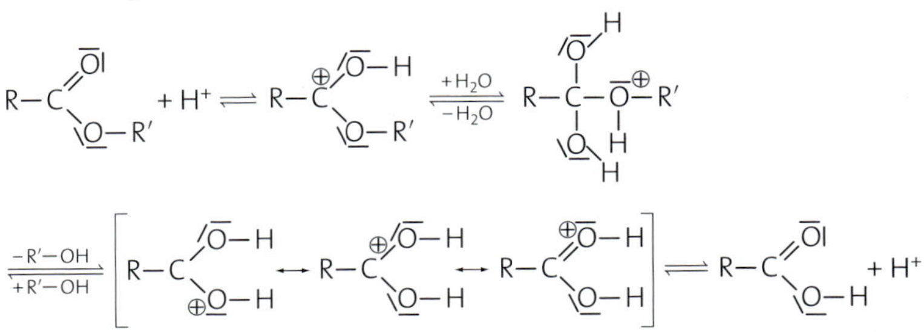

Bei der alkalischen Esterspaltung ist der letzte Schritt irreversibel. Deshalb kann der Ester quantitativ gespalten werden. Man erhält allerdings nicht die freie Säure, sondern ihr Anion:

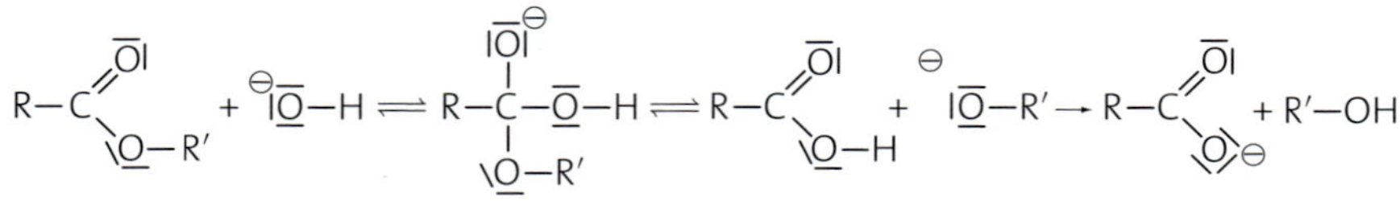

9. Berechnung der molaren Masse:

Wenn 1 g 0,386 ℓ Dampf ergibt, so ergeben 58 g Substanz 22,4 ℓ.

Die molare Masse beträgt $58\ g \cdot mol^{-1}$.

Entfärbung von Bromwasser weist auf eine ungesättigte Verbindung hin.

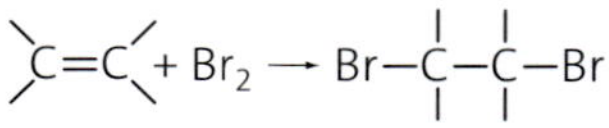

Reaktion mit Natrium weist auf einen Alkohol hin.

$2\ R{-}OH + 2\ Na \rightarrow 2\ R{-}O^{-}Na^{+} + H_2$

Negative Iodoformprobe: Weder $CH_3{-}C{=}O$-Gruppen noch $CH_2{-}CH(OH)$-Gruppen (mit H am C) sind enthalten.

Es handelt sich um folgende Verbindung: $CH_2{=}CH{-}CH_2{-}OH$ (Prop-1-en-3-ol)

10. Auswertung der Elementaranalyse:

m	**0,514 g**	*m*	**0,263 g**
$C + O_2$	CO_2	$H_2 + \frac{1}{2} O_2$	H_2O
12 g	44 g	2 g	18 g

„C“ (aus Verbindung) + $O_2 \rightarrow CO_2$

12 g 44 g

$$m(C) = \frac{12\ g \cdot 0{,}514\ g}{44\ g} = 0{,}14\ g$$

„H_2“ (aus Verbindung) + $\frac{1}{2} O_2 \rightarrow H_2O$

2 g 18 g

$$m(H) = \frac{2\ g \cdot 0{,}263\ g}{18\ g} = 0{,}029\ g$$

$m(O) = m(\text{Einwaage}) - m(C) - m(H) = 0{,}216\ g - 0{,}14\ g - 0{,}029\ g = 0{,}047\ g$

$m(O) = m(\text{Einwaage}) - m(C) - m(H) = 0{,}0468\ g$

Wegen $n = \frac{m}{M}$ ergibt sich:

$n(C) : n(H) : n(O) = 0{,}0116 : 0{,}0292 : 0{,}00292$

Dies entspricht einem ganzzahligen Verhältnis von rund 4 : 10 : 1

Verhältnisformel: $C_4H_{10}O$; Molekülformel: $(C_4H_{10}O)_n$

Berechnung der molaren Masse:

$$p \cdot V = \frac{m}{M} \cdot R \cdot T$$

$$M = \frac{m \cdot R \cdot T}{p \cdot V} = \frac{0{,}074\ g \cdot 8{,}314\ J \cdot mol^{-1} \cdot K^{-1} \cdot 295\ K}{98{,}675\ kPa \cdot 24{,}8\ cm^3} = \frac{0{,}074\ g \cdot 8{,}314\ N \cdot m \cdot mol^{-1} \cdot K^{-1} \cdot 295\ K}{98{,}675 \cdot 10^3\ N \cdot m^{-2} \cdot 24{,}8 \cdot 10^{-6}\ m^3}$$

$M = 74{,}1\ g \cdot mol^{-1}$

Die molare Masse beträgt $74\ g \cdot mol^{-1}$. Deshalb ist $n = 1$.

Folgende Strukturen sind möglich:

$CH_3—CH_2—CH_2—CH_2—OH$ Butan-1-ol (primärer Alkohol)

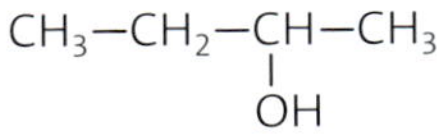
Butan-2-ol (sekundärer Alkohol)

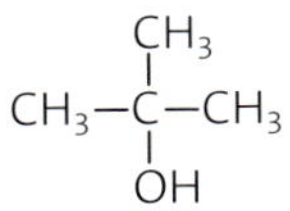
2-Metylpropan-2-ol (tertiärer Alkohol)

Weiterhin gibt es noch zwei isomere Ether:

$CH_3—CH_2—O—CH_2—CH_3$ und $CH_3—O—CH_2—CH_2—CH_3$

Dimethylether Methylpropylether

11. a) Aminoethan $CH_3—CH_2—NH_2$ Aminobenzol (Anilin) $C_6H_5—NH_2$

Nitromethan $CH_3—NO_2$ Nitrobenzol $C_6H_5—NO_2$

b) Beide Verbindungen sind unpolar und lösen sich demzufolge nicht im polaren Lösungsmittel Wasser.

c) Aliphatische Nitroverbindungen mit mindestens einem Wasserstoff-Atom am C-Atom, welches die Nitro-Gruppe trägt, sind CH-acid (–I-Effekt und –M-Effekt der Nitro-Gruppe) und bilden mit NaOH Salze.

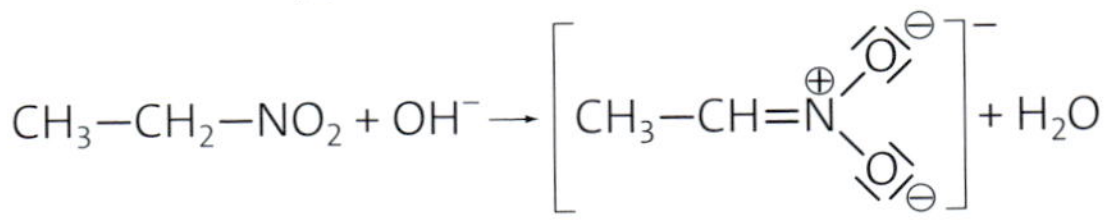

Die Base Anilin wird durch Salzsäure in folgendes Salz überführt:

$[C_6H_5—NH_3^+]Cl^-$

12. $CH_3—CH_2—SH$ Ethylmercaptan ist ein Vertreter der Mercaptane (Thio*alkohole*).

$CH_3—S—CH_3$ Dimethylsulfid ist ein Vertreter der Thio*ether.*

Es gibt also Verbindungen zu den organischen Sauerstoff-Verbindungen (Ethanol, Dimethylether). Sauerstoff und Schwefel können durch ihre Stellung im PSE gut gegeneinander ausgetauscht werden.

13. Aldolreaktionen gehen Aldehyde mit einer zur Carbonyl-Gruppe α-ständigen Methyl- oder Methylen-Gruppe ein (acide Wasserstoff-Atome). Sie dimerisieren unter katalytischem Einfluss von z.B. Säuren oder Basen zu β-Hydroxyaldehyden (Aldolen). Von den genannten Verbindungen zeigt nur Propanal eine Aldolreaktion.
Mechanismus:

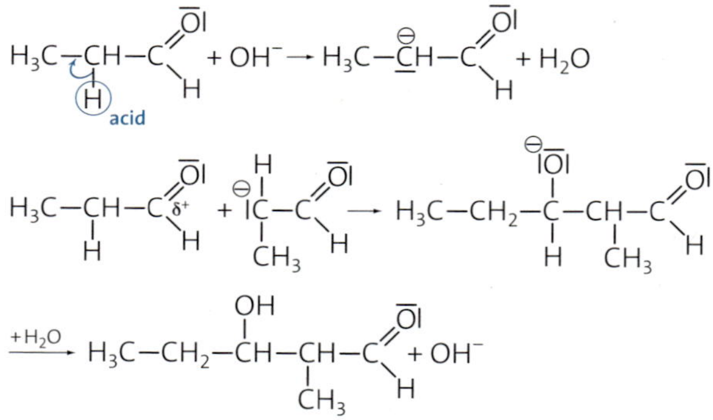

14. Die Verbindungen A und D sind Ketone, da FEHLING-Probe und SCHIFF'sche Probe negativ verlaufen. Die positive Iodoformprobe weist auf eine der Carbonyl-Gruppe benachbarte Methyl-Gruppe hin. Bei D liegt die Siedetemperatur höher. Es wirken stärkere zwischenmolekulare Kräfte. Das Molekül ist größer.
Deshalb ist *A Propanon* und *D Butanon.*

Verbindung A: Propanon (C_3H_6O)

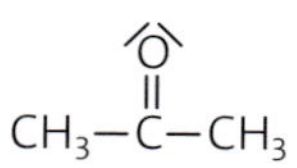

Verbindung D: Butanon (C_4H_8O)

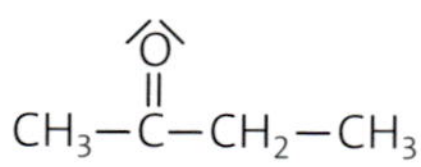

Wegen der positiven Proben nach FEHLING und SCHIFF sind B, C, und E Aldehyde.
E hat eine Methyl-Gruppe neben der Aldehyd-Gruppe (Iodoform-Probe positiv)
Verbindung C muss, aufgrund der höheren Siedetemperatur, die größeren Moleküle aufweisen.
Demzufolge ist *E Ethanal, B Propanal* und *C Butanal.*

Verbindung E: Ethanal (C_2H_4O)

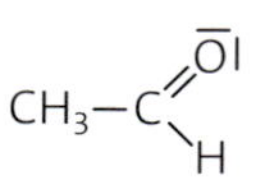

Verbindung B: Propanal (C_3H_6O)

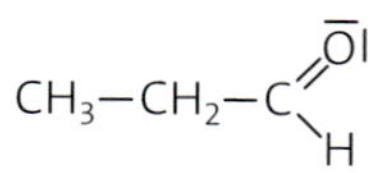

Verbindung C: Butanal (C_4H_8O)

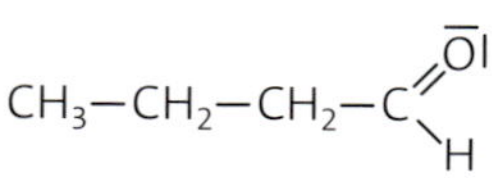

15. a) Fehling-Lösung I ist Kupfer(II)-sulfat benötigt werden die Cu^{2+}-Ionen als Oxidationsmittel.
Fehling-Lösung II ist ein Gemisch aus Natronlauge und Natrium-Kalium-Tartrat. Die Natronlauge liefert die OH^--Ionen. Das Tartrat maskiert die Kupfer(II)-Ionen, um die Ausfällung von Kupfer(II)-hydroxid zu verhindern.

b) $R{-}CHO + 2\,Cu^{2+} + 4\,OH^- \rightleftharpoons R{-}COOH + Cu_2O + 2\,H_2O$

c) Mit der Fehling-Probe kann man nur die Eigenschaft der reduzierenden Wirkung eines Stoffes nachweisen.
Aldehyde sind zwar Reduktionsmittel, aber viele andere Stoffe, die keine Aldehyde sind, wirken als Reduktionsmittel und reagieren demzufolge mit Fehling'scher Lösung.
Beispiel: Vitamin C (Ascorbinsäure)

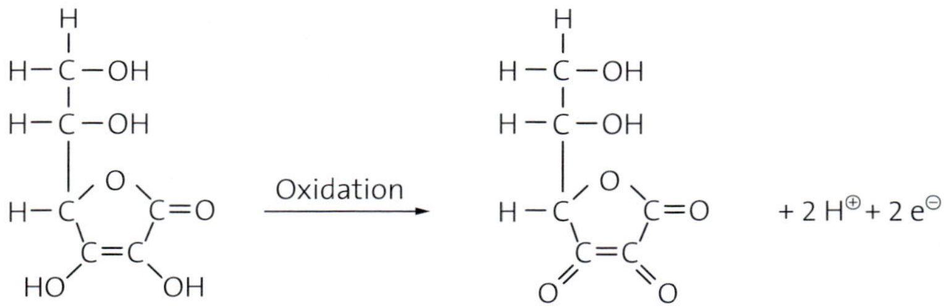

Kurzschreibweise:
$AscH_2 \rightarrow Asc_{ox} + 2\,H^+ + 2\,e^-$
Reaktion von Ascorbinsäure mit Fehling
$AscH_2 + 2\,Cu^{2+} + 4\,OH^- \rightarrow Asc_{ox} + Cu_2O + 3\,H_2O$
Hier ist das Strukturmerkmal Endiol bedeutsam.

e) Cannizzaro-Reaktion
Bei der Reaktion disproportionieren Aldehyde, die kein Wasserstoffatom in α-Stellung zur Aldehydgruppe besitzen z. B.: Benzaldehyd, Formaldehyd, in Gegenwart von starken Basen.
Als Oxidationsprodukt entsteht das entsprechende Salz einer Carbonsäure, als Reduktionsprodukt der Alkohol.

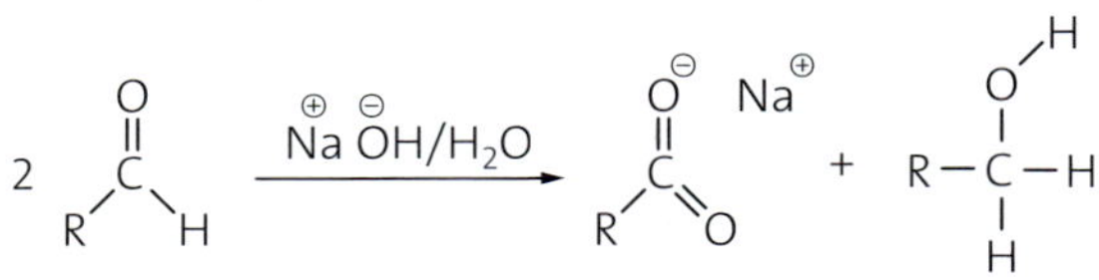

2.13 Aminosäuren/Proteine

Aminosäuren sind organische Verbindungen mit mindestens einer Carboxygruppe und einer Aminogruppe. Die wichtigsten Aminosäuren haben eine endständige Carboxygruppe und in direkter Nachbarschaft die Aminogruppe. Sie gehören zu den α-Aminosäuren und sind Bestandteil von Proteinen.

A

1. a) Zeichnen Sie die optischen Isomeren von Alanin und benennen Sie diese.
b) Warum ist Glycin nicht optisch aktiv?
c) Beschreiben Sie an einem selbst gewählten Beispiel eine Methode zur Trennung eines Racemats.

2. a) Erklären Sie unter Mitverwendung von Gleichungen an einer selbst gewählten Aminosäure den Zusammenhang zwischen Puffer und Molekülstruktur.
Erklären Sie den Begriff *isoelektrischer Punkt*.
b) Stellen Sie Reaktionsgleichungen für die Reaktion von Glycin mit Natronlauge und Salzsäure auf.

3. a) Welche verschiedenen Möglichkeiten gibt es, um aus Glycin und Alanin ein Tripeptid herzustellen?
Formulieren Sie für eine Möglichkeit die Reaktionsgleichung.
Kennzeichnen Sie wichtige Strukturmerkmale.
b) Erklären Sie die Begriffe C-terminal und N-terminal.

4. a) Erklären Sie Primär-, Sekundär- und Tertiärstruktur von Proteinen.
b) Erklären Sie den Begriff der *Denaturierung* von Proteinen.
Welche Faktoren können eine Denaturierung hervorrufen und welche Auswirkungen hat diese?

5. Beschreiben Sie zwei Möglichkeiten für den qualitativen Nachweis von Proteinen in der Milch.

L

1. a) D-Alanin L-Alanin

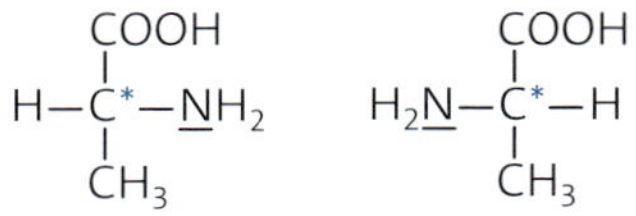

D- und L-Alanin sind Spiegelbildisomere (Enantiomere).

b) Glycin besitzt kein asymmetrisches C-Atom und ist demzufolge nicht optisch aktiv.

c) Ein Racemat ist ein Gemisch aus D- und L-Form einer optisch aktiven Substanz. D- und L-Form unterscheiden sich nur in der Drehrichtung der Ebene des linear polarisierten Lichtes. Das Gemisch ist optisch inaktiv.
Trennung eines Racemats: Man setzt z. B. ein Säureracemat mit einer linksdrehenden Base um. Die entstehenden Salze sind nicht mehr spiegelbildisomer sondern diastereomer und unterscheiden sich in ihren Eigenschaften. Sie können voneinander getrennt werden.

$$\left.\begin{matrix}(+)\text{-HA}\\(-)\text{-HA}\end{matrix}\right] + (-)\text{-B} \longrightarrow \begin{cases}[(-)\text{-BH}^{\oplus}(+)\text{-A}^{\ominus}]\\[(-)\text{-BH}^{\oplus}(-)\text{-A}^{\ominus}]\end{cases}$$

Säure-Racemat **diastereomere Salze**

2. a) In wässriger Lösung liegen Aminosäuren überwiegend als Zwitterion vor:

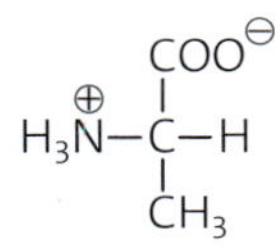

Eine Aminosäure-Lösung kann deshalb über die Carboxygruppe Protonen und über die Ammonium-Gruppe Hydroxid-Ionen abfangen. Der pH-Wert ändert sich deshalb bei Säure oder Basezugabe unwesentlich (Pufferwirkung).
Der isoelektrische Punkt einer Aminosäure-Lösung ist der pH-Wert mit der höchsten Konzentration an Zwitterionen neben wenig, aber gleich vielen Anionen und Kationen.

b) Aminosäuren sind Ampholyte. Sie reagieren mit Säuren und Basen.
$NH_3^+{-}CH_2{-}COO^- + HCl \rightarrow NH_3^+{-}CH_2{-}COOH + Cl^-$
$NH_3^+{-}CH_2{-}COO^- + NaOH \rightarrow NH_2{-}CH_2{-}COO^- + Na^+ + H_2O$

3. a) Die Vielfalt der Möglichkeiten ergibt sich aus der Tatsache, dass eine Aminosäure sowohl mit der Carboxygruppe als auch mit der Amino-Gruppe reagieren kann.
mögliche Kombinationen:
AAA, AAG, GAA; AGA, GGG; GGA; GAG, AGG

GAG-Kombination:

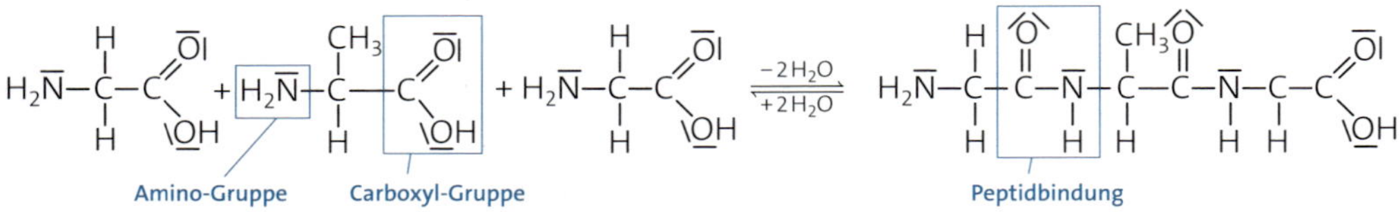

b) C-terminal bezeichnet man jenes Ende eines Proteins, welches eine freie Carboxygruppe besitzt.
N-terminal sind solche Enden, die eine freie Aminogruppe besitzen.

4. a) Als **Primärstruktur** eines Proteins wird die Reihenfolge (Sequenz) der einzelnen Aminosäuren einer Polypeptidkette bezeichnet. Die Primärstruktur beschreibt lediglich die Aminosäurensequenz, jedoch nicht den räumlichen Aufbau des Proteins.
Als **Sekundärstruktur** wird die räumliche Anordnung der Aminosäuren bezeichnet. Man unterscheidet dabei zwischen folgenden häufigen Strukturtypen: α-Helix, β-Faltblatt.
Hinweis: Auch andere Strukturen sind möglich.
Die **Tertiärstruktur** ist die der Sekundärstruktur übergeordnete räumliche Anordnung der Polypeptidkette. Sie wird von den Kräften und Bindungen zwischen den Seitenketten der Aminosäuren bestimmt. Als Bindungskräfte, die diese dreidimensionale Struktur stabilisieren, wirken beispielsweise:
- Disulfidbrücken (kovalente Bindungen zwischen den Schwefelatomen zweier Cysteinreste);
- Wasserstoffbrückenbindungen;
- ionische Wechselwirkungen;
- VAN-DER-WAALS-Kräfte.

Durch diese Kräfte und Bindungen faltet sich das Protein weiter.

b) Denaturierung ist die irreversible Zerstörung der Tertiär- und Quartärstruktur von Eiweißen. Denaturierung erfolgt z. B. durch Erhitzen, Zugabe von Säuren, Schwermetall-Ionen und Alkohol. Durch Denaturierung geht die biologische Funktionsfähigkeit des Eiweißes verloren.

5. **Xanthoprotein-Reaktion:** Zu einer Milchprobe wird konzentrierte Salpetersäure gegeben. Der Test ist positiv, wenn eine Gelbfärbung eintritt.
Erklärung: Die Gelbfärbung tritt auf, wenn aromatische Aminosäuren im Protein nitriert werden.
Biuret-Reaktion: Zur Milchprobe wird alkalische Kupfer(II)-sulfat-Lösung gegeben. Der Test ist positiv, wenn eine Blaufärbung auftritt.
Erklärung: Die Kupfer(II)-Ionen bilden mit der Peptidbindung blaue Komplexe.
Milch enthält Proteine, beide Tests verlaufen positiv.

2.14 Fette

Fette sind Ester aus Glycerol und drei, meist verschiedenen, überwiegend geradzahligen und unverzweigten aliphatischen Monocarbonsäuren. Je nachdem, ob ein Fett bei Raumtemperatur fest oder flüssig ist, spricht man von Fett oder fettem Öl. Als Naturstoffe werden Fette den Lipiden zugeordnet. In Pflanzen findet man Fette in Samen oder Keimen, im menschlichen und tierischen Organismus im Fettgewebe.

1. a) Beschreiben Sie unter Verwendung von selbst gewählten Formelbeispielen den Aufbau eines Fettes und eines Öls. (Es soll sich hier um kein Mineralöl handeln.) A
b) Stellen Sie die Reaktionsgleichung für die alkalische Hydrolyse eines in Teilaufgabe a) gebildeten Fettes auf.

2. Linolsäure ist eine essentielle Fettsäure. Erklären Sie den Zusammenhang der Existenz von essentiellen Fettsäuren und menschlicher Ernährung!

3. In der Presse spricht man oft von Omega-3-Fettsäuren.
a) Geben Sie ein Beispiel für eine Omega-3-Fettsäure an.
b) Schildern Sie kurz die diesen Säuren nachgesagte Wirkung.

4. Als Größe zur Charakterisierung eines Fettes gibt man die Iodzahl an.
a) Erklären Sie den Begriff.
b) Für ein als Reinstoff vorliegendes Fett mit der molaren Masse $M = 874\ \text{g} \cdot \text{mol}^{-1}$ wurde die Iodzahl 116 ermittelt. Berechnen Sie die Zahl der pro Fettmolekül vorhandenen C=C-Doppelbindungen.

5. Bei der Herstellung kalorienreduzierter Margarine wird ein Teil des Fettes durch Wasser ersetzt. Außerdem gibt man Tenside zu. Erklären Sie dies. Nutzen Sie zur Auswertung die folgende Grafik.

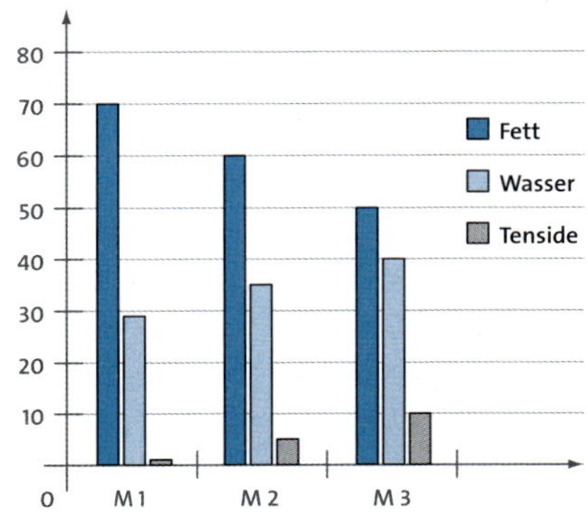

L

1. Fette sind Ester aus Glycerin (Glycerol) und langkettigen gesättigten und ungesättigten Carbonsäuren. Je größer der Anteil an Mehrfachbindungen ist, desto weniger leicht bilden die Moleküle eine geordnete Struktur, desto tiefer liegt der Schmelzbereich des Fettes. Bei Raumtemperatur flüssige Fette bezeichnet man als Öle.

a)

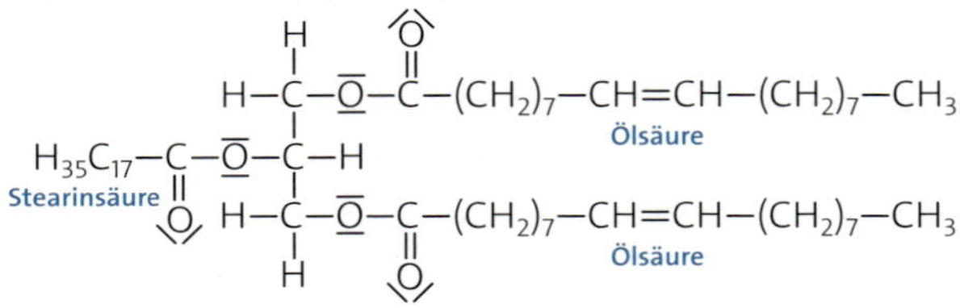

Öl, weil ungesättigte Fettsäuren enhalten

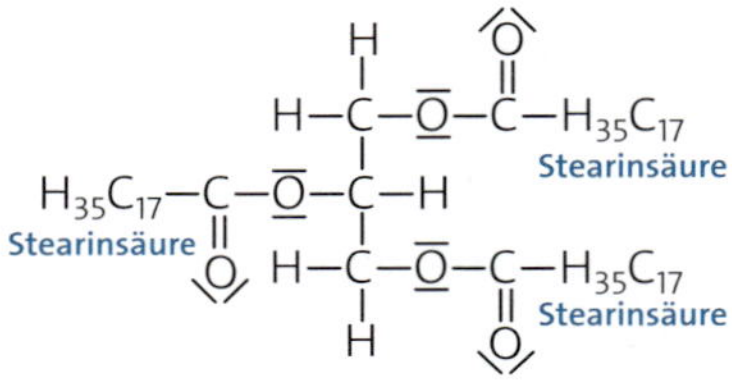

Fett, nur gesättigte Fettsäuren

Hinweis:
Mineralöle sind langkettige Alkane.
$CH_3{-}(CH_2)_{14}{-}CH_3$

b) alkalische Hydrolyse des Fettes (auch: Verseifung)

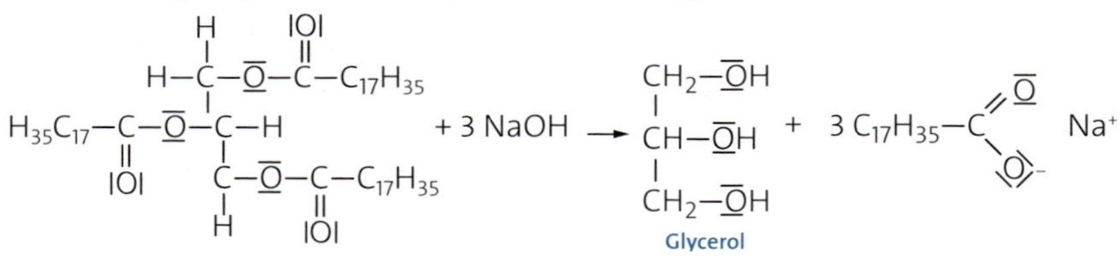

Salz der langkettigen Alkansäure (Natriumstearat), Seife

2. Essenzielle Fettsäuren kann der Mensch nicht selbst synthetisieren. Sie müssen mit der Nahrung aufgenommen werden. Pflanzenfette haben einen höheren Anteil an essenziellen Fettsäuren als tierische Fette. Der Mensch sollte die Ernährung den biologischen Bedürfnissen anpassen.

3. a) Die **Omega-3-Fettsäuren** sind eine Untergruppe innerhalb der **Omega-n-Fettsäuren**, die zu den **ungesättigten Fettsäuren** zählen. Sie sind **essentielle Stoffe**, sind also lebensnotwendig und können vom Körper nicht selbst hergestellt werden. Omega-3 bedeutet, dass die **letzte Doppelbindung** in der mehrfach ungesättigten Kohlenstoffkette der Fettsäure bei der – von dem Carboxy-Ende aus gesehen – drittletzten C—C-Bindung vorliegt. **Omega** (ω) ist der letzte Buchstabe des griechischen Alphabets und bezeichnet das von der Carboxygruppe entfernteste Ende der Fettsäurekette.

Beispiel: Strukturformel der α-Linolensäure, links Carboxygruppe (COOH), rechts das (ω)-C-Atom

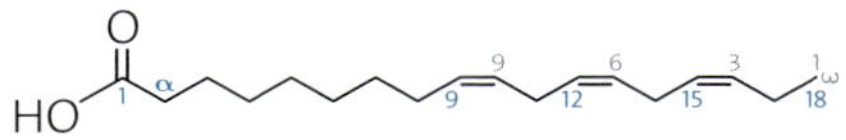

b) Den ω-3- Fettsäuren wird häufig eine besondere Bedeutung bei der Ernährung nachgesagt.
Im Rahmen der *Health-Claims*-Verordnung hat die europäische Behörde für Lebensmittelsicherheit EFSA eine Bewertung der behaupteten Gesundheitseffekte durchgeführt. Im Oktober 2010 wurde eine wissenschaftliche Einschätzung veröffentlicht, in der die Wissenschaftler zu dem Schluss kommen, dass eine Ursache-Wirkungs-Beziehung zwischen der Aufnahme von Omega-3-Fettsäuren, und der Aufrechterhaltung einer normalen Herzfunktion besteht. Um diese Wirkung zu erreichen, sei die tägliche Einnahme von 250 mg nötig.
Ebenso wurden aber auch zahlreiche behauptete Wirkungen zurückgewiesen:
- keine positive Wirkung auf die Cholesterinspiegel im menschlichen Blut
- keine positive Wirkung auf das Immunsystem bzw. gegen bestimmte Eikosanoide und andere entzündungsförderliche Zellgifte im Blut sowie generell keine immunmodulierende Wirkung
- keine positive Regulierung des Blutzuckers
- kein Schutz der Haut vor UV-Schäden

4. a) Die Iodzahl gibt an, wie viel Gramm Iod von 100 g Fett addiert werden können. Sie ist ein Maß des Anteils von Doppelbindungen im Fett.

b) Iodzahl 116: 116 g Iod/100 g Fett
116 g Iod ≙ 0,457 mol
100 g Fett ≙ 0,114 mol
Daraus folgt: 1 mol Fett kann 4 mol Iod anlagern.
Jedes Fettmolekül enthält also 4 Doppelbindungen.

5. Der Zusatz von Wasser vermindert den Energieinhalt (Kalorienreduzierung). Da Fett und Wasser nicht miteinander mischbar sind, müssen Emulgatoren zugesetzt werden. Tenside wirken als Emulgatoren.
In der Grafik ist zu sehen, dass man umso mehr Emulgatoren zusetzen muss, je geringer der Fettanteil wird.

2.15 Kohlenhydrate

Kohlenhydrate oder Saccharide, zu denen vor allem die Zucker und die Stärken gehören, sind eine biologisch und chemisch bedeutsame Stoffklasse. Als Produkt der Photosynthese machen Kohlenhydrate den größten Teil der Biomasse aus. Mono-, Di- und Polysaccharide stellen zusammen mit den Fetten und Proteinen den quantitativ größten Anteil an der Nahrung des Menschen.

A

1. Bestimmen Sie die Anzahl der asymmetrischen C-Atome eines Glucose-Moleküls. Wie viele Spiegelbild-Isomere sind zu erwarten? Welche Formel steht für den Namen D-Glucose?

2. Zeichnen Sie die Ringstrukturformeln einer Aldohexose und einer Ketohexose sowie die eines Disaccharids aus diesen beiden Monosacchariden.

3. Vergleichen Sie das Reaktionsverhalten der von Ihnen in Aufgabe 2 gewählten Stoffe bei der FEHLING-Probe. Begründen Sie!

4. Definieren Sie den Begriff Mutarotation. Inwieweit beobachtet man Mutarotation bei den von Ihnen unter Aufgabe 2 gewählten Stoffen?

5. Geben Sie Erläuterungen zu folgenden Aussagen:
   - Stärkekörner in Pflanzenzellen haben meist eine Amylopektinhülle.
   - Als Gerüstsubstanz in Pflanzen eignet sich Cellulose wesentlich besser als Stärke.
   - Stärke gewinnt zunehmend Bedeutung als nachwachsender Rohstoff.
   - Tropft man auf die Schnittfläche einer Kartoffel LUGOL'sche Lösung auf, so tritt eine Dunkelfärbung auf.
   - Erfrorene Kartoffeln schmecken süß. Sie können durch Wässern wieder brauchbar gemacht werden.

L

1. Die Kettenform der Glucose hat vier asymmetrische C-Atome. Entscheidend ist das asymmetrische C-Atom, welches von der Carbonyl-Gruppe am weitesten entfernt steht. Ist dieses D-konfiguriert, gehört der Zucker zur D-Reihe.

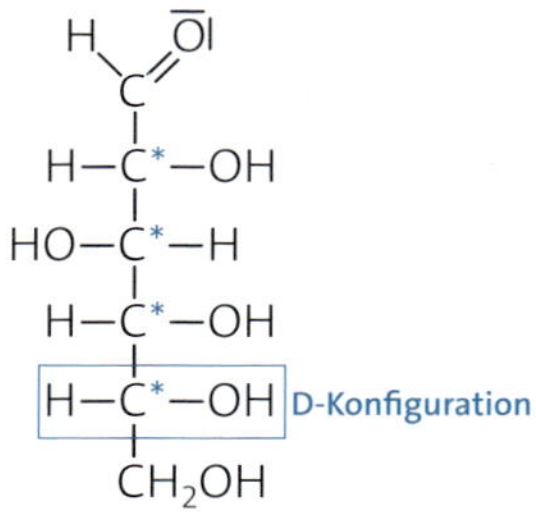

Es sind deshalb 2^n, also 16 Stereo-Isomere zu erwarten:

D-Reihe

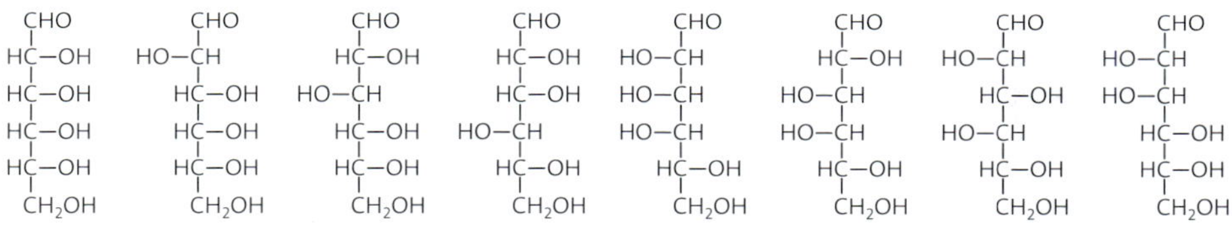

L-Reihe

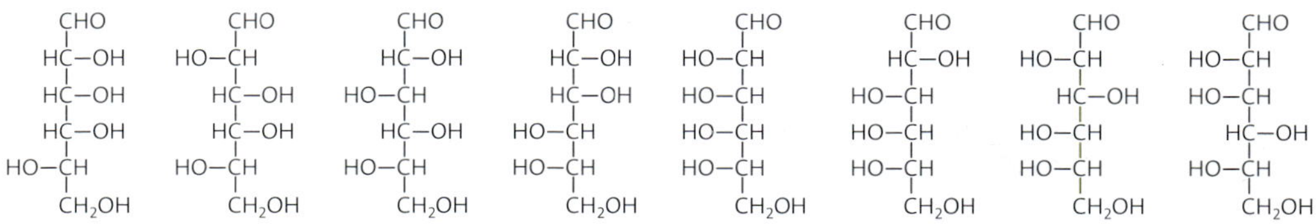

Hinweis: Betrachtet man die Ringform von Hexosen, so kommt durch den Ringschluss ein asymmetrisches C-Atom hinzu, wodurch sich die Zahl der möglichen Verbindungen erhöht.

2. Aldohexose (Glucose)

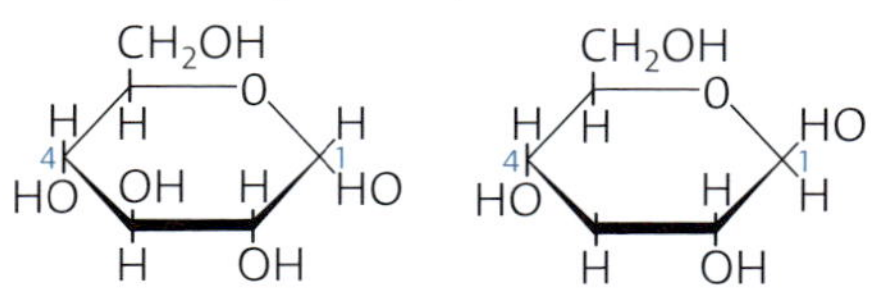

α-D-Glucose β-D-Glucose

Ketohexose (Fructose) (auch 6-Ring möglich)

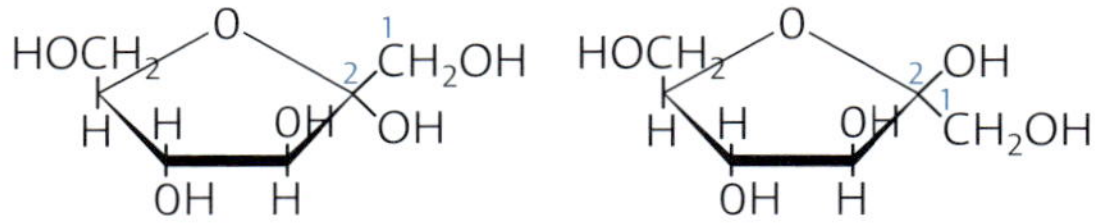

α-Fructose β-Fructose

Der Ringschluss ist eine intramolekulare Halbacetalbildung. Das C-Atom der Carbonyl-Gruppe wird asymmetrisch. Ist das C-Atom D-konfiguriert, spricht man von α-Glucose, bei L-Konfiguration liegt β-Glucose vor. Gleiches gilt für die Fructose. Hier kann es zur Fünfringbildung (Furanose) oder zur Sechsringbildung (Pyranose) kommen.

Saccharose

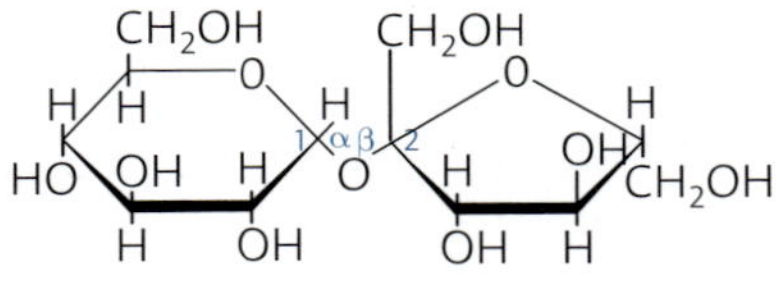

Bei der Kondensation von zwei Monosacchariden erfolgt eine Vollacetalbildung.

3. Die durch Ringschluss gebildete halbacetalische (glykosidische) OH-Gruppe ist besonders reaktiv. In wässriger Lösung stehen α- und β-Form über die Aldehyd- bzw. Ketoform im Gleichgewicht. Die Aldehydform kann zur Carbonsäure oxidiert werden. Die FEHLING-Probe verläuft positiv.
Bei der Ketose erwartet man eigentlich wie bei anderen Ketonen kein Reduktionsvermögen. Da die der Keto-Gruppe benachbarte OH-Gruppe besonders reaktiv ist, kann es zu Umlagerungen kommen, die eine Aldehyd-Gruppe bilden. Deshalb verläuft die FEHLING-Probe bei Fructose ebenfalls positiv.
Das Saccharose-Molekül weist keine halbacetalische OH-Gruppe auf; eine Ringöffnung kann deshalb nicht ablaufen.
Es kann keine Ringöffnung mehr stattfinden. Die FEHLING-Probe verläuft negativ. (Sollten Sie andere Beispiele gewählt haben, übertragen Sie bitte die Lösungsvorschläge auf Ihr Beispiel.)

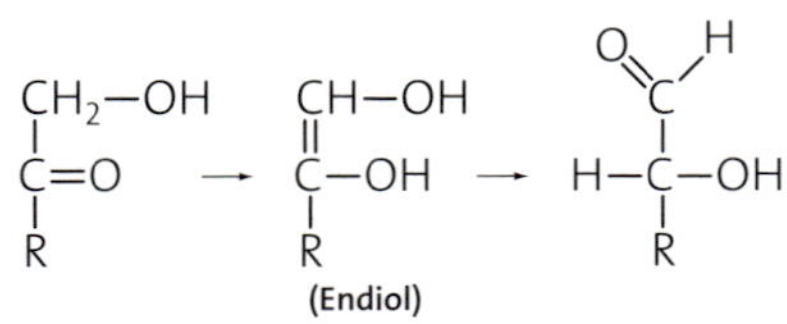

4. Bei wässrigen Zucker-Lösungen ändert sich der Drehwinkel des linear polarisierten Lichtes allmählich, bis schließlich ein konstanter spezifischer Wert erreicht wird. Diese Tatsache bezeichnet man als Mutarotation. In wässriger Lösung liegt ein dynamisches Gleichgewicht zwischen den beiden Anomeren vor. Die Umwandlung verläuft über die offenkettige Form. Der resultierende Drehwinkel ergibt sich aus der prozentualen Verteilung der Anomeren im Gleichgwicht. Bei Glucose und Fructose tritt Mutarotation auf. Bei Saccharose tritt keine Mutarotation auf, da das Molekül keine halbacetalische OH-Gruppe enthält. Die Ringöffnung kann nicht ablaufen.

5. – Stärke besteht aus Amylose (1,4-verknüpfte Glucose-Moleküle) und Amylopektin (1,4- und 1,6-verknüpfte Glucose-Moleküle). Durch die zusätzliche Verknüpfung im Amylopektin wird die Struktur vernetzt. Die Wasserlöslichkeit sinkt wesentlich. Deshalb ist Amylopektin als Hülle von Stärkekörnern geeignet.

– Cellulose besteht aus 1,4-verknüpften Glucose-Molekülen. Sie ist linear aufgebaut und durch Wasserstoffbrücken stabilisiert (Mikrofibrillen in Zellwänden). Diese Struktur ist stabiler als die der Stärke und ist somit das bessere Gerüstmaterial.

– Stärke (auch Cellulose) wird von Pflanzen relativ schnell gebildet. Sie wächst schnell nach. Da sich der Vorrat an fossilen Rohstoffen (z. B. Erdöl) langsam erschöpft, wendet man sich der großtechnischen Verwertung von Stärke und Cellulose immer mehr zu.

– Die Stärke der Kartoffel reagiert mit dem Iod aus der LUGOL'schen Lösung zu blauschwarzer Iodstärke.
Iod + Stärke $\rightleftharpoons$ Iodstärke

– Durch Frost wird die Stärke zu Zucker gespalten. Durch Wässern wird der Zucker gelöst.
Hinweis: Das funktioniert nur, wenn der Erfrierungsprozess nur an der Oberfläche abgelaufen ist.

2.16 Seifen und Waschmittel

Seifen sind Natrium- oder Kalium-Salze von Fettsäuren. Sie werden als Tenside als Mittel zur Körper- aber auch zur Oberflächenreinigung verwendet. Als Mittel für Textilien werden sie kaum noch verwendet. Feinseife oder Toilettenseife bestehen heute häufig auch aus anderen Tensiden.

A

1. Stellen Sie die Gleichungen für die Reaktion von Octadecansäure mit Natronlauge und für die Reaktion von Tetradecanol mit Schwefelsäure auf. Vergleichen Sie beide Produkte hinsichtlich Struktur und Eigenschaften. Leiten Sie Verwendungsmöglichkeiten ab.

2. Sind folgende Aussagen richtig?
a) Seife zerstört den Säureschutzmantel der Haut.
b) Meerwasser stört die Waschwirkung der Seife.

3. Moderne Waschmittel enthalten als Zusatzstoffe u. a. Enthärter, Bleichmittel und Stellmittel.
a) Erklären Sie die Funktion dieser Zusatzstoffe.
b) Wie kann man die Anwesenheit der Zusatzstoffe mit einfachen Mitteln nachweisen?

4. Tenside sind vor allem als waschaktive Substanzen in Waschmitteln bekannt. Welche weiteren Verwendungsmöglichkeiten gibt es? Nennen Sie zwei Verwendungsmöglichkeiten. Welche Eigenschaft der Tenside wird jeweils genutzt?

5. Hausfrauentipps werden oft belächelt, haben aber häufig einen wissenschaftlichen Hintergrund.
Erklären Sie folgende Tipps:
a) Wollfasern dürfen nicht zu „scharf" gewaschen werden.
b) Wäsche muss nach dem Waschen gründlich gespült werden.
c) Handtücher trocknen schlecht, wenn man zu viel Weichspüler verwendet.
d) Hautcreme bewahrt man im Sommer am besten im Kühlschrank auf.

L

1. Octadecansäure: $CH_3{-}(CH_2)_{16}{-}COOH + NaOH \rightarrow CH_3{-}(CH_2)_{16}{-}COONa + H_2O$
Es handelt sich um eine Neutralisation. Das Produkt ist ein Salz aus einer langkettigen Carbonsäure und einer Lauge: eine Seife. Da es sich um ein Natriumsalz handelt, ist es eine Kernseife.
Tetradecanol:

$$CH_3{-}(CH_2)_{12}{-}CH_2O\boxed{H + HO}{-}SO_2{-}OH \rightarrow CH_3{-}(CH_2)_{12}{-}CH_2{-}O{-}SO_3H + H_2O$$

Es handelt sich um einen Ester aus einem langkettigen Alkohol und Schwefelsäure. Beide Verbindungen setzen sich aus einem hydrophilen und einem hydrophoben Anteil zusammen. Es sind anionische Tenside. Sie setzen die Oberflächenspannung des Wassers herab und eignen sich demzufolge als waschaktive Substanzen. Schwefelsäureester werden dabei in Form der durch Neutralisation mit Natronlauge erhaltenen Natriumsalze eingesetzt.

$$CH_3{-}(CH_2)_{12}CH_2{-}OSO_3H + NaOH \rightarrow CH_3{-}(CH_2)_{12}CH_2{-}O{-}SO_3^- \, Na^+ + H_2O$$

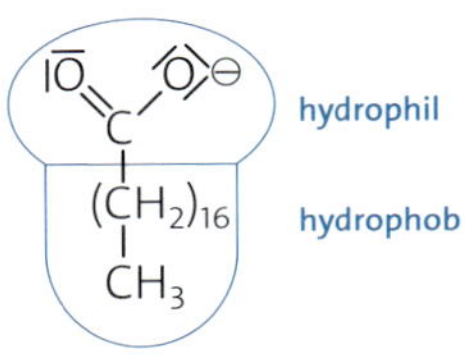

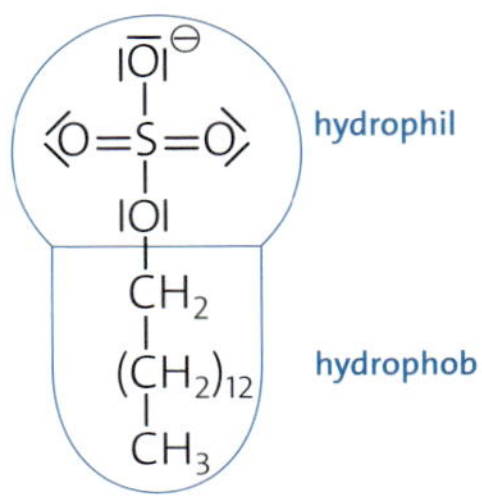

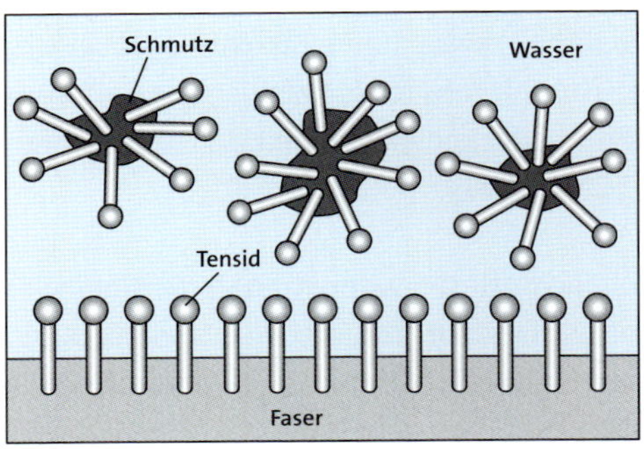

2. Die Aussagen sind richtig:

a) Seifen-Anionen können mit Wasser reagieren. Sie bilden eine alkalische (basische) wässrige Lösung. Die Hautoberfläche ist mit einem pH-Wert von ca. 5,5 schwach sauer. Die Seifen-Lösung kann mit der sauren Hautoberfläche eine Neutralisation eingehen und somit den pH-Wert der Hautoberfläche verändern. Bei nicht zu intensiver Behandlung mit Seife, wird der Säureschutzmantel der Haut schnell wieder regeneriert.

b) Bei Seifen-Lösungen tritt der Aussalz-Effekt auf. Wegen der höheren Ladungsdichte werden vor allem die im Meerwasser in hoher Konzentration enthaltenen kleineren Cl^--Ionen besser hydratisiert als Seifen-Anionen. Die Hydrathülle der Seifen-Anionen wird abgebaut. Dies begünstigt das Ausflocken der Seife; die Waschwirkung verringert sich entsprechend.
Da im Meerwasser auch Calcium-Ionen vorhanden sind, können ebenfalls Kalkseifen ausgefällt werden.

3. a) **Enthärter** entfernen die Calcium- und Magnesium-Ionen (Härtebildner) aus dem Wasser. Dazu verwendet man heute Zeolithe, früher verwendete man Polyphosphate.
Als **Bleichmittel** wird meist das sogenannte Percarbonat eingesetzt: $2\ Na_2CO_3 \cdot 3\ H_2O_2$. Beim Auflösen werden dementsprechend, die als Oxidationsmittel wirkenden, Wasserstoffperoxid-Moleküle freigesetzt:
$2\ Na_2CO_3 \cdot 3\ H_2O_2 \rightarrow 4\ Na^+ + 2\ CO_3^{2-} + 3\ H_2O_2$
Die Bleichwirkung von Wasserstoffperoxid wird durch den Zusatz von Bleichmittelaktivatoren verstärkt. Auf diese Weise erzielt man gute Effekte schon bei einer Waschtemperatur von 30 °C.
Hinweis: In Ländern wie den USA, in denen bei niedrigen Temperaturen gewaschen wird, ist man bei der sogenannten Chlorbleichlauge geblieben. Sie enthält Natriumhypochlorit (NaOCl) mit dem oxidierend wirkenden OCl^--Ion.
Stellmittel verbessern die Rieselfähigkeit und Lagerungsfähigkeit des Waschmittels. Meist verwendet man Natriumsulfat. Flüssigwaschmittel enthalten keine Stellmittel.

b) Zum Nachweis von **Enthärtern** (Zeolithen) kann man eine Lösung einsetzen, die durch Thiocyanato-Komplexe des Eisen(III)-Ions rot gefärbt ist. Die Rotfärbung lässt sich vereinfacht auf die folgende Gleichgewichtsreaktion zurückführen:
$[Fe(H_2O)_6]^{3+} + SCN^- \rightleftharpoons [Fe(H_2O)_5SCN)]^{2+} + H_2O$
farblos rot
Diese Reagenzlösung wird weitgehend entfärbt, wenn man sie zu einer verdünnten Waschmittel-Lösung gibt. Die Ursache dafür ist eine Verschiebung des beschriebenen Gleichgewichts nach links: Eisen(III)-Ionen werden sehr fest von den als Ionenaustauscher wirkenden Zeolithen gebunden. Diese Erniedrigung der Konzentration der Eisen(III)-Ionen in der Lösung begünstigt den Zerfall des Thiocyanato-Komplexes.
Bleichmittel werden qualitativ nachgewiesen, indem man zu einer verdünnten Waschmittel-Lösung saure Kaliumpermanganat-Lösung tropft, die mit dem Wasserstoffperoxid reagiert.
$2\ KMnO_4 + 3\ H_2SO_4 + 5\ H_2O_2 \rightarrow 2\ MnSO_4 + 5\ O_2 + K_2SO_4 + 8\ H_2O$

Die Permanganat-Lösung wird entfärbt. Je mehr Bleichmittel enthalten sind, umso mehr Lösung wird entfärbt (siehe auch: Redoxreaktionen).
Stellmittel weist man nach, indem man zu verdünnter (klarer) Waschmittel-Lösung Bariumchlorid-Lösung zugibt. Bariumsulfat wird ausgefällt (→ Anhang, Nachweisreaktionen).
$Ba^{2+} + SO_4^{2-} \rightarrow BaSO_4$

4. Auch bei der Verwendung von Tensiden außerhalb des Waschbereichs wird ausgenutzt, dass die Tenside grenzflächenaktiv sind.
Beispiele für weitere Anwendungen:
- als Emulgatoren z. B. in Salben und Margarine
- zur Bildung gleichmäßiger Schmierfilme in Getriebeölen
- in Schädlingsbekämpfungsmitteln, um die Verteilung und Haftung der Wirkstoffe zu verbessern
- zur Schaumstabilisierung in Schaumlöschmitteln

5. a) Wollfasern sind Proteine, also Polypeptide. Unter „scharfem" Waschen versteht man entweder stark alkalische Waschmittel oder Waschmittel mit einem hohen Anteil an Bleichmitteln. Dadurch werden die Wollfasern angegriffen und deshalb unansehnlich.

b) Durch das Spülen der Wäsche entfernt man den Schmutz, der sich in der Waschlauge in den Tensid-Micellen befindet. Außerdem werden Waschmittelreste ausgespült. Wird zu wenig gespült, befinden sich nach dem Trocknen noch Schmutz- und Waschmittelreste auf der Faser. Die Wäsche ist dadurch hart und hat einen Grauschleier.

c) Weichspüler sind Tenside, die durch ihre Ladung Wechselwirkungen mit der Faser eingehen und demzufolge auf die Faser aufziehen. Bei der Verwendung von zuviel Weichspüler werden die Faserporen zugesetzt und die Faser kann nur noch schlecht Wasser aufsaugen. Das Abtrocknen mit diesen Handtüchern wird erschwert, weil kaum Wasser aufgesaugt wird.

d) Hautcreme ist eine Wasser-in-Fett-Emulsion. Durch die Wärme entmischt sich die Creme, es bilden sich an der Oberfläche kleine Wassertröpfchen. Später können sich sogar verschiedene Phasen bilden. Daher ist es sinnvoll, Creme im Sommer im Kühlschrank aufzubewahren
Hinweis: Auch große Kälte führt zum Entemulgieren.

2.17 Farbstoffe

Farbstoffe haben die Eigenschaft, Materialien zu färben. Nicht alle farbigen Stoffe sind Farbstoffe. Farbstoffe werden vorwiegend zum Färben von Textilien, Papier und Leder verwendet, während bei der Einfärbung von Kunststoffen und Lacken die Benutzung von Pigmenten überwiegt. Darüber hinaus gibt es funktionelle Farbstoffe für spezielle Einsatzbereiche wie CDs, DVDs, Biomarker, LC-Displays. Eine Gruppe von Farbstoffen sind Lebensmittelfarbstoffe.

A

1. a) Mit den Substanzen Natronlauge, Sulfanilsäure, Natriumnitrit, N,N-Dimethylanilin und Salzsäure lässt sich Methylorange herstellen.
Stellen Sie die Gleichungen für diese Farbstoffsynthese auf.

b) Erläutern Sie am Beispiel von Methylorange den prinzipiellen Aufbau eines Farbstoffmoleküls.

c) Methylorange ist ein pH-Indikator. Erklären Sie den Farbwechsel im sauren Medium von Orange nach Rot.

Beziehen Sie in Ihre Ausführungen auch Gleichgewichtsbetrachtungen ein.

2. Folgende Strukturformel beschreibt den Farbstoff Kongorot. Erläutern Sie, warum Kongorot Licht im sichtbaren Bereich absorbiert.

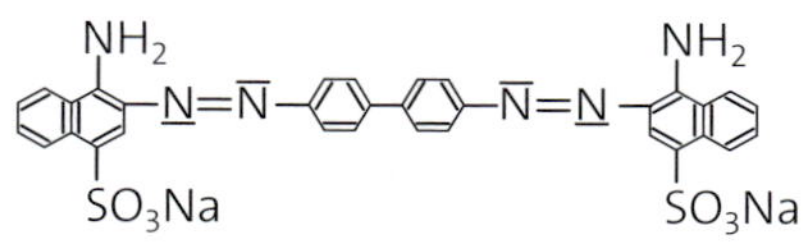

3. In eine wässrige Lösung von 4-Nitroanilin wird Chlorwasserstoffgas eingeleitet. Die vorher gelbe Lösung wird nahezu farblos. Erklären Sie die Beobachtung unter Verwendung von Strukturformeln.

4. Durch Kondensation von einem Molekül Benzaldehyd mit zwei Molekülen N,N-Dimethylanilin entsteht in Gegenwart von Zink(II)-chlorid Leukomalachitgrün. Dieses geht in saurer Lösung durch Oxidation mit Blei(IV)-oxid in Malachitgrün über. Stellen Sie die Reaktionsgleichungen auf und ordnen Sie Malachitgrün einer Farbstoffklasse zu. Erklären Sie auch, warum Malachitgrün in saurer Lösung gelb wird.

5. Blaue Veilchen färben sich unter Einwirkung von Chlorwasserstoffgas rot. Unter Einwirkung von Ammoniak werden sie gelblich bis grün. Erklären Sie.

L

1. a) Reaktionsgleichungen:

Diazotierung:

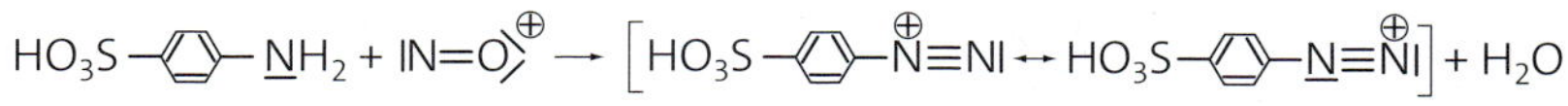

Kupplung:

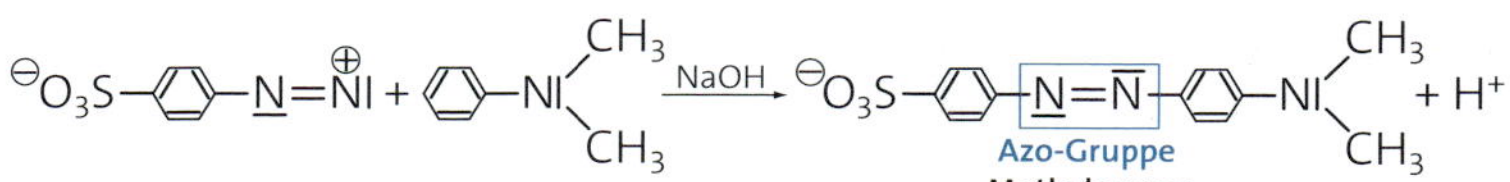

Methylorange

b) Farbstoffmoleküle bestehen aus einem Chromophor (Gruppen mit π-Elektronen, auch konjugierte π-Elektronensysteme), sowie auxochromen (Elektronendonatoren/ +M-Effekt) und antiauxochromen Elektronenakzeptoren/−M-Effekt) Gruppen, die die Farbe beeinflussen können. Endgruppen dominieren in der Farbgebung vor konjugierten π-Elektronen.

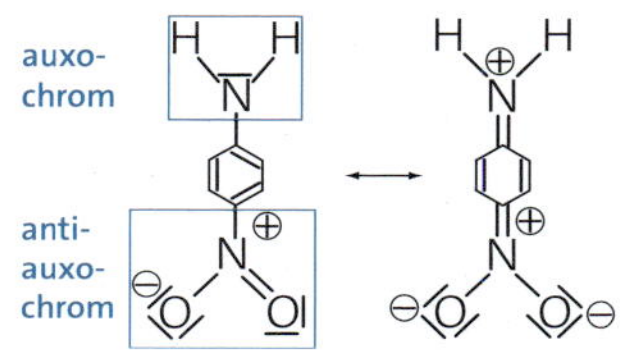

c) Indikatorfarbstoffe sind schwache, organische Säuren. Sie unterscheiden sich farblich von ihren korrespondierenden Basen. Durch Protonierung und Deprotonierung ändert sich die Elektronenverteilung im Molekül und es kommt zur Veränderung der Absorptionsmaxima.

Gleichgewichtsbetrachtungen:

Indikatoren sind meist schwache organische Säuren. In Wasser ergeben sich folgende Gleichgewichte:

$HInd$	+	H_2O	$\rightleftharpoons$	H_3O^+	+	Ind^-
Säure 1		Base2		Säure 2		Base 1
Farbe 1						Farbe 2

Säurezugabe: $H_3O^+ + Ind^- \rightleftharpoons HInd + H_2O$

$\Rightarrow$ Gleichgewicht wird zur Indikatorsäure verschoben

Basezugabe: $OH^- + HInd \rightleftharpoons Ind^- + H_2O$

$\Rightarrow$ Gleichgewicht wird zur Indikatorbase verschoben

Sind die Konzentrationen von Indikatorsäure (HInd) und Indikatorbase (Ind^-) gleich, erhält man eine Mischfarbe aus Farbe 1 und Farbe 2.

$$K_S = \frac{c(H_3O^+) \cdot c(Ind^-)}{c(HInd)}$$

Am Äquivalenzpunkt gilt:

$c(Ind^-) = c(HInd) \Rightarrow K_S = c(H_3O^+)$

$pH = pK_S$

Beispiel: Methylorange: Indikatorsäure rot, Indikatorbase gelb, Mischfarbe orange.

2. Kongorot hat ein durchgehendes π-Elektronensystem, welches als Chromophor wirkt und im sichtbaren Bereich anregbar ist. Die Amino-Gruppen haben +M-Effekt. Sie sind Elektronendonatoren und wirken farbvertiefend. Kongorot sieht deshalb rot aus.

3. Paranitroanilin sieht gelb aus, weil die auxochrome Amino-Gruppe mit der antiauxochromen Nitro-Gruppe wechselwirkt. Es kommt zu einer Verschiebung des Absorptionsmaximums in den langwelligen Bereich.
Durch Protonierung wird die Wechselwirkung der Nitro- und der Amino-Gruppe aufgehoben. Die Ammonium-Gruppe ist kein Elektronendonator. Es tritt eine Verschiebung zu kürzeren Wellenlängen auf.

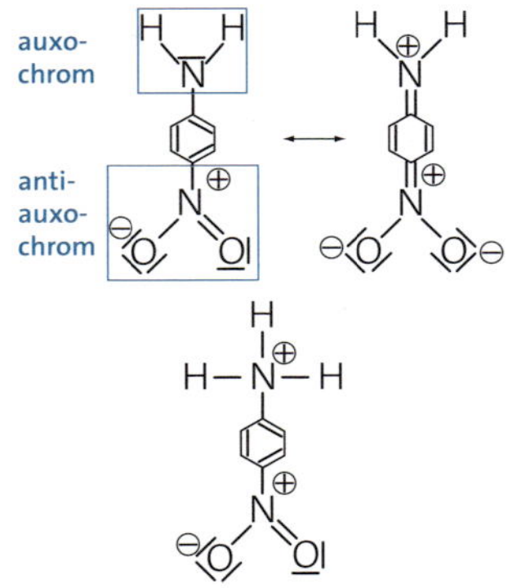

4. Bildung von Leukomalachitgrün.

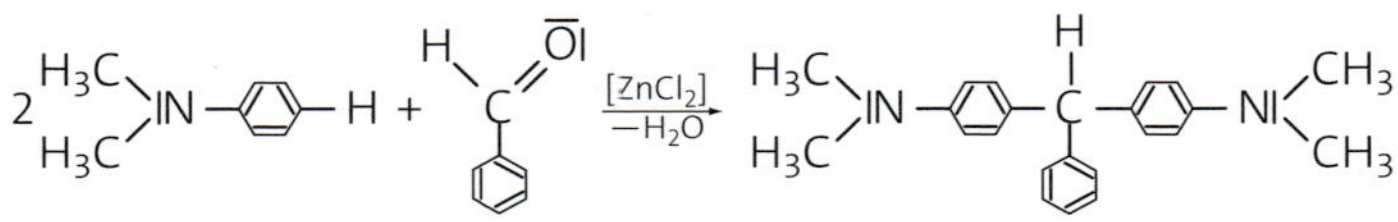

Bildung von Malachitgrün:

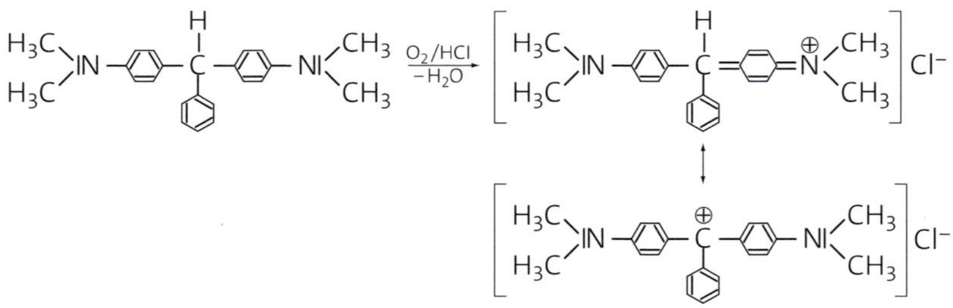

Protonierung:

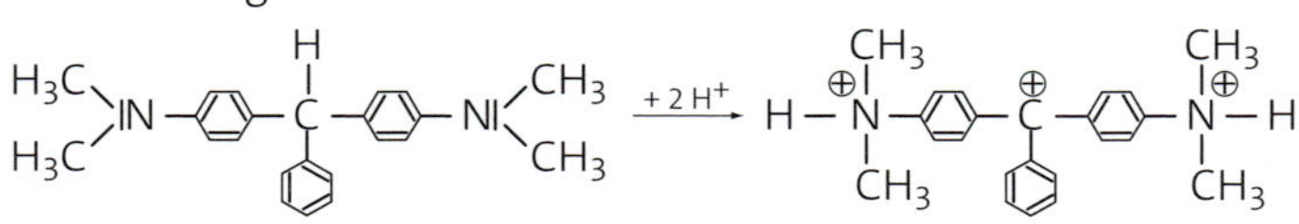

Malachitgrün ist ein Triphenylmethanfarbstoff.
Im Gegensatz zum Leukomalachitgrün, bei dem die π-Elektronen durch das sp^3-hybridisierte zentrale C-Atom getrennt sind, ermöglicht das beim Malachitgrün sp^2-hybridisierte zentrale C-Atom eine Wechselwirkung der auxochromen Dimethylamino-Gruppen und des antiauxochromen Immonium-Ions.

Es kommt zu einer Farbvertiefung (bathochromer Effekt). Die Protonierung schränkt die Konjugation des π-Elektronensystems ein. Es erfolgt eine Farbaufhellung (hypsochromer Effekt).

5. Veilchen enthalten als Farbstoffe Anthocyane, deren Absorptionsverhalten wie bei pH-Indikatoren vom pH-Wert abhängt. Chlorwasserstoffgas entspricht Säurezugabe, Ammoniak-Lösung entspricht Basezugabe.
Beispiel: Pelargonidinchlorid

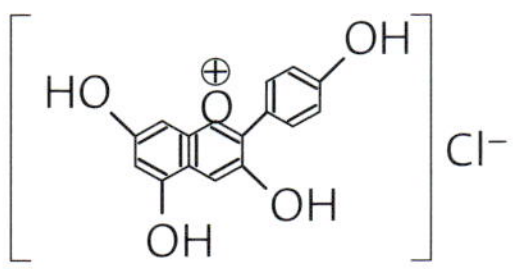

2.18 Kunststoffe

Kunststoffe sind organische Polymere (umgangssprachlich Plastik, Plast oder Plaste). Ihre Grundbestandteile werden synthetisch oder halbsynthetisch aus monomeren organischen Molekülen hergestellt. Unterschieden wird dabei zwischen drei großen Gruppen: Thermoplaste, Duroplaste und Elastomere.

A

1. a) Beschreiben Sie unter Verwendung von Strukturformeln die Herstellung der beiden Polymere Polyethylen und Polypropylen. Auf technische Einzelheiten kann verzichtet werden.
b) Beide Produkte besitzen keinen festen Schmelzpunkt, sondern erweichen allmählich. Polypropylen erweicht bei höheren Temperaturen als Polyethylen. Erklären Sie diese Erscheinungen.

2. a) Aus Glykol und 1,2-Benzendicarbonsäure lässt sich ein Kunststoff herstellen. Geben Sie eine Reaktionsgleichung an und benennen Sie die Polyreaktion.
b) Welche Eigenschaften lassen sich aus der Struktur des Kunststoffes ableiten? Begründen Sie.

3. Stellen Sie die Gleichung für die Herstellung eines Kunststoffes aus Pentandisäure und Pentan-1,5-diol auf. Zeichnen Sie den charakteristischen Strukturformelausschnitt des Makromoleküls. Formulieren Sie den Mechanismus der säurekatalysierten Reaktion, die zu diesem Makromolekül führt!

4. Geben Sie die Formel von Dimethylformamid an. Schätzen Sie die Eignung dieses Stoffes als Lösemittel für Kunststoffe wie Polyacrylnitril ein!

5. Naturkautschuk besteht aus Isopren (2-Methylbutadien).
Heute sind unter dem Namen Synthesekautschuk viele ähnliche Produkte bekannt. Geben Sie für zwei Arten von Synthesekautschuk die charakteristischen Struktureinheiten an. Gehen Sie auf Eigenschaften und daraus resultierende Verwendungen ein.

6. Getränkeflaschen aus Kunststoff bestehen häufig aus PET.
a) Recherchieren Sie, um welchen Kunststoff es sich hierbei handelt. Stellen Sie die Reaktionsgleichung auf und bestimmen Sie die Reaktionsart.
b) Wie kennzeichnet man bei Getränkeflaschen und anderen Verpackungsmaterialien, aus welchem Kunststoff sie bestehen?

1. a) Herstellung von Polyethen: **L**

Start: $R-\overline{O}-\overline{O}-R \xrightarrow{h\cdot\nu} 2\,R-\overline{O}\cdot$

Kette: $R-\overline{O}\cdot + CH_2{=}CH_2 \rightarrow R-\overline{O}-CH_2-\dot{C}H_2 \xrightarrow{+CH_2-CH_2} R-\overline{O}-CH_2-CH_2-CH_2-\dot{C}H_2$ usw.

Abbruch: $R-\overline{O}-(CH_2)_x-\dot{C}H_2 + \dot{C}H_2-(CH_2)_y-\overline{O}-R \rightarrow R-\overline{O}-(CH_2)_x-CH_2-CH_2-(CH_2)_y-\overline{O}-R$

Herstellung von Polypropen:

Start: $R-\overline{O}-\overline{O}-R \xrightarrow{h\cdot\nu} 2\,R-\overline{O}\cdot$

Kette: $R-\overline{O}\cdot + CH_2{=}CH(CH_3) \rightarrow R-\overline{O}-CH_2-\dot{C}H(CH_3) \xrightarrow{+CH_2=CH(CH_3)} R-\overline{O}-CH_2-CH(CH_3)-CH_2-\dot{C}H(CH_3)$ usw.

Abbruch: $R-\overline{O}-(CH_2-CH(CH_3))_x-CH_2-\dot{C}H(CH_3) + \dot{C}H(CH_3)-CH_2-(CH(CH_3)-CH_2)_y-\overline{O}-R \rightarrow$

$R-\overline{O}-(CH_2-CH(CH_3))_x-CH_2-CH(CH_3)-CH(CH_3)-CH_2-(CH(CH_3)-CH_2)_y-\overline{O}-R$

b) Bei der Polymerisation kommt es zur Bildung eines Reaktionsproduktes, welches Bestandteile unterschiedlicher Kettenlängen enthält. Deshalb kann es zu keinen festen Schmelzpunkten kommen. Durch das Auftreten von amorphen und kristallinen Bereichen im Kunststoff kommt es ebenfalls zu einer unterschiedlichen Verflüssigung. Die zusätzlichen Methyl-Gruppen beim Polypropylen behindern die Beweglichkeit der Ketten. Außerdem treten durch die größere Oberfläche stärkere zwischenmolekulare Kräfte auf. Beide Faktoren führen zur Erhöhung der Erweichungstemperatur.

2. a) Gleichung:

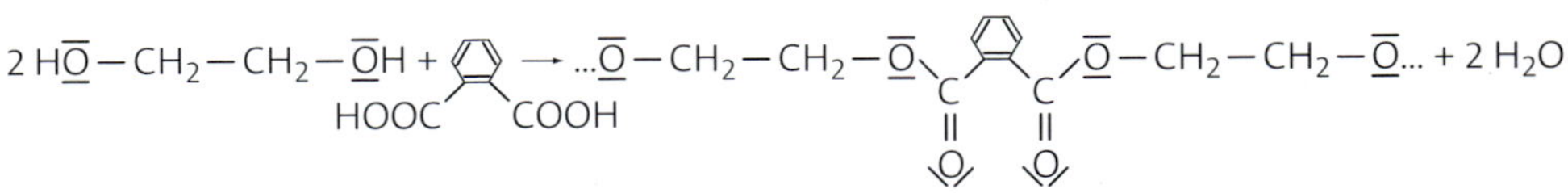

Es handelt sich um eine Veresterung. Der Kunststoff ist ein Polyester.

b) Bis auf die sperrigen herausragenden Phenylreste ist das Makromolekül linear gebaut. Er wird zumindest in der Kälte nur schwer beweglich sein. Beim Erwärmen können sich die Ketten besser bewegen, weshalb auf thermoplastische Eigenschaften zu schließen ist.

3. Es handelt sich um einen Polyester. Die Herstellung verläuft nach dem gleichen Mechanismus wie die Veresterung:

$HOOC-(CH_2)_3-COOH + HO-(CH_2)_5-OH \rightarrow ...\overline{O}-C(=O)-(CH_2)_3-C(=O)-\overline{O}-(CH_2)_5-\overline{O}... + H_2O$

Ester-Gruppe

4. Formel von Dimethylformamid (DMF)

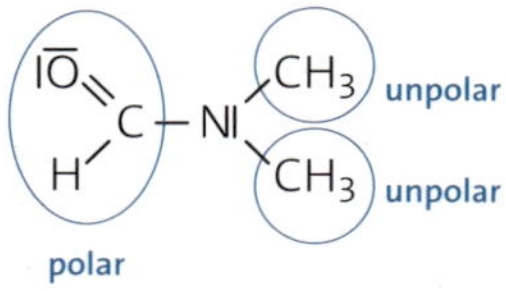

Formel von Polyacrylnitril (Grundbaustein)

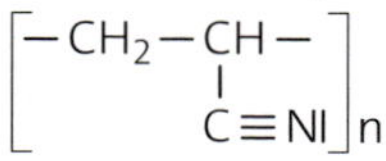

DMF besitzt polare und unpolare Gruppen. Es können mit Polyacrylnitril sowohl Wasserstoffbrücken als auch VAN-DER-WAALS-Kräfte ausgebildet werden. DMF eignet sich als Lösungsmittel.

5. Nitrilkautschuk: Copolymerisat aus Acrylnitril und Butadien

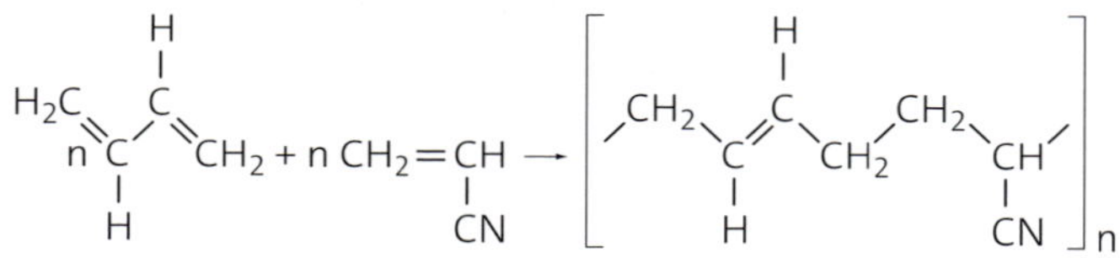

Beständigkeit gegenüber Benzin und Mineralölen, deshalb Verwendung in Treibstoffschläuchen. Polybutadien wurde unter dem Namen BUNA bekannt, weil die Polymerisation früher mithilfe von Natrium erfolgte.

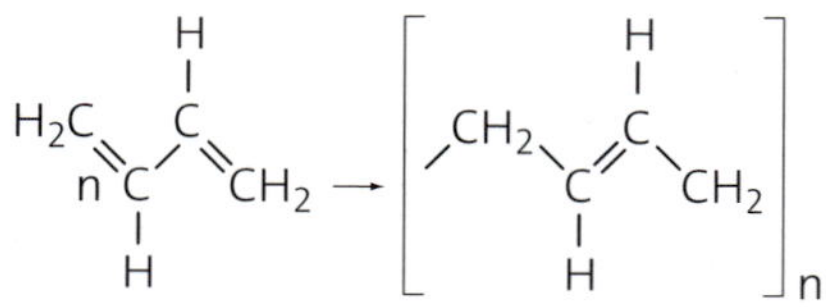

Dieses Produkt ist sehr hart und wird als Hartgummi und als Laufflächenmaterial für Autoreifen verwendet.

6. a) PET steht für Polyethylenterephthalat.

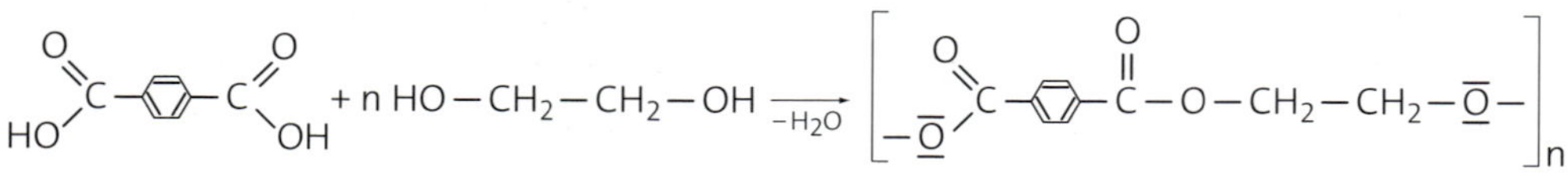

Es handelt sich um eine Substitution (Polykondensation). PET ist ein Polyester.

b) Kunststoffe werden mit folgenden Symbolen gekennzeichnet:

Polyethylen-terephthalat (PET)	**Polyethylen (HDPE)**	**Polyvinyl-chlorid (V)**	**Polyethylen (LDPE)**	**Polypropylen (PP)**	**Polystyrol (PS)**	**andere**

2.19 Biochemie

Die Biochemie, auch physiologische Chemie, oder „die Chemie des Lebens" genannt, ist die Lehre von den chemischen Vorgängen in Lebewesen. Sie bearbeitet den Grenz- bzw. Überschneidungsbereich zwischen Chemie, Biologie und Medizin. Beachten Sie bitte bei der Vorbereitung auf Ihr Abitur im Teilbereich Biochemie auch die Abschnitte Proteine, Fette und Kohlenhydrate.

1. Biochemische Prozesse in der Zelle werden von Enzymen gesteuert. A

a) Erläutern Sie die chemische Zusammensetzung, Wirkungsweise und Spezifität von Enzymen.

b) Vergleichen Sie die normale Enzymreaktion mit der kompetitiven und allosterischen Enzymhemmung.

c) Für gleiche Stoffmengen der Alkoholdehydrogenase in der Leber (1) bzw. in einer Hefe (2) wurden die folgenden Michaelis-Konstanten ermittelt:
(1) $K_M = 2{,}5 \cdot 10^{-4}\ \text{mol} \cdot \ell^{-1}$ (2) $K_M = 1{,}2 \cdot 10^{-2}\ \text{mol} \cdot \ell^{-1}$
Bewerten Sie die Ergebnisse.

2. Die Grafik zeigt Ergebnisse von Experimenten, die zur Untersuchung des Ablaufs der Fotosynthese mit Grünalgen durchgeführt wurden. Kurve 1: Bestrahlung mit hoher Lichtintensität; Kurve 2: Bestrahlung mit niederer Lichtintensität

a) Erläutern Sie die Grafik.

b) Erläutern Sie, welche Schlüsse dieses Experiment auf den Ablauf der Fotosynthese zulässt.

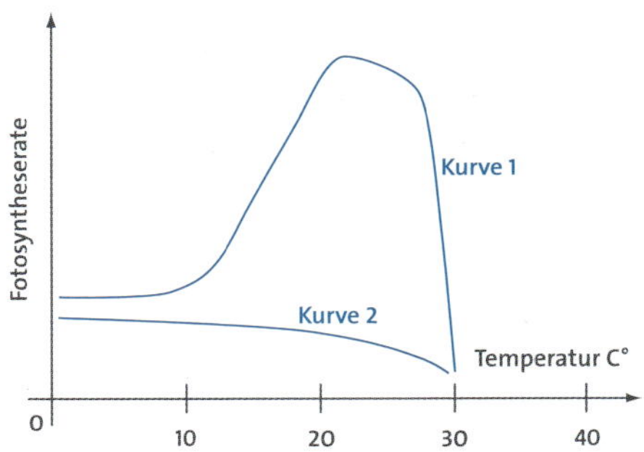

3. Ein Endprodukt der Glykolyse ist Pyruvat, welches unterschiedlich weiterverarbeitet werden kann. Formulieren Sie zwei Gleichungen für den weiteren Umsatz unter anaeroben Bedingungen unter Berücksichtigung der einzelnen Reaktionsschritte.

4. Bis in die 1930er-Jahre wurde angenommen, dass der bei der Fotosynthese freigesetzte Sauerstoff durch photolytische Spaltung von Kohlenstoffdioxid entsteht.

a) Stellen Sie die Reaktionsgleichung für die Fotosynthese auf (Gesamtreaktion).

b) Erklären Sie, wie man mit der Tracer-Methode den Weg des Sauerstoffs bei der Fotosynthese verfolgen kann.

5. Erläutern Sie die Bedeutung der Transaminierung bei biochemischen Prozessen.

L

1. a) Enzyme sind entweder Proteine oder Proteide. Man unterscheidet
- Substratspezifität: Das Enzym setzt nur ein bestimmtes Substrat um.
- Wirkspezifität: Das Enzym katalysiert am Substrat nur eine bestimmte Reaktion.

b) Enzymreaktion:
Enzym + Substrat $\longrightarrow$ Enzym-Substrat-Komplex $\longrightarrow$ Enzym + Produkte
Bei Enzymhemmung kommt keine Reaktion zustande.
- Kompetitive Hemmung: Ein Hemmstoff lagert sich an das aktive Zentrum und verhindert die Anlagerung des Substrats. Hemmstoff und Substrat haben ähnliche Struktur. Es findet eine Konkurrenz zwischen Hemmstoff und Substrat statt. Durch Erhöhung der Substratkonzentration kann die Hemmung aufgehoben werden.
- Allosterische Hemmung: Hemmstoffe werden an einer anderen Stelle des Enzyms gebunden. Die Struktur des Enzyms ändert sich und die Reaktion mit dem Substrat kann nicht stattfinden. Entfernt man den Hemmstoff durch eine andere Reaktion aus dem System, kann die Hemmung verhindert werden.

c) Die Michaelis-Konstante gibt die Substratkonzentration an, bei der die Hälfte der maximalen Enzymaktivität erreicht ist. Sie ist ein Maß für die Affinität zwischen Enzym und Substrat.
- Hohe Konstante: geringe Affinität; man benötigt viel Substrat, um die Hälfte der maximalen Reaktionsgeschwindigkeit zu erreichen
- Niedere Konstante: hohe Affinität; man benötigt wenig Substrat, um die Hälfte der maximalen Reaktionsgeschwindigkeit zu erreichen
  K_M (Hefe) $>$ K_M (Leber)
  Das Enzym der Hefe hat die geringere Affinität als das Enzym der Leber.

2. a) Starklichtkurve (1): Die Fotosynthese steigt bis 35 °C stark an und fällt anschließend stark ab. Schwachlichtkurve (2): Die Fotosynthese bleibt vorerst nahezu konstant und fällt ab 35 °C ebenfalls ab.

b) Die Fotosynthese hat eine Lichtreaktion (lichtabhängig, temperaturunabhängig) und eine Dunkelreaktion (temperaturabhängig, lichtunabhängig). Für die Dunkelreaktion sind Enzyme erforderlich, die jedoch bei Temperaturen über 35 °C denaturieren. Bei Starklicht ist die Dunkelreaktion der begrenzende Faktor. Die Lichtreaktion liefert genügend Produkte, die die Enzyme umsetzen können. Bei Schwachlicht werden wenig Produkte für die Dunkelreaktion geliefert, sodass die Enzyme nicht ausgelastet sind.

3. Alkoholische Gärung:

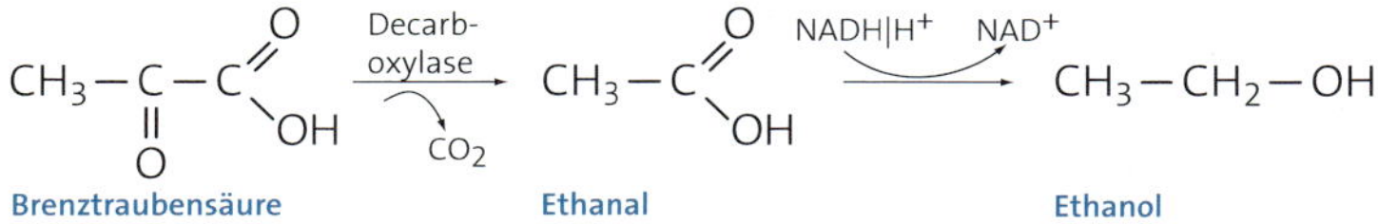

Milchsäuregärung:

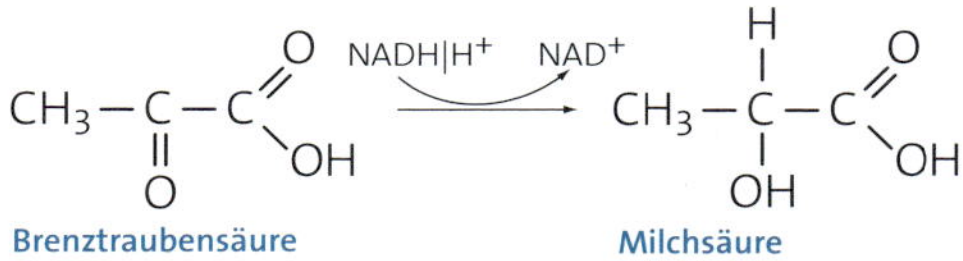

4. a) $6\ CO_2 + 12\ H_2O^* \rightarrow C_6H_{12}O_6 + 6\ O_2 + 6\ H_2O^*$

b) Zur Klärung des Problems wurde das Sauerstoff-Isotop $^{18}_{6}O$ eingesetzt. Nur wenn sich dieses Isotop im Wasser befand, konnte es im entstehenden Sauerstoff gefunden werden. So wurde eindeutig nachgewiesen, dass der bei der Fotosynthese entstehende Sauerstoff aus dem Wasser kommt (Tracer-Methode).

5. Bei der Transaminierung werden Aminosäuren in Ketosäuren umgewandelt. Aus Alanin entsteht z. B. Brenztraubensäure, die zum Glucoseaufbau benötigt wird. Der Körper kann also Eiweiße in Kohlenhydrate umwandeln. Brenztraubensäure kann aber auch zur Synthese von Fettsäuren und Glycerin verwendet werden, wodurch eine Umwandlung von Eiweiß in Fett ebenfalls auf diesem Wege möglich ist.
Beispiel:
Diese Reaktion wird durch die Transaminasen und das Coenzym Pyridoxalphosphat katalysiert. Pyridoxalphosphat ist die aktive Form von Pyridoxin (Vitamin B6).

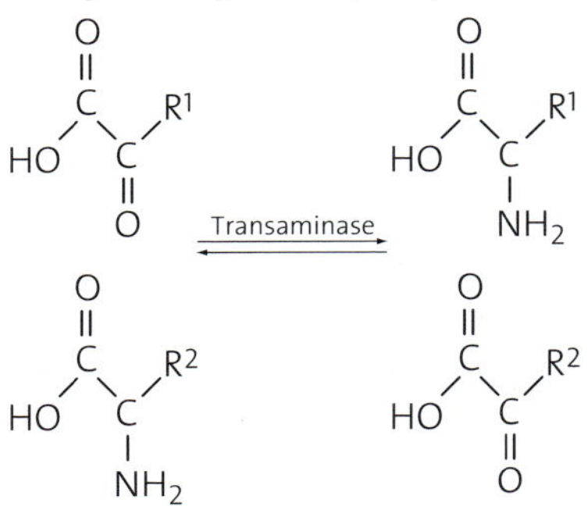

Ein Beispiel für diese Reaktion ist die Umwandlung von α-Ketoglutarat und Alanin zu Glutamat und Pyruvat und umgekehrt. Auf diese Weise kann der Organismus (nicht essenzielle) Aminosäuren selbst herstellen oder abbauen.

2.20 Kernchemie

Die Kernchemie ist wie die Radiochemie der Teil der Chemie, der radioaktive Stoffe und deren Reaktionen zum Gegenstand hat. Anwendungsgebiete sind die Grundlagenforschung, die industrielle Produktion, die medizinische Diagnostik und Therapie (siehe Nuklearmedizin) und die Umweltanalytik.

A

1. a) Beschreiben Sie die Arten der natürlichen radioaktiven Strahlung.
b) Erläutern Sie die Schritte der Zerfallsreihe von Ra-223 bis Pb-207.

2. Von den radioaktiven Sauerstoff-Isotopen hat $^{15}_{6}O$ die längste Halbwertszeit: $t_{1/2} = 2{,}03$ min
a) Berechnen Sie die Masse an Sauerstoff, die von 1 g nach 30 Minuten noch vorhanden ist.
b) Erläutern Sie, wie Sauerstoff-Isotope zur Aufklärung biologischer Prozesse verwendet wurden.

3. Die Radiocarbonmethode dient zur Altersbestimmung von abgestorbenem pflanzlichem und tierischem Material.
a) Erklären Sie das Prinzip dieser Methode.
b) Berechnen Sie das Alter eines fossilen Materials, welches nur noch 81,7 % des ursprünglichen C-14 Anteils enthält. Die Halbwertszeit beträgt $t_{1/2}(^{14}C) = 5763$ a.

4. Die Spaltung von U-235 wird im Kernreaktor zur Energiegewinnung verwendet.
a) Erklären Sie, wie in einem Spaltungsreaktor die Kernreaktion ermöglicht und aufrechterhalten wird.
b) Erklären Sie, warum es in Uranlagerstätten zu keiner Kernspaltung kommt.

5. Natürlich vorkommendes $^{238}_{92}U$ zerfällt in mehreren Schritten zu $^{206}_{82}Pb$. In den ersten beiden Schritten entstehen $^{234}_{91}Th$ (Halbwertszeit 24,1 Tage) und dann $^{234}_{91}Pa$, (Halbwertszeit 6,66 Stunden).
a) Geben Sie für diese Zerfallschritte die Gleichungen an.
b) Berechnen Sie die kinetische Energie, die bei diesen Prozessen frei wird.

M1

Element	$^{238}_{92}U$	$^{206}_{82}Pb$	$^{234}_{90}Th$	$^{234}_{91}Pa$
Atommasse in u	238,05079	235,04393	234,04360	234,04360

$m(^{4}_{2}He) = 4{,}00260$ u; $\Delta m = 1$ u $\triangleq 931{,}5$ MeV; 1 MeV $= 1{,}602 \cdot 10^{13}$ J

L

1. a) α-Strahlung: Zweifach positiv geladene Heliumkerne. Diese wirken wegen der großen Masse und Ladung bei relativ geringer Geschwindigkeit stark ionisierend.
β-Strahlung: Elektronenstrahlung. Diese haben wegen der geringen Masse bei hoher Geschwindigkeit eine mittlere ionisierende Wirkung.
γ-Strahlung: elektromagnetische Strahlung. Diese Strahlen haben geringe ionisierende Wirkung, aber demzufolge hohe Durchdringungsfähigkeit.

b) Bei einem α-Zerfall verringert sich die Massenzahl um vier Einheiten, die Protonenzahl nimmt um zwei Einheiten ab. Beim β-Zerfall bleibt die Massenzahl gleich, die Protonenzahl steigt um eine Einheit. Vom Ra-223 bis Pb-207 ergibt sich eine Differenz der Massenzahlen von 16 u. Das entspricht vier α-Zerfallsschritten. Die Protonenzahl müsste um acht Einheiten auf 80 abnehmen. Durch zwei β-Zerfallsschritte ergibt sich 82. Es finden vier α-Zerfallsschritte und zwei β-Zerfallsschritte statt.

2. a) $N_t = N_0 \cdot e^{-\lambda \cdot t}$; $\lambda = \frac{\ln 2}{t_{\frac{1}{2}}}$; $N_0 = 1\,g$; $\lambda = 5{,}69 \cdot 10^{-3}\,s^{-1}$
30 min $\triangleq$ 1800 s
$N_t \triangleq 1\,g \cdot e^{-5{,}69 \cdot 10^{-3} \cdot 1800}$
$N_t \triangleq 3{,}56 \cdot 10^{-5}\,g$
Nach 30 min sind noch $3{,}56 \cdot 10^{-5}\,g$ vorhanden.

b) Radioaktive Isotope wurden z. B. zur Aufklärung der Fotosynthese verwendet. Durch radioaktive Markierung der Ausgangsstoffe konnte nachgewiesen werden, dass der freigesetzte Sauerstoff ausschließlich aus dem Wasser stammt (Tracer-Methode). Die folgenden Gleichungen zeigen den Weg der markierten Teilchen:
$6\,C^{18}O_2 + 12\,H_2O = \longrightarrow C_6H_{12}{}^{18}O_6 + 6\,H_2{}^{18}O + 6\,O_2$
$6\,CO_2 + 12\,H_2{}^{18}O = \longrightarrow C_6H_{12}O_6 + 6\,H_2O + 6\,{}^{18}O_2$

3. a) Sowohl in der Atmosphäre wie auch in lebenden Organismen ist ein konstantes Verhältnis von ${}^{12}C : {}^{14}C$ vorhanden. Nach dem Tod des Lebewesens wird kein ${}^{14}C$ mehr bei Pflanzen über die Fotosynthese und bei Mensch und Tier über die Nahrung aufgenommen und sein Anteil verringert sich. Da ${}^{14}C$ ein β-Strahler ist, kann aus der Anzahl der β-Zerfälle pro Zeiteinheit das Alter bestimmt werden.

b) $t = \ln \frac{\frac{N_0}{N_t}}{\lambda}$
$\lambda = \frac{\ln 2}{t_{\frac{1}{2}}}$
$t = t_{\frac{1}{2}} \cdot \frac{\ln \frac{N_0}{N_t}}{\ln 2}$
$t = 5736\,a \cdot \frac{0{,}202}{0{,}693} = 1672\,a$
Das fossile Material hat ein Alter von 1672 Jahren.

4. a) Uran-235-Kerne werden im Reaktor durch langsame Neutronen gespalten. Dabei werden 2 bis 3 schnelle Neutronen frei. Damit diese Neutronen weitere Uran-Kerne spalten können, bedarf es einer Abbremsung. Das wird durch Moderatoren wie Wasser oder Graphit erreicht. Der Multiplikationsfaktor muss dabei 1 bleiben. Es darf also von den 2 bis 3 Neutronen nur ein Neutron in die weitere Spaltung eingehen.
Die überschüssigen Neutronen werden von Steuerstäben absorbiert. Je weiter diese Stäbe in den Reaktor eingeschoben werden, umso mehr Neutronen werden absorbiert.

b) In natürlichen Uranlagerstätten sind nur 0,7 % des spaltbaren Uran-235 enthalten. Wenn das vorwiegend auftretende Uran-238 zufällig vorhandene Neutronen absorbiert, wird es nicht gespalten. In natürlichen Lagerstätten fehlen außerdem die für die Spaltung notwendigen thermischen Neutronen und die nötigen Moderatoren.

5. a) 1. Schritt $^{238}_{92}\text{U} \rightarrow {}^{234}_{90}\text{Th} + {}^{4}_{2}\text{He}$ α-Zerfall

2. Schritt $^{234}_{90}\text{Th} \rightarrow {}^{234}_{91}\text{Pa} + {}^{-1}_{0}\text{e}$ β-Zerfall

b) $Q = \Delta m \cdot c^2$; $\Delta m = 1\text{ u} \mathrel{\hat{=}} 9{,}31{,}5\text{ MeV}$

1. Schritt

$Q = \left[m\left({}^{238}_{92}\text{U}\right) - m\left({}^{234}_{90}\text{Th}\right) - m\left({}^{4}_{2}\text{He}\right)\right] 931{,}5\text{ MeV}$

$Q = (4{,}59 \cdot 10^{-3}\text{ u})\ 931{,}5\ \frac{\text{MeV}}{\text{u}}$

$Q = 4{,}28\text{ MeV}$

2. Schritt

$Q = \left[m\left({}^{234}_{90}\text{Th}\right) - m\left({}^{234}_{92}\text{Pa}\right)\right] 931{,}5\text{ MeV}$

$Q = (2{,}8 \cdot 10^{-4}\text{ u}) \cdot 931{,}5\ \frac{\text{MeV}}{\text{u}}$

$Q = 0{,}26\text{ MeV}$

Die kinetische Energie beträgt im 1. Schritt 4,28 MeV und im 2. Schritt 0,26 MeV.

Klausuren

3

Hier finden sie eine Auswahl an möglichen Klausuraufgaben. Diese ähneln teilweise den Aufgaben im Stoffgebiet und dienen zur Festigung. Klausuren sind für 90 Minuten angedacht. Sie können hier auch die Zeit testen, die Sie zum Lösen einer Klausur benötigen.

3.1 Klausur: Säure-Base-Gleichgewichte

A

1. Der dänische Physikochemiker J. N. Brönsted formulierte erstmals 1923 in einem Fachartikel: „Säuren und Basen sind Stoffe, die zu einer Abspaltung bzw. Anlagerung von Wasserstoff-Ionen fähig sind.“ Und an anderer Stelle: „Bei Mischung von zwei einfachen Systemen entsteht ein doppeltes Säure-Base-System und Säure-Base-Gleichgewicht ...“ Erläutern Sie diese Zitate an einem Beispiel.

2. Erklären Sie die Begriffe *Stoffmengenkonzentration*, *Masseanteil* und *Säurestärke*. Berechnen Sie die Stoffmengenkonzentration von Essigsäure, Acetat-Ionen und Hydronium-Ionen in einer Essigsäure $c(CH_3COOH) = 0{,}01 \text{ mol} \cdot \ell^{-1}$
   Säurekonstante von Essigsäure: $K_S = 1{,}8 \cdot 10 - 5 \text{ mol} \cdot \ell^{-1}$

3. Entscheiden Sie, ob folgende wässrige Lösungen sauer, basisch oder neutral reagieren, und begründen Sie Ihre Aussagen. (Keine Berechnungen nötig!)
   Kaliumchlorid, Natriumcarbonat, Natriumhydrogencarcbonat, Aluminiumsulfat.
   $K_B(HCO_3^-) = 2{,}51 \cdot 10^{-4} \text{ mol} \cdot \ell^{-1}$; $K_S\,(HCO_3^-) = 3{,}98 \cdot 10^{-11} \text{ mol} \cdot \ell^{-1}$

4. Die Existenz von Anionen in wässriger Lösung ist häufig vom pH-Wert der Lösung abhängig. Dieser Zusammenhang ist für das Verständnis von chemischen Erscheinungen oft bedeutsam. In der Abbildung sind die Existenzbereiche für Kohlensäure und ihre Anionen dargestellt:

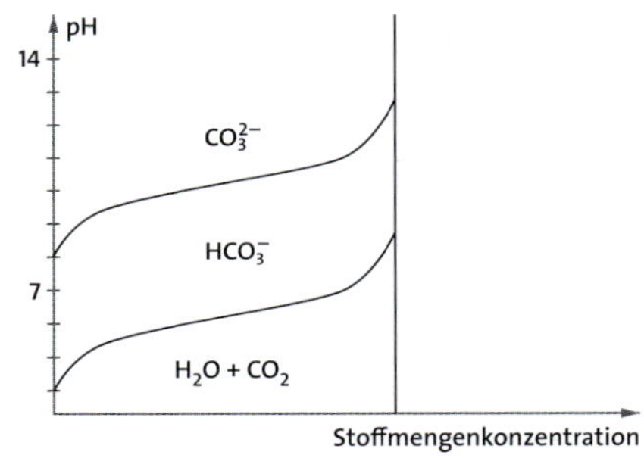

   Diskutieren Sie unter Verwendung der Grafik folgende Aussagen:
   a) Im Leitungswasser fällt kein Calciumcarbonat aus.
   b) Bei pH-Werten zwischen 13 und 14 kann Kohlendioxid durch Einleiten in Kalkwasser nachgewiesen werden.
   c) Der Niederschlag löst sich nach weiterem Einleiten von Kohlendioxid wieder auf. Arbeiten Sie bei der Lösung mit geeigneten Reaktionsgleichungen.

5. Schwermetall-Ionen können aus Abwässern durch Fällung entfernt werden. Blei-Ionen können durch Fällung als Chlorid oder Carbonat entfernt werden. Welches Verfahren würden Sie wählen, wenn nach der Fällung noch $1\ mg \cdot \ell^{-1}$ Blei(II)-Ionen im Wasser verbleiben dürfen. Würden Sie das Fällungsmittel im Überschuss einsetzen?

Es ist: $K_L(PbCl_2) = 1{,}58 \cdot 10^{-5}\ mol^3 \cdot \ell^{-3}$

$K_L(PbCO_3) = 3{,}16 \cdot 10^{-14}\ mol^2 \cdot \ell^{-2}$

6. Gegeben sind unbeschriftete Lösungen der Substanzen Kaliumnitrat, Bariumchlorid, Natriumsulfat, Natriumcarbonat und Schwefelsäure.
Erarbeiten Sie einen Plan zur Identifizierung der Lösungen.
Als Hilfsmittel sind nur die Lösungen selbst zugelassen.

L

1. **1. Aussage:**
Säuren sind Protonendonatoren, Basen sind Protonenakzeptoren.
Es wird immer ein korrespondierendes Säure-Base-Paar gebildet.
Beispiele:

$$\underset{\text{Säure}}{NH_4^+} \rightleftharpoons \underset{\text{Base}}{NH_3} + \text{Proton}$$

$$\underset{\text{Base}}{OH^-} + \text{Proton} \rightleftharpoons \underset{\text{Säure}}{H_2O}$$

2. Aussage:
Zwei korrespondierende Säure-Base-Paare ergeben eine Säure-Base-Reaktion.
Beispiel:

$$\underset{\text{Säure1}}{NH_4^+} + \underset{\text{Base2}}{OH^-} \rightleftharpoons \underset{\text{Base1}}{NH_3} + \underset{\text{Säure2}}{H_2O}$$

2. Die Stoffmengenkonzentration (c) gibt die Stoffmenge eines Teilchens in einem Liter Lösung an, sie wird in $mol \cdot \ell^{-1}$ angegeben.
Der Masseanteil (w) gibt die Masse eines Teilchens in 100 g an, er wird in Prozent angegeben.
Die Säurestärke ist ein Maß für den quantitativen Ablauf der Reaktion einer Säure mit Wasser.
Sie wird durch die Säurekonstante K_S beschrieben.

$$\underset{(c_0 - x)}{CH_3COOH} + H_2O \rightleftharpoons \underset{x}{CH_3COO^-} + \underset{x}{H_3O^+}$$

Die Lösungsformel für schwache Säuren, $K_S \approx \frac{c(H_3O^+)^2}{c_0}$, kann angewendet werden:

$$c(H_3O^+) = \sqrt{K_S \cdot c_0} = \sqrt{1{,}8 \cdot 10^{-5}\ mol \cdot \ell^{-1} \cdot 10^{-2}\ mol \cdot \ell^{-1}} = 4{,}2 \cdot 10^{-4}\ mol \cdot \ell^{-1}$$

$$c(H_3O^+) = 4{,}2 \cdot 10^{-4}\ mol \cdot \ell^{-1} = c(CH_3COO^-)$$

$$c(CH_3COOH) = (c_0 - x) = 9{,}6 \cdot 10^{-3}\ mol \cdot \ell^{-1}$$

3. Salze dissoziieren in Wasser. Die entstehenden Ionen können teilweise in einer Säure-Base-Reaktion mit Wasser reagieren.
$KCl \rightleftharpoons K^+ + Cl^-$ Kein Ion reagiert mit Wasser. Deshalb ist die Lösung neutral.
$Na_2CO_3 \rightleftharpoons 2\,Na^+ + CO_3^{2-}$
Carbonat-Ionen reagieren mit Wasser als Base:
$CO_3^{2-} + H_2O \rightleftharpoons HCO_3^- + OH^-$ Deshalb ist die Lösung basisch.
$NaHCO_3 \rightleftharpoons Na^+ + HCO_3^-$
Hydrogencarbonat-Ionen reagieren als Ampholyt:
$HCO_3^- + H_2O \rightleftharpoons CO_3^{2-} + H_3O^+$
$HCO_3^- + H_2O \rightleftharpoons H_2O + CO_2 + OH^-$

4. a) Leitungswasser hat einen pH-Wert von 7. In Gegenden mit großer Wasserhärte ist es wegen der basischen Hydrogencarbonat-Ionen schwach basisch. In diesen Bereichen ist laut Material das Hydrogencarbonat-Ion beständig und es kann kein Carbonat ausfallen.
b) Bei hohen pH-Werten kann das Carbonat ausfallen:
$Ca(OH)_2 + CO_2 \rightleftharpoons CaCO_3 + H_2O$
c) Durch Einleiten von Kohlendioxid sinkt der pH-Wert und das Calciumcarbonat löst sich wieder auf: $CaCO_3 + CO_2 + H_2O \rightarrow Ca(HCO_3)_2$

5. Es finden folgende Fällungen statt:
$Pb^{2+} + 2\,Cl^- \rightleftharpoons PbCl_2$
$Pb^{2+} + CO_3^{2-} \rightleftharpoons PbCO_3$
Zur Lösung müssen die Löslichkeiten beider Stoffe berechnet werden. Die Löslichkeitskonstanten haben verschiedene Einheiten und können deshalb nicht direkt verglichen werden.
$K_L(PbCl_2) = 2{,}0 \cdot 10^{-5}\ mol^3 \cdot \ell^{-3}$; $l = \sqrt[3]{\frac{K_L}{4}} = \sqrt[3]{\frac{2{,}0 \cdot 10^{-5}}{4}\ mol^3 \cdot \ell^{-3}} = 1{,}7 \cdot 10^{-2}\ mol \cdot \ell^{-1}$
1 mol $PbCl_2$ ≙ 278 g und 278 g ≙ 207 g Pb^{2+}
$1{,}7 \cdot 10^{-2}$ mol ≙ x g   4,7 g ≙ x' g
$x = 4{,}27$ g $x' = 3{,}5$ g
$K_L(PbCO_3) = 3{,}3 \cdot 10^{-14}\ mol^2$
$l = \sqrt{K_L} = \sqrt{3{,}3 \cdot 10^{-14}\ mol^2 \cdot \ell^{-2}} = 1{,}8 \cdot 10^{-7}\ mol \cdot \ell^{-1}$
1 mol $PbCO_3$ ≙ 267 g
$1{,}8 \cdot 10^{-7}$ mol ≙ x g
$x = 4{,}8 \cdot 10^{-5}$ g
267 g ≙ 207 g Pb^{2+}
$4{,}8 \cdot 10^{-5}$ g ≙ x' g
$x' = 3{,}72 \cdot 10^{-5}$ g = 0,0372 mg
Bleicarbonat erfüllt die Bedingung. Es ist zu empfehlen, das Fällungsmittel im Überschuss einzusetzen, da das zu einer Verschiebung des Gleichgewichts in Richtung Reaktionsprodukte führt. Außerdem ist Carbonat als Fällungsmittel ungiftig.

6. Zur Lösung des Problems lässt man alle Lösungen miteinander reagieren; in den 5 Versuchsreihen macht man folgende Beobachtungen:

	KNO_3	$BaCl_2$	Na_2SO_4	Na_2CO_3	H_2SO_4
KNO_3	–	–	–	–	
$BaCl_2$	–	–	$BaSO_4$	–	$BaSO_4$
Na_2SO_4	–	$BaSO_4$	–	–	
Na_2CO_3	–	–	–	–	CO_2
H_2SO_4	–	$BaSO_4$	–	CO_2	–

Es tritt eine Versuchsreihe ohne jede Reaktion auf. Bei einer Versuchsreihe bilden sich zweimal weiße Niederschläge von Bariumsulfat. Eine Versuchsreihe zeigt einmal einen Niederschlag von Bariumsulfat. Eine Versuchsreihe zeigt einen Niederschlag und eine Gasentwicklung. Eine Reihe zeigt nur eine Gasenwicklung.
Der Niederschlag bzw. die Gasentwicklung wird durch folgende Reaktionen hervorgerufen:

$Ba^{2+} + SO_4^{2-} \rightleftharpoons BaSO_4$

$Na_2CO_3 + H_2SO_4 \longrightarrow Na_2SO_4 + H_2O + CO_2$

3.2 Klausur: Komplexchemie

A

1. Benennen Sie folgende Komplexverbindungen und vergleichen Sie deren Aufbau.
$[Co(NH_3)_6]Cl_3$ und $[Co(H_2O)_6]Cl_3$

2. Skizzieren Sie die geometrischen Möglichkeiten für eine Komplexverbindung der allgemeinen Formel $[MeL_4]$. Tauscht man zwei Liganden aus, $[MeL_2K_2]$, so gibt es die gleichen geometrischen Möglichkeiten. Eine Geometrieart bildet aber zwei Isomere. Schreiben Sie die allgemeinen Formeln der beiden Isomere auf und benennen Sie die Isomerieart.

3. Im Komplex $[CoF_6]^{3-}$ beträgt die Spinpaarungsenergie 2100 cm^{-1}, die Ligandenfeldaufspaltung 13 000 cm^{-1}. Zeichnen Sie die Besetzung der aufgespaltenen d-Orbitale in diesem oktaedrischen Komplex.

4. Komplexverbindungen des gleichen Elements mit dem Liganden Cyanid-Ion sehen gelb aus, mit dem Liganden Chlorid-Ion jedoch blau. Interpretieren Sie diese Tatsache.

5. Hexaquocobalt(II)-Ionen sind rosa gefärbt. Gibt man zu einer solchen Lösung Chlorid-Ionen im Überschuss zu, so färbt sich die Lösung blau. Erklären Sie diese Tatsache.

6. Bei der Analyse einer Komplexverbindung wurden folgende Masseanteile der Elemente ermittelt. Co (21,4 %); Cl (12,7 %); N (25,5 %); H (5,5 %); S (11,6 %) und O (23,3 %). Schreiben Sie die Formel für diese Verbindung auf und bilden Sie den Namen. Die Verbindung reagiert mit Bariumchlorid-Lösung unter Bildung eines weißen Niederschlages.

M1 Spektrochemische Reihe (Ausschnitt):

$I^- < Br^- < Cl^- < F^- < OH^- < CO_3^{2-} < H_2O < NH_3 < en < NO_2^- < CN^-$

M2 Spektralfarben und ihre Komplementärfarben

absorbierte Spektralfarbe	absorbierte Wellenlänge (in Nanometer)	beobachtete Farbe
Violett	400–430	Gelbgrün
Blau	430–480	Gelb
Grünblau	480–490	Orange
Blaugrün	490–510	Rot
Grün	510–530	Purpur
Gelbgrün	530–570	Violett
Gelb	570–580	Blau
Orange	580–600	Grünblau
Rot	600–680	Blaugrün
Purpur	680–750	Grün

L

1. Die Namen der Verbindungen lauten: Hexammincobalt(III)-chlorid und Hexaquocobalt(III)-chlorid.
   Beide Verbindungen sind Kationenkomplexe. Das Gegen-Ion ist in beiden Fällen das Chlorid-Ion. In beiden Verbindungen ist Cobalt in der Oxidationsstufe III das Zentralteilchen. Liganden sind einmal Wasser und zum anderen Ammoniak. Die Koordinationszahl ist in beiden Fällen 6.

2. $[MeL_4]$

   Quadratisch planar

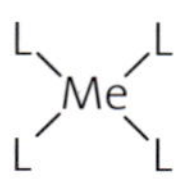

Tetraeder

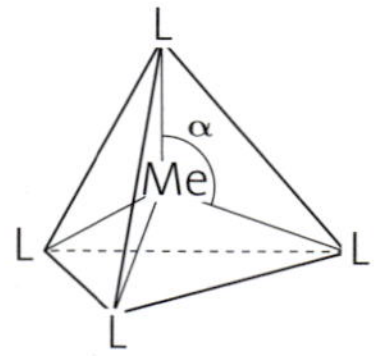

$[MeL_2K_2]$

Quadratisch planar mit Z/E Isomerie

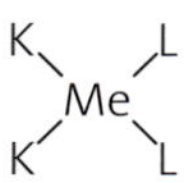

Z-Form (auch cis-Form)

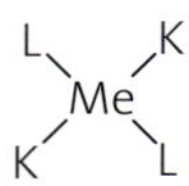

E-Form (auch trans-Form)

3. Da die Spinpaarungsenergie größer ist als die Ligandenfeldaufspaltung wird ein high-spin-Komplex erwartet, der die rechts abgebildete Orbitalbesetzung hat.

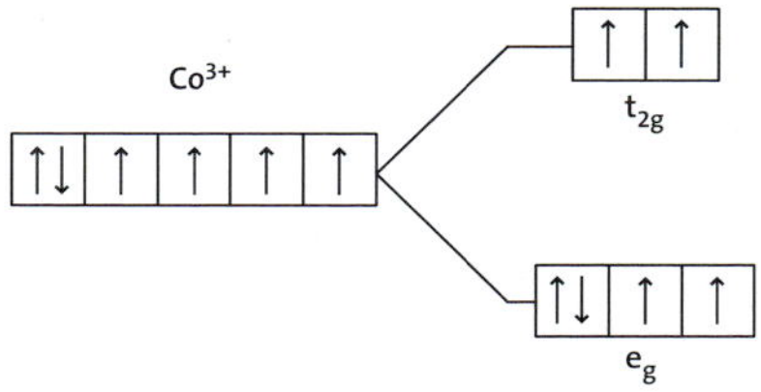

4. Die Farbe von Komplexverbindungen entsteht durch d-d-Elektronenübergänge im aufgespaltenen Ligandenfeld. Ist das Feld durch starke Liganden stark aufgespalten, wird energiereiches Licht (kurze Wellenlänge) absorbiert. Bei geringerer Aufspaltung wird langwelligeres energiearmes Licht absorbiert. Die Farbe der Verbindung entspricht dann jeweils der Komplementärfarbe.
Für das Beispiel bedeutet das, dass das Cyanid-Ion ein stärkerer Ligand ist als das Chlorid-Ion.

5. Es findet folgende Reaktion statt:

$$\underset{\text{rosa}}{[Co(H_2O)_6]^{2+}} + 4\ Cl^- \rightleftharpoons \underset{\text{blau}}{[CoCl_4]^{2-}} + 6\ H_2O$$

Bei Zugabe von Chlorid-Ionen wird das Gleichgewicht auf die Seite der Reaktionsprodukte verschoben. Bei Zugabe von Wasser bildet sich wieder der Aquakomplex.

6. Ermitteln der Verhältnisformel:

	Co		Cl		N		H		S		O	
	21,4 %		12,7 %		25 %		5,5 %		11,6 %		23,3 %	
$n = \frac{m}{M} =$	$\frac{21{,}4}{59}$	:	$\frac{12{,}7}{35{,}5}$	:	$\frac{25}{14}$	:	$\frac{5{,}5}{1}$	:	$\frac{11{,}6}{32}$	:	$\frac{23{,}3}{16}$	$\left[\frac{g \cdot mol}{g}\right]$
$n =$	0,3627	:	0,3577	:	1,78	:	5,5	:	0,3625	:	1,46	[mol]
	1	:	1	:	5	:	15	:	1	:	4	

$Co\ Cl\ N_5\ H_{15}\ S\ O_4$
Daraus leitet sich folgende Komplexverbindung ab:
$[Co(NH_3)_5Cl]SO_4$ Heamminmonochlorocobalt(III)-sulfat
Das Sulfat-Ion muss als Gegen-Ion auftreten, da eine Reaktion mit Bariumchlorid stattfindet.
$Ba^{2+} + SO_4^{2-} \rightleftharpoons BaSO_4$ (weißer Niederschlag).

3.3 Klausur: Redoxreaktionen

A

1. Erläutern Sie an einem selbst gewählten Beispiel das Wesen der Redoxreaktionen.

2. Untersuchen Sie, ob es sich bei folgenden Reaktionen um Redoxreaktionen handelt. Ergänzen Sie fehlende Stöchiometriezahlen und formulieren Sie für eine Reaktion die korrespondierenden Redoxpaare:
$CrO_3 + HCl \rightleftharpoons CrCl_3 + Cl_2 + H_2O$
$CuO + HNO_3 \rightleftharpoons Cu(NO_3)_2 + H_2O$
$KClO_3 \rightleftharpoons KCl + KClO_4$
$H_2S + H_2SO_4 \rightleftharpoons SO_2 + H_2O$

3. Redoxamphotere Stoffe können als Oxidations- oder Reduktionsmittel auftreten. Welcher/welche der folgenden Stoffe hat/haben diese Eigenschaft?
Begründen Sie ihre Aussage allgemein und für einen Stoff ausführlich.
$K_2Cr_2O_7$; $KMnO_4$; CO; Sn^{2+}; H_2O_2; C; Li

4. Das giftige Kohlenstoffmonooxid ist ein gutes Reduktionsmittel. Es wird im Labor aus Ameisensäure und Schwefelsäure hergestellt.
a) Formulieren Sie die Reaktionsgleichung und überprüfen Sie, ob es sich um eine Redoxreaktion handelt.
b) Erklären Sie die Funktion der Schwefelsäure.
c) Die maximale Arbeitsplatzkonzentration von Kohlenmonooxid beträgt $55\ mg \cdot m^{-3}$. Welche Masse an 10%iger Ameisensäure würde ausreichen, um in einem Labor von $250\ m^3$ den Grenzwert zu erreichen, wenn die Ameisensäure vollständig in CO umgesetzt wird? Die Dichte von 10 %iger Ameisensäure ist ca. $1\ g \cdot cm^{-3}$

5. Gegeben sind folgende Teilchen und Verbindungen. Suchen Sie geeignete Teilchen oder Verbindungen heraus und stellen Sie zwei Redoxgleichungen (Ionenform) auf.
MnO_2; MnO_4^-; H_2O_2; H_2SO_4; Mn^{2+}; SO_3^{2-}; I_2; $S_2O_3^{2-}$; Fe^{2+}; I^-; OH^-

6. Laborant Moritz Meier glaubt, eine seltsame Entdeckung gemacht zu haben.
Er hat festgestellt, dass Kaliumpermanganatlösung
bei pH = 0 von Chlorid-, Bromid- und Iodid-Ionen entfärbt wird,
bei pH = 3 nur von Bromid- und Iodid-Ionen und
bei pH = 6 nur von Iodid-Ionen.
Überprüfen Sie die Beobachtungen durch Berechnung.

L

1. Redoxreaktionen sind Reaktionen mit Elektronenübergang. Es treten korrespondierende Redoxpaare auf, von denen das Oxidationsmittel (OM) Elektronen aufnimmt und das Reduktionsmittel (RM) Elektronen abgibt. Zwei korrespondierende Redoxpaare bilden eine Redoxreaktion. Die Elektronenübertragung wird durch die Bestimmung von Oxidationszahlen charakterisiert. Wenn sich die Oxidationszahlen ändern, liegt eine Redoxreaktion vor.

Beispiel: $\underset{\text{OM}}{\overset{\text{II}}{\text{Cu}}\text{O}} + \underset{\text{RM}}{\overset{0}{\text{Zn}}} \rightarrow \overset{0}{\text{Cu}} + \overset{\text{II}}{\text{Zn}}\text{O}$

2.

$2\ \overset{\text{VI}}{\text{Cr}}\text{O}_3 + 12\ \text{H}\overset{-\text{I}}{\text{Cl}} \rightleftharpoons 2\ \overset{\text{III}}{\text{Cr}}\text{Cl}_3 + 3\ \overset{0}{\text{Cl}}_2 + 6\ \text{H}_2\text{O}$ Redoxreaktion

$\overset{\text{II}}{\text{Cu}}\overset{-\text{II}}{\text{O}} + 2\ \overset{\text{I}}{\text{H}}\overset{\text{V}}{\text{N}}\overset{-\text{II}}{\text{O}}_3 \rightleftharpoons \overset{\text{II}}{\text{Cu}}(\overset{\text{V}}{\text{N}}\overset{-\text{II}}{\text{O}}_3)_2 + \overset{\text{I}}{\text{H}}_2\overset{-\text{II}}{\text{O}}$ keine Redox

$4\ \text{K}\overset{\text{V}}{\text{Cl}}\text{O}_3 \rightleftharpoons \text{K}\overset{-\text{I}}{\text{Cl}} + 3\ \text{K}\overset{\text{VII}}{\text{Cl}}\text{O}_4$ Redoxreaktion / Disproportionierung

$3\ \text{H}_2\overset{-\text{II}}{\text{S}} + \text{H}_2\overset{\text{VI}}{\text{S}}\text{O}_4 \rightleftharpoons 4\ \overset{0}{\text{S}} + 4\ \text{H}_2\text{O}$ Redoxreaktion / Synproportionierung

Korrespondierende Redoxpaare für Beispiel 1:

$\underset{\text{OM}}{\overset{\text{VI}}{\text{Cr}}\text{O}_3} + 3\ e^- \rightleftharpoons \underset{\text{RM}}{\overset{\text{III}}{\text{Cr}}^{3+}}$

$2\ \underset{\text{RM}}{\overset{-\text{I}}{\text{Cl}}^-} \rightleftharpoons \underset{\text{OM}}{\overset{0}{\text{Cl}}_2} + 2\ e^-$

3. Redoxamphotere Stoffe müssen eine mittlere Oxidationsstufe haben.
Das heißt: Es muss in Reaktionen möglich sein, die Oxidationszahl zu vergrößern oder auch zu verkleinern.
Dies trifft für Kohlenstoffmonooxid, Zinn(II)-Ionen, Wasserstoffperoxid und Kohlenstoff zu.
Beispiel:

$\underset{\text{RM}}{\overset{\text{II}}{\text{C}}\text{O}}$ wird zu Kohlendioxid oxidiert $\overset{\text{IV}}{\text{C}}\text{O}_2$

$\overset{\text{II}}{\text{C}}\text{O}$ wird zu Kohlenstoff reduziert $\overset{0}{\text{C}}$

4.
a) $\overset{\text{I}}{\text{H}}-\overset{\text{II}}{\text{C}}\overset{-\text{II}}{\text{O}}\overset{-\text{II}}{\text{O}}\overset{\text{I}}{\text{H}} \xrightarrow{[\text{H}_2\text{SO}_4]} \overset{\text{II}}{\text{C}}\overset{-\text{II}}{\text{O}} + \overset{\text{I}}{\text{H}}_2\overset{-\text{II}}{\text{O}}$ keine Redoxreaktion

b) Die Schwefelsäure wirkt wasserentziehend.

c) Berechnung: 13,75 g (= 250 $m^3 \cdot 55\ mg \cdot m^{-3}$) CO dürfen entstehen.

Aus $\frac{m(\text{HCOOH})}{M(\text{HCOOH})} = \frac{m(\text{CO})}{M(\text{CO})}$ folgt:

$m(\text{HCOOH}) = \frac{13{,}75\ g \cdot M(\text{HCOOH})}{M(\text{CO})} = 22{,}59\ g$ reine Säure

10 %ige Säure: 10 g ≙ 100 g

22,59 g ≙ 225,9 g

Bei einer Dichte von rund $1\,g \cdot cm^{-3}$ wären das etwa 225,9 ml.

5. Beispiel 1

$$\begin{array}{lcll} MnO_4^- + 8\,H^+ + 5\,e^- & \rightleftharpoons & Mn^{2+} + 4\,H_2O & |\cdot 2 \\ SO_3^{2-} & \rightleftharpoons & SO_4^{2-} + 2\,e^- & |\cdot 5 \\ \hline 2\,MnO_4^- + 6\,H^+ + 5\,SO_3^{2-} & \rightleftharpoons & 5\,SO_4^{2-} + 2\,Mn^{2+} + 3\,H_2O & \end{array}$$

Beispiel 2

$$\begin{array}{lcll} MnO_4^- + 8\,H^+ + 5\,e^- & \rightleftharpoons & Mn^{2+} + 4\,H_2O & |\cdot 2 \\ 2\,I^- & \rightleftharpoons & I_2 + 2\,e^- & |\cdot 5 \\ \hline 2\,MnO_4^- + 10\,I^- + 16\,H^+ & \rightleftharpoons & 2\,Mn^{2+} + 5\,I_2 + 8\,H_2O & \end{array}$$

Es sind noch andere Beispiele möglich.

6. Redoxreaktionen laufen nur ab, wenn das Potenzial des Oxidationsmittels größer als das Potenzial des Reduktionsmittels ist. Durch Änderung des pH-Wertes kann es zu Änderungen der Potenziale kommen. Die Potenziale müssen mit der NERNST-Gleichung berechnet werden.

Gleichungen:

$2\,MnO_4^- + 10\,Cl^- + 16\,H^+ \rightleftharpoons 2\,Mn^{2+} + 5\,Cl_2 + 8\,H_2O$

$2\,MnO_4^- + 10\,Br^- + 16\,H^+ \rightleftharpoons 2\,Mn^{2+} + 5\,Br_2 + 8\,H_2O$

$2\,MnO_4^- + 10\,I^- + 16\,H^+ \rightleftharpoons 2\,Mn^{2+} + 5\,I_2 + 8\,H_2O$

Permanganat ist Oxidationsmittel, die Halogenide sind Reduktionsmittel.

	E(Clor/Chlorid)	E(Brom/Bromid)	E(Iod/Iodid)	$E(MnO_4^-/Mn^{2+})$	Bedingung
pH = 0	+1,36 V	+1,07 V	+0,54 V	+1,51 V	Immer erfüllt
pH = 3	+1,36 V	+1,07 V	+0,54 V	+1,23 V	Erfüllt für Brom/Bromid und Iod/Iodid
pH = 6	+1,36 V	+1,07 V	+0,54 V	+0,94 V	Erfüllt für Iod/Iodid

Berechnungen:

$$E = E^0 + \frac{0{,}059\,V}{5} \cdot \lg \frac{c(MnO_4^-) \cdot c^8(H^+)}{c(Mn^{2+})}$$

Mit der Annahme $c(MnO_4^-) = c(Mn^{2+})$ folgt:

$E_{pH=0} = +1{,}51\,V$

$$E_{pH=3} = 1{,}51\,V + \frac{0{,}059\,V}{5} \cdot \lg(10^{-3})^8 = +1{,}23\,V$$

$$E_{pH=6} = 1{,}51\,V + \frac{0{,}059\,V}{5} \cdot \lg(10^{-6})^8 = +0{,}94\,V$$

Die Beobachtung konnte rechnerisch nachgewiesen werden.

3.4 Klausur: Synthetische Makromoleküle

A

1. Die Reaktionstypen Substitution und Addition können in abgewandelter Form auch zur Herstellung von Makromolekülen verwendet werden. Erklären Sie an je einem Beispiel Gemeinsamkeiten und Unterschiede der herkömmlichen Verwendung dieser Reaktionstypen zur Herstellung von Makromolekülen.

2. Ein Techniker hat die Aufgabe, folgende Produkte aus Kunststoff herzustellen: Eine beschichtete Bratpfanne, Teile einer Autokarosse, einen Tennisschläger und einen Trinkbecher. Zur Auswahl hat er verschiedene Kunststoffe:

Werkstoff	Temperaturbeständigkeit [°C]	Dichte $[g \cdot cm^{-3}]$	Wärmeleitfähigkeit $[J \cdot m^{-1} s^{-1} K^{-1}]$	Elastizitätsmodul $N \cdot mm^{-3}$
Polyethylen	90	0,94	0,3	0,15
PVC	75	1,3	0,2	2,4
Polystyrol	60	1,05	0,03	3,3
Teflon	200			
Polycarbonat		1,2		
Polyurethan			0,06	
Polyester				8

Helfen Sie dem Techniker bei der Wahl der Materialien und begründen Sie Ihre Aussagen. Hinweis: Polycarbonate sind außerdem sehr schlagfest.

3. Prüfen Sie die Stoffe auf ihre Eignung zum Ausgangsstoff für Makromoleküle:

a) Methanol
b) Ethandiol
c) Propanon
d) Aminoethansäure
e) 1,2-Diaminoethan
f) Butansäure
g) 1,6-Hexandicarbonsäure
h) Glycerol
i) 1,4-Benzendicarbonsäure

Stellen Sie unter Verwendung der gegebenen Stoffe zwei Reaktionsgleichungen zur Herstellung von Makromolekülen auf.
Ordnen Sie die Reaktionsprodukte aufgrund ihrer chemischen Struktur einer Gruppe von Kunststoffen zu und bestimmen Sie die jeweilige Reaktionsart.

4. Kunststoffe enthalten oft gleiche Strukturmerkmale wie natürliche Makromoleküle und haben demzufolge ähnliche Eigenschaften wie diese. Erläutern Sie diesen Sachverhalt an einem Beispiel.

5. Mit verschiedenen Kunststoffproben werden folgende Experimente durchgeführt:
- Probe 1 riecht beim Erhitzen nach verbranntem Wachs.
- Probe 2 nach verbrannten Haaren.

- Probe 3 verformt sich in heißem Wasser, Probe 4 behält ihre Form.
- Probe 5 löst sich in Aceton.
- Gibt man Probe 6 auf einen Kupferdraht und hält diesen in die Flamme, so färbt sich die Flamme grün.

Erklären Sie, welche Schlussfolgerungen man aus den Experimenten auf die Struktur des Kunststoffes ziehen kann.

L

1. Unter **Substitution** versteht man wechselseitigen Austausch von Atomen oder Atomgruppen unter Abspaltung von kleinen Molekülen. Bei der Herstellung von Makromolekülen treten bei der Polykondensation auch Substitutionen auf. Zur Bildung von Makromolekülen benötigt man mehrere funktionelle Gruppen.
Beispiel: Ester/Polyester

Ester 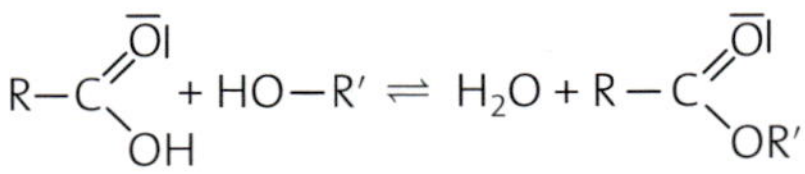

Polyester 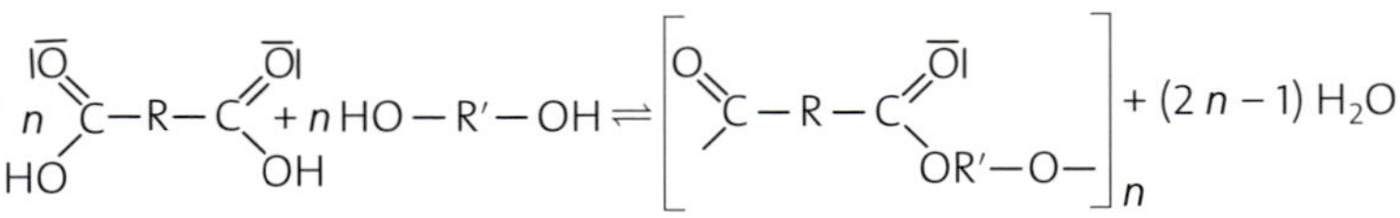

Bei der **Addition** werden Mehrfachbindungen aufgespalten. Die Polymerisation ist ein Spezialfall der Addition, bei der Makromoleküle gebildet werden.
Beispiel: Bildung von 1,2 Dichlorethan bzw. Polyethylen

$CH_2{=}CH_2 + Cl_2 \rightarrow CH_2Cl{-}CH_2Cl$

$n\,CH_2{=}CH_2 \rightarrow [-CH_2-CH_2-]_n$

2. Der Techniker muss Anforderungen an die Kunststoffe mit den Eigenschaften der Kunststoffe vergleichen, um seine Wahl treffen zu können.

Gegenstand	geforderte Eigenschaft	geeigneter Kunststoff
Bratpfanne	Temperaturbeständigkeit	Teflon
Autokarosse	geringe Masse und Elastizität	Polycarbonat
Tennisschläger	hohe Elastizität	Polyester
Trinkbecher	geringe Wärmeleitfähigkeit	Polystyrol

Der Techniker würde die oben genannten Kunststoffe wählen. Natürlich muss er noch andere Kriterien einbeziehen. Bei den Autoteilen ist eine geringe Dichte notwendig. Der Techniker hat sich aber für das Polycarbonat entschieden, weil das sehr schlagfest ist.

3. Geeignet sind Ausgangsstoffe mit mehreren funktionellen Gruppen, da sonst keine Kettenbildung oder Vernetzung möglich ist.

a) CH_3OH

b) $OH-CH_2-CH_2-OH$
geeignet

c) 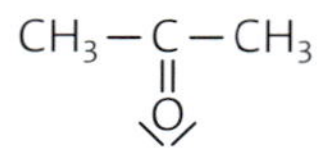

d) 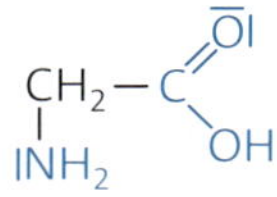
geeignet

e) $H_2N-CH_2-CH_2-NH_2$
geeignet

f) 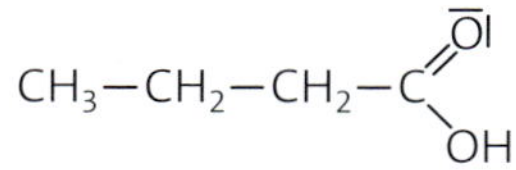

g) 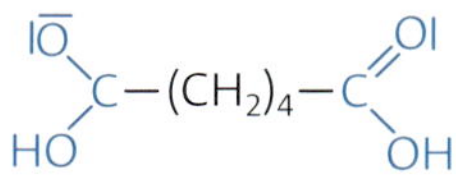
geeignet

h) 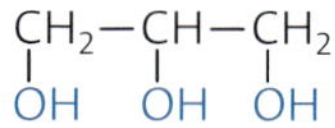
geeignet

i) 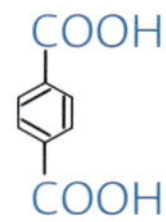
geeignet

Beispiel 1: Polyester, Reaktionsart ist eine Substitution.

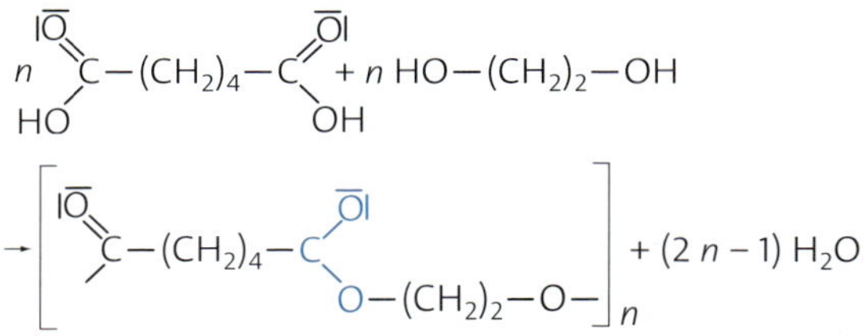

Beispiel 2: Polyamid, Reaktionsart Substitution.

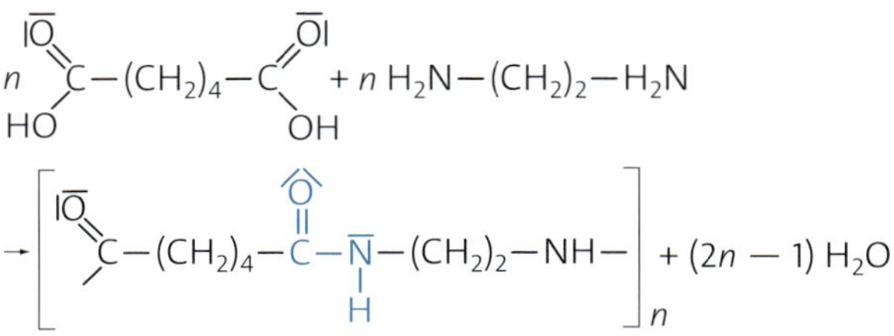

4. Polyamide haben im Molekül Peptidbindungen, die wir von Proteinen kennen. Sie riechen beim Erhitzen nach verbranntem Eiweiß. Es können sich auch ähnliche Strukturen bilden z. B. Polyamidfasern (Nylon).

5.
- Probe 1: Polyethylen und Polypropylen haben ähnliche Strukturen wie Paraffine, sie riechen deshalb ähnlich.
- Probe 2 riecht nach verbrannten Haaren, weil Strukturen enthalten sind, die dem Eiweiß gleichen. Es könnte ein Polyamid sein.
- Probe 3 und 4 sind ein Thermoplast und ein Duroplast. Der Thermoplast erweicht in der Wärme, der Duroplast nicht.
- Probe 5 muss in der Polarität dem Aceton ähneln, da sich Stoffe mit ähnlicher Polarität ineinander lösen. Aceton ist sehr schwach polar. Genauere Angaben sind hier nicht möglich.
- Probe 6 enthält Halogene, da es sich bei dem Experiment um die Beilstein-Probe handelt, die positiv verläuft. Es könnte sich um PVC handeln.

3.5 Klausur: Chemisches Gleichgewicht

A

1. Bei der Synthese von Methanol aus Kohlenmonooxid und Wasserstoff handelt es sich um eine exotherme Gleichgewichtsreaktion.
$CO\,(g) + 2\,H_2\,(g) \rightleftharpoons CH_3OH\,(g)$

a) Geben Sie den Ausdruck für eine geeignete Gleichgewichtskonstante an. Wie würde sich der Zahlenwert dieser Konstante qualitativ bei Temperaturerhöhung und Druckerhöhung verändern?

b) In der Praxis kann man oft Abweichungen von den theoretischen Reaktionsbedingungen feststellen. Begründen Sie diese Tatsache.

2. Bei der Reaktion $CH_4 + H_2O \rightleftharpoons CO + 3\,H_2$ liegen im Gleichgewicht:
8,62 g CO; 2,6 g H_2; 42 g CH_4 und 48,4 g H_2O vor.
Das Gesamtvolumen aller Stoffe beträgt 5 Liter.
Berechnen Sie K_C und K_P für diese Reaktion bei 25 °C.

3. Bei der technischen Herstellung von Ethansäureethylester geht man von 1 mol Säure und 2 mol Alkohol aus.

a) Berechnen Sie die Ausbeute an Ester, bezogen auf die Essigsäure. ($K_c = 4$)

b) Welche Möglichkeiten sehen Sie, die Ausbeute an Ester zu erhöhen?

c) Wie unterscheidet sich der Ester in seinen Eigenschaften von den Ausgangsstoffen. Leiten Sie aus den Eigenschaften eine Verwendungsmöglichkeit ab.

4. Bei der exothermen Konvertierungsreaktion liegen im Gleichgewicht bei 530 °C folgende Volumenanteile vor:

CO_2	33,33 %
CO	16,66 %
H_2	33,33 %
H_2O	16,66 %

Berechnen Sie die Gleichgewichtskonstante bei 530 °C und die Konzentrationsverhältnisse aller Reaktionspartner bei 970 °C. Gehen Sie dabei von idealem Gasverhalten aus.
Die Gleichgewichtskonstante bei 970 °C beträgt 0,64.

L

1. a) Zuerst berechnet man die Reaktionswärme:

$\Delta_R H = \Delta_f H(CH_3OH) - \Delta_f H(CO) = -201\ kJ \cdot mol^{-1} - (-111\ kJ \cdot mol^{-1}) = -90\ kJ \cdot mol^{-1}$

Es handelt sich um eine exotherme Reaktion.

Da es sich um eine Reaktion handelt, bei der alle Stoffe Gase sind, eignet sich die Konstante K_p.

$$K_p = \frac{p(CH_3OH)}{p(CO) \cdot p^2(H_2)} [Pa^{-2}]$$

Einfluss der Temperatur: exotherme Reaktionen werden durch niedrige Temperatur begünstigt.

Die Konstante ist bei niedrigen Temperaturen größer als bei hohen Temperaturen.

Einfluss des Drucks: Es findet bei der Hinreaktion eine Volumenverkleinerung statt. Die Hinreaktion wird deshalb durch größeren Druck begünstigt.

Die Konstante ist bei hohem Druck größer als bei kleinem Druck.

b) Bei vielen Reaktionen muss ein Katalysator eingesetzt werden. Diese benötigen meist eine Anlauftemperatur zwischen 400 °C und 500 °C.

Hoher Druck erfordert besondere Materialien für Reaktionsgefäße.

Hohe Temperaturen bedeuten hohen Energieaufwand.

Deshalb bedient man sich auch des Kreislaufprinzips, um die Ausbeute zu erhöhen.

2. Berechnung der Stoffmengenkonzentrationen:

$$n(CO) = \frac{8{,}62\ g\ mol}{28\ g} = 0{,}3\ mol; \quad n(H_2) = \frac{2{,}6\ g\ mol}{2\ g} = 1{,}3\ mol$$

$$n(CH_4) = \frac{42\ g\ mol}{16\ g} = 2{,}6\ mol; \quad n(H_2O) = \frac{48{,}4\ g\ mol}{18\ g} = 2{,}7\ mol$$

Berechnung von K_c:

$$K_c = \frac{c^3(H_2) \cdot c(CO)}{c(CH_4) \cdot c(H_2O)} = \frac{0{,}26^3\ mol^3 \cdot 0{,}06\ mol\ \ell \cdot \ell}{\ell^3 \cdot \ell\ 0{,}52\ mol \cdot 0{,}54\ mol} = 3{,}76 \cdot 10^{-3}\ mol^2 \cdot \ell^{-2}$$

Hinweis: Die Stoffmengen befinden sich in 5 ℓ Volumen.

$c(CO) = 0{,}06\ mol \cdot \ell^{-1}$; $c(H_2) = 0{,}26\ mol \cdot \ell^{-1}$; $c(CH_4) = 0{,}52\ mol \cdot \ell^{-1}$; $c(H_2O) = 0{,}54\ mol \cdot \ell^{-1}$

Berechnung von K_p:

$$K_p = \frac{p^3(H_2) \cdot p(CO)}{p(CH_4) \cdot p(H_2O)} = \frac{c^3(H_2) \cdot R_0{}^3 \cdot T^3 \cdot c(CO) \cdot R_0 \cdot T}{c(CH_4) \cdot R_0 \cdot T \cdot c(H_2O) \cdot R_0 \cdot T} = K_c (R_0 \cdot T)^2$$

$$K_p = 3{,}76 \cdot 10^{-3} \cdot 8{,}314^2 \cdot 298^2 \left[\frac{mol^2\ J^2\ K^2}{(dm^3)^2\ mol^2\ K^2}\right]$$

$$K_p = 23\,080 \left[\frac{(kPa \cdot dm^3)^2}{(dm^3)^2}\right] = 23\,080\ kPa^2$$

Hinweis: Die Beziehung $p = c \cdot R_0 \cdot T$; mit $R_0 = 8{,}314\ J \cdot K^{-1} \cdot mol^{-1}$

Die Konstante K_c beträgt $3{,}76 \cdot 10^{-3}\ mol^2 \cdot \ell^{-2}$. Die Konstante K_p beträgt $23\,080\ kPa^2$.

3. a) $CH_3COOH + CH_3CH_2OH \rightleftharpoons H_2O + CH_3COOCH_2CH_3$

	CH_3COOH	CH_3CH_2OH	H_2O	$CH_3COOCH_2CH_3$
Vor der Reaktion:	1 mol	2 mol		
Im Gleichgewicht:	$(1-x)$ mol	$(2-x)$ mol	x mol	x mol

$$K_c = \frac{x^2}{(1-x)(2-x)}$$
$$4(2-3x+x^2) = x^2$$
$$8-12x+4x^2 = x^2$$
$$x^2-4x+\frac{8}{3} = 0$$
$$x_{1,2} = 2 \pm \sqrt{4-\frac{8}{3}}$$
$$x_{1,2} = 2 \pm 1{,}15$$

$x_1 = 3{,}15$ (unlogisch, weil sonst die Konzentration der Ausgangsstoffe negativ wäre); $x_2 = 0{,}85$

1 mol Säure ≙ 0,85 mol Ester

Die Ausbeute beträgt also 85 %.

b) Die Temperatur senken, da es sich um eine exotherme Reaktion handelt.
Einen Ausgangsstoff im Überschuss einsetzen, z. B. Ethanol.
Ein Reaktionsprodukt aus dem Gleichgewicht entziehen, z. B. Wasser.

c) Der Ester ist im Vergleich zu den Ausgangsstoffen unpolar und mischt sich nicht mit Wasser. Er besitzt außerdem einen charakteristischen Geruch. Ester eignen sich als Lösungsmittel für organische Stoffe z. B. als Nagellackentferner. Wegen des Geruchs eignen sich Ester auch als Aromastoffe z. B. als Rumaroma beim Backen.

4. Berechnung der Konstante bei 530 °C:

$CO + H_2O \rightleftharpoons CO_2 + H_2$

	CO	H_2O	CO_2	H_2
Im Gleichgewicht:	16,66 %	16,66 %	33,33 %	33,33 %

$$K_c = \frac{c(CO_2)\cdot c(H_2)}{c(CO)\cdot c(H_2O)} = \frac{33{,}33^2}{16{,}66^2} = 4{,}002$$

Die Konstante beträgt 4,002.

Berechnung der Konzentrationsverhältnisse bei 970 °C:

CO	H_2O	CO_2	H_2
$(16{,}66+x)$	$(16{,}66+x)$	$(33{,}33-x)$	$(33{,}33-x)$

$$0{,}64 = \frac{(33{,}33-x)^2}{(16{,}66+x)^2} \qquad |\cdot(16{,}66+x)^2$$
$$33{,}33 - x = \sqrt{0{,}64}\,(16{,}66+x)$$
$$1{,}8x = 19{,}94;\; x = 11{,}1$$

Im Gleichgewicht liegen bei 970 °C folgende Konzentrationsverhältnisse vor:

CO_2: 22,1 % H_2: 22,1 %

CO: 27,8 % H_2O: 27,8 %

Das Gleichgewicht wird zu den Ausgangsstoffen verschoben, da die Reaktion exotherm ist.

Hinweis: Da man von idealem Gasverhalten ausgehen kann, entsprechen die Volumenanteile den Konzentrationen der einzelnen Stoffe.

3.6 Klausur: Thermochemie

A

1. Reaktionsenthalpie ($\Delta_R H$), Reaktionsenergie ($\Delta_R U$) und Volumenarbeit (W_m) sind wichtige Größen zur Charakterisierung chemischer Reaktionen aus energetischer Sicht. Berechnen Sie die Größen für die Ammoniaksynthese und interpretieren Sie die Ergebnisse.
$\Delta_f H(NH_3) = -46\ kJ \cdot mol^{-1}$
Gehen Sie von idealem Gasverhalten aus. Die Reaktion soll unter Standardbedingungen ablaufen: $p = 1{,}013 \cdot 10^5\ Pa$; $T = 298\ K$

2. Beim Lösen von Salzen in Wasser sind energetische Erscheinungen zu beobachten. Man unterscheidet exotherme und endotherme Löseprozesse. Erläutern Sie die Vorgänge beim Löseprozess und schätzen Sie qualitativ die energetischen Erscheinungen der Einzelprozesse für exo- bzw. endotherme Löseprozesse ab.

3. Erdgas (Methan) und Erdöl (Nonan) sind wichtige Energieträger. Beurteilen Sie beide Energieträger hinsichtlich ihres Einsatzes aus rein energetischer Sicht. Untermauern Sie die Begründung durch geeignete Berechnungen. Nehmen Sie an, dass das Wasser bei der Verbrennung gasförmig vorliegt.
Es ist: $\Delta_f H(CO_2) = -393\ kJ \cdot mol^{-1}$; $\Delta_f H(H_2O) = -242\ kJ \cdot mol^{-1}$
$\Delta_f H(CH4) = -75\ kJ \cdot mol^{-1}$; $\Delta_f H(C_9H_{20}) = -275\ kJ \cdot mol^{-1}$

4. Das Verfahren des Kalkbrennens wird großtechnisch bei hohen Temperaturen durchgeführt. Berechnen Sie die Mindesttemperatur, die zur Durchführung erforderlich ist.

5. Gibt man zu einer Kupfer(II)-sulfat-Lösung Zinkpulver, so entfärbt sich die Lösung und es entsteht ein rotbrauner Niederschlag. Die Temperatur im Reaktionsgefäß steigt.
Werten Sie die Ergebnisse des Experiments aus. Setzen Sie zur Auswertung auch geeignete Berechnungen ein.
Hilfsgrößen:
$\Delta_f H(Zn^{2+}) = -154\ kJ \cdot mol^{-1}$; $\Delta_f H(Cu^{2+}) = -65\ kJ \cdot mol^{-1}$
$S(Zn^{2+}) = -112\ J \cdot mol^{-1} \cdot K^{-1}$; $S(Cu^{2+}) = -100\ J \cdot mol^{-1} \cdot K^{-1}$
$S(Zn) = 42\ J \cdot mol^{-1} \cdot K^{-1}$; $(Cu) = 33\ J \cdot mol^{-1} \cdot K^{-1}$
$S(SO_4^{2-}) = 20\ J \cdot mol^{-1} \cdot K^{-1}$

L

1. Berechnung der Reaktionsenthalpie:

$N_2 + 3\,H_2 \rightleftharpoons 2\,NH_3$

$\Delta_R H = 2\,\Delta_f H\,(NH_3) - [3\,\Delta_f H\,(H_2) + \Delta_f H\,(N_2)] = 2\,(-46\ kJ \cdot mol^{-1}) = -92\ kJ \cdot mol^{-1}$

Berechnung der Volumenarbeit:

$W_m = -p\,\Delta_R V_m = -1{,}013 \cdot 10^5\ Pa\,(-2 \cdot 24{,}4\ dm^3 \cdot mol^{-1}) \left[\frac{N \cdot m^3 \cdot 10^{-3}}{m^2 \cdot mol}\right]$

$W_m = 4{,}955\ kJ \cdot mol^{-1}$

Hinweis: Es ist zu beachten, dass die tabellierten Bildungsenthalpien bei Standardbedingungen gelten. Wird z. B. die Temperatur geändert, muss das molare Volumen umgerechnet werden.

Berechnung der Änderung der inneren Energie:

$\Delta_R U = \Delta_R H + W_m = -92\ kJ \cdot mol^{-1} + 4{,}955\ kJ \cdot mol^{-1}$

$\Delta_R U = -87{,}04\ kJ \cdot mol^{-1}$

Da bei der Reaktion Volumenarbeit geleistet wird, ist die Änderung der inneren Energie nicht gleich der Reaktionswärme.

2. Beim Lösen von Salzen in Wasser muss in jedem Fall Energie aufgewendet werden, um die Salzionen aus dem Gitter des Feststoffes herauszulösen (Gitterenergie $\Delta_G H$).

Die Hydratation der Ionen liefert hingegen Energie (Hydratationsenergie $\Delta_H H$).

Je nach der Größe der Beträge beider Energien treten exotherme bzw. endotherme Löseprozesse auf:

Beispiel:

$|\Delta_G H| > |\Delta_H H|$ endothermer Löseprozess

$|\Delta_G H| < |\Delta_H H|$ exothermer Löseprozess

3. Berechnung der Verbrennungswärmen:

Reaktionsgleichung: $CH_4 + 2\,O_2 \rightarrow CO_2 + 2\,H_2O$

$\Delta_R H = [\Delta_f H\,(CO_2) + 2\,\Delta_f H\,(H_2O)\,(g)] - \Delta_f H\,(CH_4)$

$\Delta_R H = (-393\ kJ \cdot mol^{-1}) + 2\,(-242\ kJ \cdot mol^{-1}) - (-75\ kJ \cdot mol^{-1})$

$\Delta_R H = -802\ kJ \cdot mol^{-1}$

Reaktionsgleichung: $C_9H_{20} + 14\,O_2 \rightarrow 9\,CO_2 + 10\,H_2O$

$\Delta_R H = [9\,\Delta_f H\,(CO_2) + 10\,\Delta_f H\,(H_2O)\,(g)] - \Delta_f H\,(C_9H_{20})$

$\Delta_R H = [9 \cdot (-393\ kJ \cdot mol^{-1}) + 10 \cdot (-242\ kJ \cdot mol^{-1})] - (-275\ kJ \cdot mol^{-1})$

$\Delta_R H = -5682\ kJ \cdot mol^{-1}$

Vergleichbar sind nur gleiche Massen. Umrechnung auf die Stoffmenge 1 Gramm ergibt:

1 mol CH_4 ≙ 16 g ≙ 802 kJ

1 mol C_9H_{20} ≙ 128 g ≙ 5682 kJ

1 g CH_4 ≙ 50,13 kJ

1 g C_9H_{20} ≙ 44,4 kJ

Aus rein energetischer Sicht liefert Nonan die geringere Wärmemenge.

4. Kalkbrennen:

$CaCO_3 \rightarrow CaO + CO_2$

Es muss die Temperatur berechnet werden, bei der $\Delta_R G \geq 0$ ist.

Mit $\Delta_R G = \Delta_R H - T\Delta_R S = 0$ folgt:

$$T = \frac{\Delta_R H}{\Delta_R S}$$

$\Delta_R H = [\Delta_f H(CaO) + \Delta_f H(CO_2)] - \Delta_f H(CaCO_3)$

$\Delta_R H = -635\ kJ \cdot mol^{-1} - 393\ kJ \cdot mol^{-1} - (-1207\ kJ \cdot mol^{-1}) = 179\ kJ \cdot mol^{-1}$

$\Delta_R S = [S(CaO) + S(CO_2)] - S(CaCO_3)$

$\Delta_R S = (40\ J \cdot mol^{-1} \cdot K^{-1} + 214\ J \cdot mol^{-1} \cdot K^{-1}) - 93\ J \cdot mol^{-1} \cdot K^{-1} = 0{,}161\ kJ \cdot mol^{-1} \cdot K^{-1}$

Damit erhält man für die gesuchte Temperatur:

$$T = \frac{\Delta_R H}{\Delta_R S} = \frac{179\ kJ \cdot K \cdot mol}{0{,}161\ kJ \cdot mol} = 1111{,}8\ K \approx 839\ °C$$

Die Reaktion benötigt eine Temperatur ≥ 839 °C.

5. Nach den Beobachtungen muss Kupfer entstehen (rotbrauner Niederschlag). Die Erwärmung deutet auf eine exotherme Reaktion hin, die bei Raumtemperatur freiwillig verläuft.

Gleichung:

$Cu^{2+} + SO_4^{2-} + Zn \rightarrow Cu + Zn^{2+} + SO_4^{2-}$

Oder: $Cu^{2+} + Zn \rightarrow Zn^{2+} + Cu$

Da die Reaktion feiwillig und exotherm abläuft, muss $\Delta_R G < 0$ und $\Delta_R H < 0$ sein.

Berechnungen:

$\Delta_R H = [\Delta_f H(Zn^{2+}) + \Delta_f H(Cu)] - [\Delta_f H(Cu^{2+}) + \Delta_f H(Zn)]$

$\Delta_R H = -154\ kJ \cdot mol^{-1} + 65\ kJ \cdot mol^{-1} = -89\ kJ \cdot mol^{-1}$

$\Delta_R S = [S(Zn^{2+}) + S(Cu)] - [S(Cu^{2+}) + S(Zn)]$

$\Delta_R S = (-112\ J \cdot mol^{-1} \cdot K^{-1} + 33\ J \cdot mol^{-1} \cdot K^{-1}) - (-100\ J \cdot mol^{-1} \cdot K^{-1} + 42\ J \cdot mol^{-1} \cdot K^{-1})$

$= -21\ J \cdot mol^{-1} \cdot K^{-1}$

$\Delta_R G = \Delta_R H - T \cdot \Delta_R S$ für Raumtemperatur $T = 298$ K:

$\Delta_R G = -89\ kJ \cdot mol^{-1} - 298\,(-0{,}021\ kJ \cdot mol^{-1}) = -82{,}7\ kJ \cdot mol^{-1}$

Die Ergebnisse der Berechnungen bestätigen die Vermutungen.

3.7 Klausur: Elektrochemie

A

1. Gegeben sind eine Kochsalz- und eine Ammoniumchloridlösung. Es sind 2,9 g Kochsalz und 2,6 g Ammoniumchlorid in jeweils 50 ml Wasser gelöst.
Stellen Sie qualitative Betrachtungen zu den Leitwerten beider Lösungen im Vergleich an.
Welche Veränderungen des Leitwertes würden sich
a) beim Verdünnen
b) beim Erwärmen ergeben.
Beschreiben Sie Unterschiede der Leitfähigkeiten von Metallen und Salzlösungen.

2. Bestimmen Sie die Richtung folgender Reaktionen unter Standardbedingungen und vervollständigen Sie die Reaktionsgleichungen:
a) $Fe_2(SO_4)_3 + MnSO_4 + H_2O$ – $MnO_2 + FeSO_4 + H_2SO_4$
b) $HgCl_2 + SnCl_2$ – $Hg_2Cl_2 + SnCl_4$
c) $FeBr_3$ – $FeBr_2 + Br_2$
d) FeI_3 – $FeI_2 + I_2$

3. In einem Experiment wurde eine Silber//Eisen-Zelle erprobt. Dazu wurden eine Silbernitrat-Lösung $c(AgNO_3) = 1\ mol \cdot \ell^{-1}$ und eine Eisen(II)-sulfat-Lösung $c(FeSO_4) = 0{,}01\ mol \cdot \ell^{-1}$ verwendet. Berechnen Sie die zu erwartende Spannung dieser Zelle.
Diskutieren Sie die industrielle Verwendbarkeit dieser Zelle bei 298 K.
Es ist: $E_0(Ag/Ag^+) = 0{,}8\ V$; $E_0(Fe^{2+}/Fe) = -0{,}44\ V$

4. Bei einem galvanischen Element wurden eine Kupfer- und eine Nickel-Halbzelle verwendet. Berechnen Sie die Zellspannung und die freie Reaktionsenthalpie unter folgenden Bedingungen:
Temperatur: 20 °C
$c(Ni^{2+}) = 0{,}01\ mol \cdot \ell^{-1}$
$c(Cu^{2+}) = 0{,}1\ mol \cdot \ell^{-1}$
Diskutieren Sie Ihre Ergebnisse.
Es ist: $E_0(Ni^{2+}/Ni) = -0{,}25\ V$; $E_0(Cu^{2+}/Cu) = +0{,}35\ V$

5. Diskutieren Sie die Vorgänge bei der Elektrolyse von Blei(II)-Iodid.
Es gelten folgende Potenziale (bei pH = 7):
$H_2O/O_2 = +0{,}82\ V$
$H_2O/H_2 = -0{,}41\ V$
$Pb/Pb^{2+} = -0{,}13\ V$
$2\ I^-/I_2 = +0{,}54\ V$
Welche Spannung muss man mindestens anlegen, um Blei(II)-Iodid zu zersetzen? Überspannungseffekte sollen nicht berücksichtigt werden.

M1 Gleichungen und Größen:

$\Delta_R G = -z F \Delta E$

$E = E^0 + \frac{R_0 \cdot T}{F \cdot z} \cdot \ln \frac{c(Ox)}{c(Red)}$; mit $R_0 = 8{,}314\ J \cdot K^{-1} \cdot mol^{-1}$; $F = 9{,}65 \cdot 10^4\ As \cdot mol^{-1}$

Standardpotenziale einiger Elektrodenreaktionen nach der Größe geordnet
$MnO_4^-/Mn^{2+} > Cr_2O_7^{2-}/Cr^{3+} > MnO_2/Mn^{2+} > Br_2/2\ Br^- > Hg^{2+}/Hg_2^{2+} > Ag/Ag^+ >$
$Fe^{3+}/Fe^{2+} > I_2/2\ I^- > Sn^{4+}/Sn^{2+} > S/H_2S > H^+/H_2 > Cr^{3+}/Cr^{2+} > Zn^{2+}/Zn$

L

1. Berechnungen der Stoffmengenkonzentrationen:

$M\,(\text{NaCl}) = 58{,}5\ \text{g} \cdot \text{mol}^{-1}$

$n\,(\text{NaCl}) = \frac{m\,(\text{NaCl})}{M\,(\text{NaCl})} = 0{,}0495\ \text{mol} \sim 0{,}05\ \text{mol in } 50\ \text{ml} \mathrel{\hat{=}} 1\ \text{mol} \cdot \ell^{-1}$

$M\,(\text{NH}_4\text{Cl}) = 53{,}5\ \text{g} \cdot \text{mol}^{-1}$

$n\,(\text{NH}_4\text{Cl}) = 0{,}048\,59\ \text{mol} \sim 0{,}05\ \text{mol in } 50\ \text{ml} \mathrel{\hat{=}} 1\ \text{mol} \cdot \ell^{-1}$

Beide Lösungen haben etwa die gleichen Stoffmengenkonzentrationen.
Die Leitwerte können also nur differieren, wenn die Ionenbeweglichkeiten der beteiligten Ionen verschieden sind.

a) Beim Verdünnen wird der Leitwert sinken, da die Ionenzahl bezogen auf die Lösungsmittelmenge sinkt, die Konzentration wird geringer.

b) Beim Erwärmen wird die Viskosität der Lösung geringer, der Leitwert steigt.

Die Leitfähigkeit von Metallen ist abhängig von der Art des Metalls, von der Temperatur, der Länge und dem Querschnitt des Leiters. Bei Salzlösungen gelten die gleichen physikalischen Gesetzmäßigkeiten. Für die Länge des Leiters steht hier der Elektrodenabstand, für den Querschnitt die Eintauchtiefe der Elektroden in die Lösung.
Ein wesentlicher Unterschied ist die Temperaturabhängigkeit. Bei Metallen steigt mit steigender Temperatur der Widerstand und die Leitfähigkeit sinkt.
Außerdem erfolgt bei Metallen der Ladungstransport über Elektronen, bei Salzlösungen über Ionen.

2. Es müssen zuerst die Oxidationszahlen bestimmt werden. Das Potenzial des Oxidationsmittels (OM) muss größer sein als das Potenzial des Reduktionsmittels (RM).

a) $\underset{\text{OM}}{\overset{\text{III}}{\text{Fe}_2}(\text{SO}_4)_3} + \underset{\text{RM}}{\overset{\text{II}}{\text{Mn}}\text{SO}_4} + 2\,\text{H}_2\text{O} \leftarrow \overset{\text{IV}}{\text{Mn}}\text{O}_2 + 2\,\overset{\text{II}}{\text{Fe}}\text{SO}_4 + 2\,\text{H}_2\text{SO}_4$

$E\,(\text{OM}) < E\,(\text{RM})$

b) $2\,\underset{\text{OM}}{\overset{\text{II}}{\text{Hg}}\text{Cl}_2} + \underset{\text{RM}}{\overset{\text{II}}{\text{Sn}}\text{Cl}_2} \rightarrow \overset{\text{I}}{\text{Hg}_2}\text{Cl}_2 + \overset{\text{IV}}{\text{Sn}}\text{Cl}_4$

$E\,(\text{OM}) > E\,(\text{RM})$

c) $2\,\underset{\text{OM}}{\overset{\text{III}}{\text{Fe}}}\underset{\text{RM}}{\overset{-\text{I}}{\text{Br}_3}} \leftarrow 2\,\overset{\text{II}}{\text{Fe}}\text{Br}_2 + \overset{0}{\text{Br}_2}$

$E\,(\text{OM}) < E\,(\text{RM})$

d) $2\,\underset{\text{OM}}{\overset{\text{III}}{\text{Fe}}}\underset{\text{RM}}{\overset{-\text{I}}{\text{I}_3}} \rightarrow 2\,\overset{\text{II}}{\text{Fe}}\text{I}_2 + \overset{0}{\text{I}_2}$

$E\,(\text{OM}) > E\,(\text{RM})$

3. $Ag/Ag^+//Fe^{2+}/Fe$

$E = +0{,}8\,V$ $E = -0{,}44\,V$

$$E\,(Ag/Ag^+) = +0{,}8\,V + \frac{8{,}314\,J \cdot K \cdot mol}{mol \cdot K\,9{,}65 \cdot 10^4\,As} \ln 1 = +0{,}8\,V$$

$$E\,(Fe^{2+}/Fe) = -0{,}44\,V + \frac{8{,}314\,J \cdot 298\,K \cdot mol}{mol \cdot K \cdot 9{,}65 \cdot 10^4\,As \cdot 2} \ln 10^{-2} = -0{,}44\,V + 0{,}0128\,V\,(-4{,}61) = -0{,}5\,V$$

$E_{ges} = +0{,}8\,V - (-0{,}5) = 1{,}3\,V$

Die industrielle Verwendbarkeit wäre hinsichtlich des Potenzials gegeben. Eisenelektroden unterliegen aber starker Korrosion, was die industrielle Verwendbarkeit ungünstig beeinflusst.

4. $Cu/Cu^{2+}//Ni^{2+}/Ni$

$E = +0{,}35\,V$ $E = -0{,}25\,V$

Cu/Cu^{2+}: $E = +0{,}35\,V + \frac{8{,}314\,J \cdot 293\,K \cdot mol}{mol \cdot K \cdot 9{,}65 \cdot 10^4\,As \cdot 2} \ln 0{,}1$

Kathode

$E = +0{,}35\,V + 0{,}0126\,V\,(-2{,}3) = 0{,}321\,V$

Ni/Ni^{2+}: $E = -0{,}25\,V + 0{,}0126\,V\,(-4{,}6) = -0{,}31\,V$

Anode

$\Delta E = E_{ges} = 0{,}631\,V$

Die Reaktion verläuft freiwillig, das Potenzial ist etwa 0,4 V kleiner als das Potenzial des DANIELL-Elements.

Mit $\Delta_R G = -z \cdot R \cdot \Delta E$ folgt: $\Delta_R G = -2 \cdot 9{,}65 \cdot 10^4\,As \cdot mol^{-1} \cdot 0{,}631\,V$

$= -121\,783\,J \cdot mol^{-1}$

$= -121{,}8\,kJ \cdot mol^{-1}$

5. **Anode:** Oxidation

$2\,\overset{-I}{I^-} \rightleftharpoons \overset{0}{I_2} + 2\,e^-$ $E = +0{,}54\,V$

oder: $2\,\overset{-II}{H_2O} \rightleftharpoons \overset{0}{O_2} + 4\,H^+ + 4\,e^-$ $E = +0{,}82\,V$

Kathode: Reduktion

$\overset{II}{Pb^{2+}} + 2\,e^- \rightleftharpoons \overset{0}{Pb}$ $E = -0{,}13\,V$

oder: $2\,H_2O + e^- \rightleftharpoons +H_2 + 2\,OH^-$ $E = -0{,}41\,V$

Zellreaktion: An der Anode gibt I^- wegen des kleineren Potenzials leichter Elektronen ab als H_2O. Also wird an der Anode I_2 abgeschieden.

An der Kathode nimmt Pb^{2+} wegen des größeren Potenzials leichter Elektronen auf als H_2O. Also wird an der Kathode Pb abgeschieden.

$2\,I^- + Pb^{2+} \rightleftharpoons I_2 + Pb$

Berechnung der Zersetzungsspannung:

$E = E\,(I_2/2\,I^-) - E\,(Pb/Pb^{2+}) = 0{,}54\,V - (-0{,}13\,V) = +0{,}67\,V$

Die Zersetzungsspannung beträgt +0,67 V.

3.8 Klausur: Atombau/PSE/Bindung

A

1. Robert Lazar, Gravitationsforscher in Los Alamos, hat behauptet, die USA besitzen mehr als 250 kg des Elementes mit der Ordnungszahl 115, welches in einem Raumschiff von einem anderen Planeten gefunden worden sein soll. Wenn diese Aussage stimmen würde, müsste man dieses Element an welche Stelle im PSE einordnen? Welche Eigenschaften könnte man für dieses Element ableiten?

2. a) Schreiben Sie die Elektronenkonfiguration für ein Haupt- und ein Nebengruppenelement, sowie die Elektronenkonfiguration für je eine Oxidationsstufe dieses Elements auf. Geben Sie die Formel für je eine Verbindung, in der diese Oxidationsstufe betätigt wird an.

b) Welche Elemente haben folgende Elektronenkonfigurationen?

i) $1s^2$; $2s^2$; $2p^6$; $3s^2$; $3p^6$; $4s^2$; $3d^{10}$; $4p^2$

ii) $1s^2$; $2s^2$; $2p^6$; $3s^2$; $3p^6$; $4s^2$; $3d^{10}$; $4p^6$; $5s^2$; $4d^{10}$; $5p^6$; $6s^2$; $5d^1$

c) Es sind die Elektronenkonfigurationen zweier Elemente dargestellt:

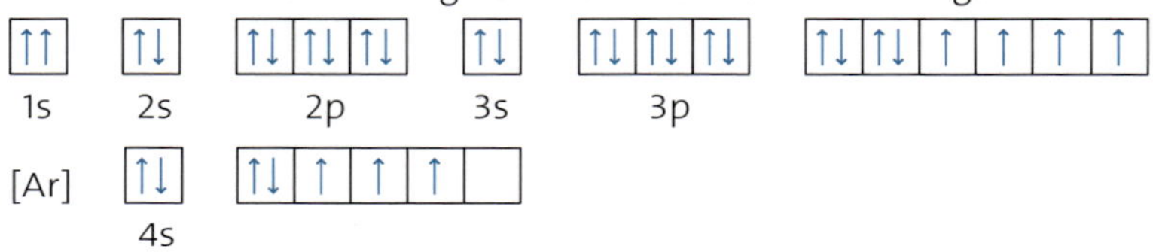

In die Elektronenverteilung haben sich Fehler eingeschlichen. Um welche Elemente handelt es sich? Erläutern Sie die Fehler und berichtigen sie diese.

3. Geben Sie die Hybridisierung der Kohlenstoffatome in folgenden Verbindungen an: Propin, Buta1,3dien, Methylbenzen und Cyclohexen.

4. Schreiben Sie die Lewis-Formeln (Elektronenformeln) für folgende Teilchen auf:
H_2O; OH^-; NH_4^+; PCl_3; PCl_5; SO_2; SO_3; SF_6
Welche Geometrie haben diese Teilchen?

5. Diskutieren Sie die Aussagen.

a) Im Carbonat-Ion sind alle C-O-Bindungslängen gleich.

b) Im Carbonat-Ion sind alle Bindungswinkel gleich.

c) Carbonat-Ionen sind planar.

L

1. Hypothetisch kann man folgende Aussagen treffen: Das Element steht unter Wismut in der 7. Periode und der 5. Hauptgruppe; es hat 5 Außenelektronen; es ist ein Nebengruppenelement/Metall; es hat Oxidationsstufen von −3 bis +5; es reagiert basisch

2. a) S: [Ne] $3s^2$; $3p^4$
S^{2-}: [Ne] $3s^2$; $3p^6$ OZ −2 Schwefelwasserstoff
Mn: [Ar] $4s^2$; $3d^{5+}$
Mn^{2+}: [Ar] $4s^0$; $3d^5$ OZ +2 Mangan(II)-sulfat

b) i = Germanium
ii = Lanthan

c) 1. Element Eisen, Fehler bei 1s PAULI-Prinzip nicht beachtet und 3d hat nur 5 Unterniveaus:

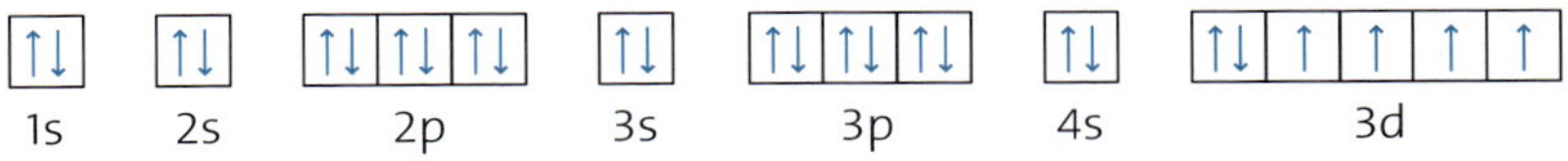

Element Mangan 3d darf nur ungepaarte Elektronen enthalten

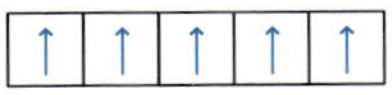

3.

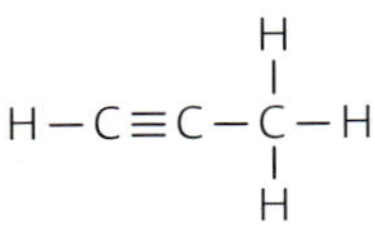

Propin
C-Atome neben der Dreifachbindung sp-Hybridisierung, restliches C: sp^3

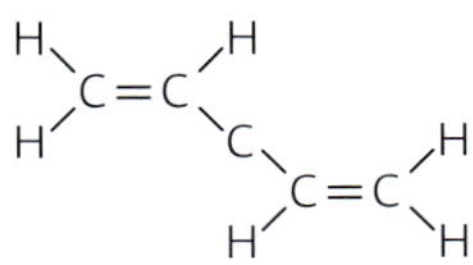

Buta1,3dien
alle C-Atome sp^2-hybridisiert

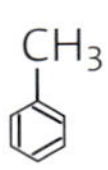

Methylbenzen
C-Atome im Ring sp^2 hybridisiert
Seitenkette sp^3 hybridisiert

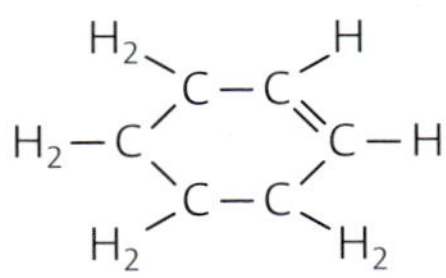

Cyclohexen
C-Atome neben Doppelbindung sp^2-
restliche C-Atome sp^3-hybridisiert

4.

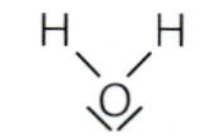 Wasser, gewinkelt	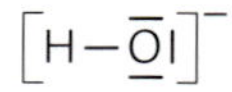 Hydroxid-Ion, eben
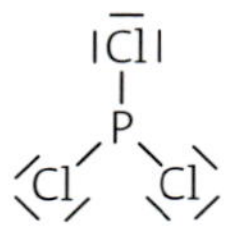 Phosphortrichlorid, eben	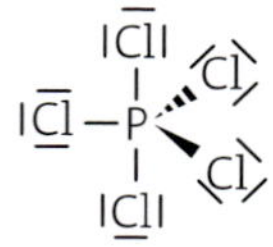 Phosphorpentachlorid, trigonal/bipyramidal
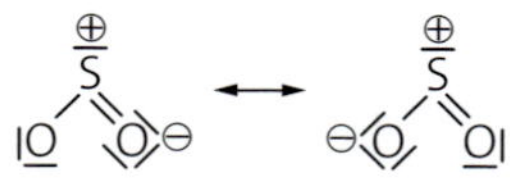 Schwefeldioxid, gewinkelt	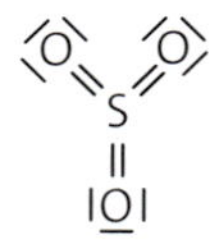 Schwefeltrioxid, eben
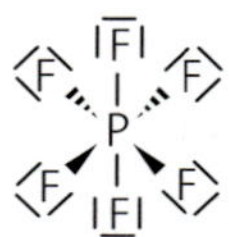 Schwefelhexafluorid, oktaedrisch	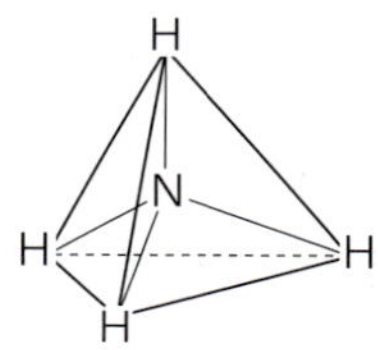 Ammonium-Ionen, tetraedrisch

5. Alle Aussagen sind richtig. Das Carbonat ist mesomeriestabilisiert und der Kohlenstoff sp^2-hybridisiert, dadurch sind alle Bindungen gleich lang.

Leistungskontrollen

4

Die hier abgedruckten Leistungskontrollen sind für ca 45 Minuten vorgesehen. Sie beinhalten meist nur einen Themenbereich. Oft wird sogenanntes Standardwissen abgefragt.

4.1 Leistungskontrolle: Thermochemie

A

1. Betrachten Sie folgende Reaktionen hinsichtlich Reaktionsenthalpie und Volumenarbeit. Vergleichen Sie die Ergebnisse.
   $2\ SO_2 + O_2 \rightleftharpoons 2\ SO_3$
   $H_2 + I_2 \rightleftharpoons 2\ HI$

2. Folgende Größen sind gegeben:
   Bildungsenthalpie von Essigsäure: $-485\ kJ \cdot mol^{-1}$
   Bildungsenthalpie von Kohlenstoffdioxid: $-393\ kJ \cdot mol^{-1}$
   Bildungsenthalpie von Wasser: $-285\ kJ \cdot mol^{-1}$
   Berechnen Sie aus diesen Größen die Verbrennungsenthalpie von Essigsäure.

3. Wasserstoff kann durch Konvertierung aus Kohlenmonooxid und Wasserdampf gewonnen werden. Die Reaktion läuft bei 700 K und mit einem Katalysator ab. Berechnen Sie $\Delta_R G$ unter Standardbedingungen und bei $T = 700\ K$. Diskutieren Sie die Bedingungen unter thermodynamischen Aspekten.

4. In 100 ml Wasser werden 2 g Natriumhydroxid gelöst. Die Temperatur steigt um 5 °C. Berechnen Sie die molare Lösungsenthalpie.

L

1. $2\,SO_2(g) + O_2(g) \rightleftharpoons 2\,SO_3(g)$ 1 mol Volumenverkleinerung

$\Delta_R H = 2 \cdot \Delta_f H(SO_3) - 2 \cdot \Delta_f H(SO_2) = -198\ kJ \cdot mol^{-1}$

$W_m = -p \cdot \Delta V_m = -101{,}3\ kPa \cdot (-1 \cdot 22{,}4\ \ell \cdot mol^{-1}) = 2{,}26\ kJ \cdot mol^{-1}$

$H_2(g) + I_2(g) \rightleftharpoons 2\,HI(g)$ keine Volumenänderung

$\Delta_R H = 2\,\Delta_f H(HI) = +52\ kJ \cdot mol^{-1}$

Volumenarbeit ist null, demzufolge entspricht die Reaktionsenthalpie der Reaktionsenergie. Es handelt sich um eine exotherme reaktion mit negativer Volumenarbeit und im zweiten Fall um eine endotherme Reaktion ohne Volumenarbeit.

2. $CH_3COOH + 2\,O_2 \rightarrow 2\,CO_2 + 2\,H_2O$

$\Delta_R H = 2 \cdot \Delta_f H(H_2O) + 2 \cdot \Delta_f H(CO_2) - \Delta_f H(CH_3COOH) = -871\ kJ \cdot mol^{-1}$

3. $CO(g) + H_2O(g) \rightleftharpoons CO_2(g) + H_2(g)$

$\Delta_R G = \Delta_R H - T\Delta_R S$

$\Delta_R H = \Delta_f H(CO_2) - [\Delta_f H(CO) + \Delta_f H(H_2O)] = -40\ kJ \cdot mol^{-1}$

$\Delta_R S = S(H_2) + S(CO_2) - [S(H_2O) + S(CO)] = -0{,}042\ kJ \cdot mol^{-1}$

$\Delta_R G = -40\ kJ \cdot mol^{-1} - 298\ K \cdot (-0{,}042\ kJ \cdot mol^{-1}) = -27{,}5\ kJ \cdot mol^{-1}$

Die Reaktion ist bei 298 K exotherm und exergon. Sie läuft freiwillig ab.

$\Delta_R G = -40\ kJ \cdot mol^{-1} - 973\ K \cdot (-0{,}042\ kJ \cdot mol^{-1}) = +0{,}9\ kJ \cdot mol^{-1}$

Bei 700K läuft die Reaktion nicht mehr freiwillig ab.

Exotherme Reaktionen werden durch niedrige Temperatur begünstigt.

4. Berechnung mit der kalorimetrischen Grundgleichung

$$\Delta H = -\frac{(m(H_2O) \cdot cp(H_2O) \cdot \Delta T)}{n} = -\frac{(m(H_2O) \cdot cp(H_2O) \cdot \Delta T)M}{m}$$

$$= -\frac{100\ g \cdot 4{,}186\ J \cdot 5\ K \cdot 40\ g}{2\ g \cdot g \cdot K \cdot mol} = -41{,}8\ kJ \cdot mol^{-1}$$

4.2 Leistungskontrolle: Löslichkeitsgleichgewichte

A

1. Formulieren Sie die Gleichungen in verkürzter Ionenschreibweise und den Ausdruck für die Löslichkeitskonstante für die Fällung von: Silberbromid, Magnesiumhydroxid, Silbersulfid und Arsentrisulfid.

2. Berechnen Sie die Löslichkeit von Blei(II)-sulfat in Wasser und in 0,1-molarer Natriumsulfatlösung. Geben Sie die Ergebnisse in $g \cdot \ell^{-1}$ oder in $mg \cdot \ell^{-1}$ an. Werten Sie die Ergebnisse aus. $K_L(PbSO_4) = 1{,}5 \cdot 10^{-8}\ mol^2 \cdot \ell^{-2}$

3. Berechnen Sie die Löslichkeit von Silberphosphat. $K_L = 1{,}8 \cdot 10^{-18}\ mol^4 \cdot \ell^{-4}$

L

1. $Ag^+ + Br^- \rightleftharpoons AgBr$ $\quad K_L = c(Ag^+) \cdot c(Br^-)\ [mol^2 \cdot \ell^{-2}]$
$Ag^+ + S^{2-} \rightleftharpoons Ag_2S$ $\quad K_L = c(Ag^+) \cdot c^2(S^{2-})\ [mol^3 \cdot \ell^{-3}]$
$Mg^{2+} + 2\,OH^- \rightleftharpoons Mg(OH)_2$ $\quad K_L = c(Mg^{2+}) \cdot c^2(OH^-)\ [mol^3 \cdot \ell^{-3}]$
$2\,As^{3+} + 3\,S^{2-} \rightleftharpoons As_2S_3$ $\quad K_L = c^2(As^{3+}) \cdot c^3(S^{2-})\ [mol^5 \cdot \ell^{-5}]$

2. $K_L(PbSO_4) = c(Pb^{2+}) \cdot c(SO_4^{2-})$
$l_0 = \sqrt{K_L} = \sqrt{1{,}5 \cdot 10^{-8}\ mol^2 \cdot \ell^{-2}} = 1{,}2 \cdot 10^{-4}\ mol \cdot \ell^{-1} = 0{,}04\ g \cdot \ell^{-1}$
In einem Liter Wasser lösen sich 0,04 g Blei(II)-sulfat
Bei Natriumsulfat ist die Konzentration der zugegebenen Sulfat-Ionen viel größer als die Konzentration der Sulfat-Ionen aus dem Löslichgleichgewicht.
Es gilt: $l_0 = K_L/0{,}1\ mol \cdot \ell^{-1}$. Die Löslichkeit beträgt in einem Liter Natriumsulfat angegebener Konzentration demzufolge $1{,}5 \cdot 10^{-9}\ mol \cdot \ell^{-1}$. Das entspricht einer Masse von $4{,}5 \cdot 10^{-7}$ g. Durch gleichionige Zusätze wird die Löslichkeit verringert.

3. Die Löslichkeit des Salzes A_mB_n ist: $L = \frac{c_{eq}(A^+)}{m} = \frac{c_{eq}(B^-)}{n} = \sqrt[n+m]{\frac{K_L}{n^n \cdot m^m}}$
$L = \sqrt[4]{5{,}5 \cdot 10^{-16}\ mol^4 \cdot \ell^{-4}} = 1{,}5 \cdot 10^{-4}\ mol \cdot \ell^{-1}$

4.3 Leistungskontrolle: Elektrochemie

A

1. Gegeben ist die galvanische Zelle Pb/Pb2+//2 I–/I2.
Formulieren sie die Elektrodenreaktionen und die Gesamtreaktion.
Berechnen Sie das Potenzial unter Standardbedingungen.
Wie ändert sich das Potenzial, wenn die die Konzentrationen wie folgt verändert werden? c(Pb2+) = 0,1 mol · ℓ^{-1} und c(I–) = unverändert

2. Diskutieren Sie die Vorgänge bei der Elektrolyse von Blei(II)-Iodid.
Es gelten folgende Potenziale:
$H_2O/O_2 = +0{,}82$ V; $H_2O/H_2 = -0{,}41$ V; $Pb/Pb^{2+} = -0{,}13$ V; $2\,I^-/I_2 = +0{,}54$ V
Welche Spannung muss man mindestens anlegen, um Blei(II)-Iodid zu zersetzen?

3. Berechnen Sie die Masse an Blei(IV)-oxid, die ein Bleiakku von 12 V Spannung und einer Leistung von 40Ah enthält, wenn bei seiner Entladung 90 % der aktiven Masse umgesetzt werden.

L

1. $Pb/Pb^{2+}//2\,I^-/I_2$
E° = –0,13 V E° = +0,54 V
(–) (+)
Reaktionen (+): $I_2 + 2e \rightleftharpoons 2\,I^-$ Kathode
Reaktionen (–): $Pb \rightleftharpoons Pb^{2+} + 2\,e$ Anode
Gesamt: $I_2 + Pb \rightleftharpoons Pb^{2+} + 2\,I^-$
$E = E$(Kathode) – E(Anode) = 0,54 V – (–0,13 V) = 0,67 V
Berechnung mit der Nernst-Gleichung:
Für 25°C: $E = E° + \frac{0{,}059\text{ V}}{z} \lg\frac{\text{ox}}{\text{red}} = -0{,}13\text{ V} + \frac{0{,}059\text{ V}}{2} \lg 0{,}1 = -0{,}159\text{ V}$
Das Potenzial ändert sich auf 0,699 V.

2. Bei der Elektrolyse von Blei(II)-iodid finden die umgekehrten Prozesse wie in Aufgabe 1 behandelten galvanischen Element statt
Kathode ist hier der (–) Pol, Anode der (+)Pol. Es werden Blei und Iod abgeschieden.
Die Zersetzungsspannung entspricht dem Potenzial des galvanischen Elements.
Sie beträgt bei 25°C 0,41 V
Konkurrenzreaktionen durch Wasserzersetzung treten nicht auf.

3. $Pb + 2\,H_2SO_4 + PbO_2 \rightleftharpoons 2\,PbSO_4 + 2\,H_2O$ (Bruttoreaktion); es werden 2 Elektronen übertragen.
Berechnung mit Faraday: $m = \frac{M \cdot I \cdot t}{F \cdot z} = \frac{239{,}3\text{ g} \cdot 40\text{ A} \cdot 3600\text{ s mol}}{2\text{ mol} \cdot 9{,}65 \cdot 10^4\text{ As}}$; M = 178,47 g (90 %)
Die Gesamtmasse beträgt demzufolge 198,3 g.

4.4 Leistungskontrolle: Komplexchemie

A

1. Benennen Sie die Verbindungen bzw. Teilchen:
a) $[Fe(CN)_6]^{3-}$ b) $[Cu(NH_3)_4]^{2+}$ c) $[CrCl_3(H_2O)_3]$ d) $[FeBr_2(CN)_2(H_2O)_2]^{2-}$

2. Eine Stoffportion wasserfreies Kupfer(II)-sulfat wird in Wasser gelöst und mit der Stammlösung werden weitere Experimente durchgeführt, die zu folgenden Beobachtungen führen:
a) Das weiße Salz bildet beim Lösen eine hellblaue Lösung.
b) Bei Zugabe von Ammoniak zur Stammlösung bildet sich ein hellblauer Niederschlag, der sich bei weiterer Zugabe von Ammoniak unter Bildung einer tiefblauen Lösung auflöst.
c) Bei Zugabe von Salzsäure zu der blauen Lösung aus Teilaufgabe b) wird die Lösung grün.
d) Bei Zugabe von gelbem Blutlaugensalz zur Stammlösung entsteht ein brauner Niederschlag.
Werten Sie die Beobachtungen unter Einbeziehung von Gleichungen aus.

3. Kupfer(I)- und Kupfer(II)-Komplexverbindungen unterscheiden sich in Farbe und in den magnetischen Eigenschaften. Erklären Sie den Sachverhalt an zwei Beispielen.

L

1. a) Hexacyanoferrat(III)-Ion b) Tetraamminkupfer(II)-Ion
c) Triaquotrichlorochrom(III) d) Diaquodibromodicyanoeisen(II)-Ion

2. a) $CuSO_4 + 6\,H_2O \rightleftharpoons \underset{\text{hellblau}}{[Cu(H_2O)_6]^{2+}} + SO_4^{2-}$

b) $[Cu(H_2O)_6]^{2+} + 4\,NH_3 \rightleftharpoons \underset{\text{tiefblaue Lösung}}{[Cu(H_2O)_2(NH_3)_4]^{2+}} + 4\,H_2O$

c) $[Cu\,(H_2O)_2\,(NH_3)_4]^{2+} + 4\,HCl \rightleftharpoons \underset{\text{grüne Lösung}}{[Cu\,(H_2O)_2\,Cl_4]^{2-}} + 4\,NH_4^+$

d) $2\,[Cu(H_2O)_6]^{2+} + K_4[Fe(CN)_6] \rightleftharpoons \underset{\text{brauner Niederschlag}}{Cu_2[Fe(CN)_6]} + 4\,K^+ + 12\,H_2O$

Es finden bei a, b und c Ligandenaustauschreaktionen statt.
Reaktion d ist die Fällung einer Komplexverbindung.

3. Elektronenkonfiguration Cu: [Ar] $4s^1\,3d^{10}$
Bei Kupfer(I)-Komplexen wird aus 4s ein Elektron abgegeben, bei Kupfer(II)-Komplexen wird noch zusätzlich ein Elektron aus dem 3d abgegeben. Es liegen einmal nur gepaarte Elektronen vor (diamagnetisch) und zum anderen ein ungepaartes Elektron (paramagnetisch). Weiterhin sind die Möglichkeiten für d-d Elektronenübergänge unterschiedlich (Farbe).

4.5 Leistungskontrolle: Kinetik 1

A

1. Erläutern Sie den Begriff Reaktionsgeschwindigkeit.
Nennen Sie Kriterien, die zur Veränderung der Reaktionsgeschwindigkeit führen.
Unterbreiten Sie zwei Vorschläge, die bei der Reaktion $Cu^{2+} + Fe \rightleftharpoons Fe^{2+} + Cu$ (Abscheidung von Kupfer auf Eisen) zur Erhöhung der Reaktionsgeschwindigkeit führen.

2. Es wurde die Reaktion Zink mit Salzsäure untersucht:

***t* [min]**	0	1	2	3	4	5	6	7	8	9	10
$c(H^+)$ [mol·ℓ$^{-1}$]	1	0,750	0,642	0,558	0,492	0,447	0,403	0,370	0,347	0,325	0,308

a) Formulieren Sie die Reaktionsgleichung.
b) Ermitteln Sie grafisch die Durchschnittsgeschwindigkeit bezüglich H^+ zwischen der 3. und 5. Minute.
c) Formulieren Sie eine Geschwindigkeitsgleichung für diese Reaktion.

L

1. Die Reaktionsgeschwindigkeit ist die Änderung einer Konzentration pro Zeiteinheit. Sie kann durch Änderung der Reaktionsbedingungen (Druck, Temperatur, Konzentration), durch Vergrößerung der Oberfläche der Reaktionspartner und den Einsatz von Katalysatoren verändert werden. Im Beispiel kann man die Konzentration der Kupfersalzlösung erhöhen und Eisen als Pulver verwenden.

2. a) $Zn + 2\,HCl \rightarrow ZnCl_2 + H_2$

b)

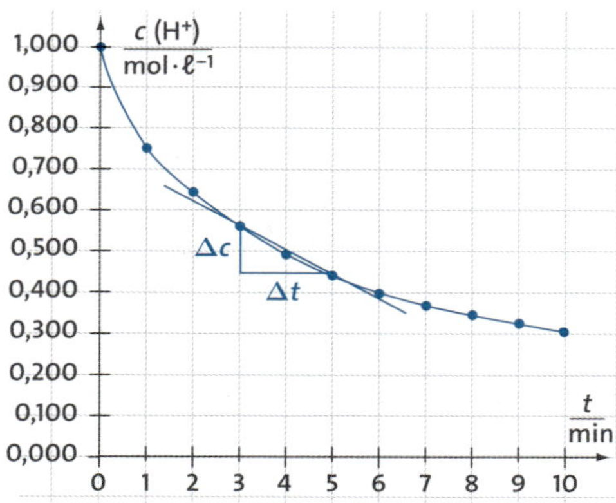

c) Durchschnittsgeschwindigkeit zwischen der 3. und 5. Minute:
$v = 0{,}056\ mol \cdot ℓ^{-1} \cdot min^{-1}$
Geschwindigkeitsgleichung: $v(H^+) = 2 \cdot v(Zn^{2+})$

4.6 Leistungskontrolle: Kinetik 2

A

1. Die thermische Zersetzung von Distickstoffpentoxid erfolgt nach der Gleichung
$2\ N_2O_5 \rightarrow 4\ NO_2 + O_2$.
Die folgenden Konzentrationen von N_2O_5 in flüssigem Brom wurden in Abhängigkeit von der Zeit gemessen ($T > 298$ K):

Zeit [s]	0	200	400	600	1000
$c(N_2O_5)$ mol · ℓ^{-1}	0,110	0,073	0,048	0,032	0,014

a) Zeigen Sie grafisch, dass es sich um eine Reaktion 1. Ordnung handelt.
b) Berechnen Sie die Geschwindigkeitskonstante für die Reaktion unter diesen Bedingungen.

Hinweis: Trägt man $\ln c_0 / \ln c$ auf, so erhält man eine Gerade, die durch den Nullpunkt verläuft.

Material
Geschwindigkeitsgesetz 1. Ordnung: $c = c_0 \cdot e^{-kt}$
Hinweise zur Halbwertszeit: $\ln\frac{1}{2} = -k \cdot t_{\frac{1}{2}}$; $t_{\frac{1}{2}} = \frac{\ln 0{,}5}{k}$; $t_{\frac{1}{2}} = \frac{\ln 2}{k} = \frac{0{,}693}{k}$

L

1. a) Um die Reaktionsordnung zu bestimmen, trägt man bei Reaktionen 1. Ordnung, abgeleitet aus dem Geschwindigkeitsgesetz $\ln c$ gegen t auf. Erhält man eine Gerade, liegt eine Reaktion 1. Ordnung vor.

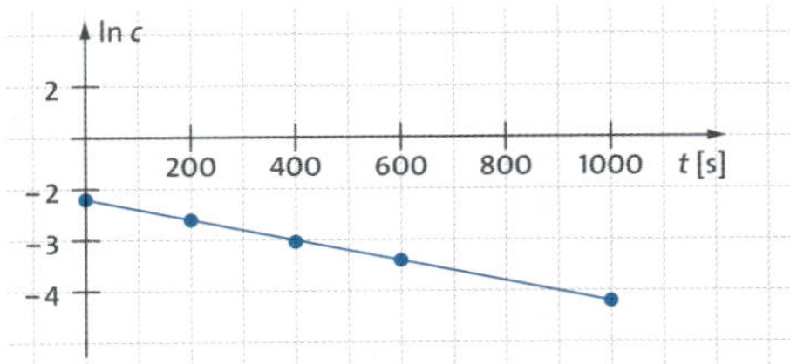

Zeit [s]	0	200	400	600	1000
$c(N_2O_5)$ mol · ℓ^{-1}	0,110	0,073	0,048	0,032	0,014
ln c	−2,2	−2,6	−3,03	−3,4	−4,2

Die Kurve ist eine Gerade, deshalb handelt es sich um eine Reaktion 1. Ordnung.

b) Die Geschwindigkeitskonstante k ist der Anstieg der Geraden (Ordinaten durch Abszissenabschnitt) $k = 2 \cdot 10^{-3}\ s^{-1}$

4.7 Leistungskontrolle: Synthetische Makromoleküle

1. a) Vergleichen sie die Reaktionstypen Polymerisation, Polykondensation und Polyaddition.

b) Geben Sie den Namen (auch Handelsname möglich) und eine Verwendung für ein Polymeriastions- und ein Polykondensationsprodukt an.

2. Prüfen Sie die Stoffe auf ihre Eignung zum Ausgangsstoff für Makromoleküle:

Ausgangsstoff	**Eignung**
Methanol	
Ethandiol	
Aminoethansäure	
1,2 Diaminoethan	
Butansäure	
1,6 Hexandicarbonsäure	
Glycerol	
1,4 Benzendicarbonsäure	
Propanon	

Stellen Sie unter Verwendung der gegebenen Stoffe eine Reaktionsgleichung zur Herstellung eines Makromoleküls auf.
Ordnen Sie das Reaktionsprodukt einer Gruppe von Kunststoffen zu und bestimmen Sie die Reaktionsart.

3. Kunststoffe enthalten oft gleiche Strukturmerkmale wie natürliche Makromoleküle und haben demzufolge ähnliche Eigenschaften wie diese.
Erläutern Sie diesen Sachverhalt an einem Beispiel.

4. Welches Strukturmerkmal von Kunststoffen kann man aus den gegebenen experimentellen Ergebnissen sicher annehmen:

a) Kunststoff wird beim Erwärmen weich.
b) Kunststoff reagiert positiv auf die Beilsteinprobe.
c) Kunststoff riecht beim Erwärmen nach verbrannten Haaren.
d) Kunststoff riecht beim Erwärmen nach verbrannter Kerze.

L

1. a) **Polymerisation:** Spezialfall der Addition. Ein Edukt bildet durch Aufspaltung von Kohlenstoff-Kohlenstoff-Mehrfachbindungen Makromoleküle.
Polykondensation: Spezialfall der Substitution. Edukte mit mehreren funktionellen Gruppen bilden unter Abspaltung von kleinen Molekülen (z. B. Wasser) Makromoleküle.
Polyaddition: Spezialfall der Addition. Aufspaltung von Mehrfachbindungen, die nicht zwischen zwei Kohlenstoff Atomen liegen, und Bildung von Makromolekülen

b) Polymerisationsprodukt: PVC (Polyvinylchlorid)
Polykondensationsprodukt: PET (Polyethylentherephthalat)

2.

Ausgangsstoff	Eignung, Grund
Methanol	nein, keine Mehrfachbindung, nur eine funktionelle Gruppe
Ethandiol	ja, zwei Hydroxylgruppen
Aminoethansäure	ja, Amino und Carboxy-Gruppe
1,2 Diaminoethan	ja, zwei Aminogruppen
Butansäure	nein, keine Mehrfachbindung, nur eine funktionelle Gruppe
1,6 Hexandicarbonsäure	ja, zwei Carboxy-Gruppen
Glycerol	ja, drei hydroxylgruppen
1,4 Benzendicarbonsäure	ja, zwei Carboxy-Gruppen
Propanon	nein, keine Mehrfachbindung, nur eine funktionelle Gruppe

$n \cdot HOOC{-}(CH_2)_4{-}COOH \; + \; n \cdot H_2N{-}CH_2{-}CH_2{-}NH_2$
$\rightarrow [{-}OOC{-}(CH_2)_4{-}\mathbf{CO{-}HN}{-}CH_2{-}CH_2{-}N{-}]_n + n \cdot H_2O$
Polykondensation. Es handelt sich um ein Polyamid.

3. Das Polyamid aus Aufgabe 2 enthält eine Peptidbindung (fett gedruckt). Diese kommt auch in Eiweißen vor. Erhitzt man Polyamide, so nimmt man einen Geruch nach verbrannten Haaren, verbrannter Haut wahr.

4. a) Merkmal für Thermoplaste.
b) Kunststoff enthält Halogen.
c) Kunststoff enthält Strukturmerkmale von Eiweißen z. B. Polyamide.
d) Kunststoff hat Merkmale von Kerzenwachs (lange Kohlenstoffketten) z. B. Polyethylen.

4.8 Leistungskontrolle: Naturstoffe

A

1. Kohlenhydrate sind ein wichtiger Bestandteil der Nahrung und werden über biokatalytische Prozesse vollständig oxidiert. Entwickeln Sie die Reaktionsgleichung für die vollständige Oxidation von Glucose.

2. Erläutern Sie die FEHLING-Probe als typische Reaktion von Glucose. Stellen Sie die Reaktionsgleichung für die FEHLING-Probe auf. Begründen Sie, dass auch andere Stoffe eine positive Reaktion auslösen können. Nennen Sie einen Stoff, für den das zutrifft.

3. Aus zwei α-Glucose-Molekülen kann durch 1,4-Verknüpfung in einer biokatalytischen Reaktion Maltose gebildet werden. Stellen Sie die Gleichung auf und erläutern die Reaktionsart.

4. Pflanzliche Fette gehören zu den bedeutendsten nachwachsenden Rohstoffen. Erläutern Sie kurz die Bedeutung nachwachsender Rohstoffe am Beispiel von Pflanzenfetten.

L

1. $C_6H_{12}O_6 + 6\,O_2 \rightarrow 6\,CO_2 + 6\,H_2O$

2. Die FEHLING-Probe ist eine typische Reaktion, die bei Stoffen mit reduzierenden Eigenschaften positiv verläuft. Glucose ist ein Reduktionsmittel.
Deshalb reagiert Glucose mit FEHLING.

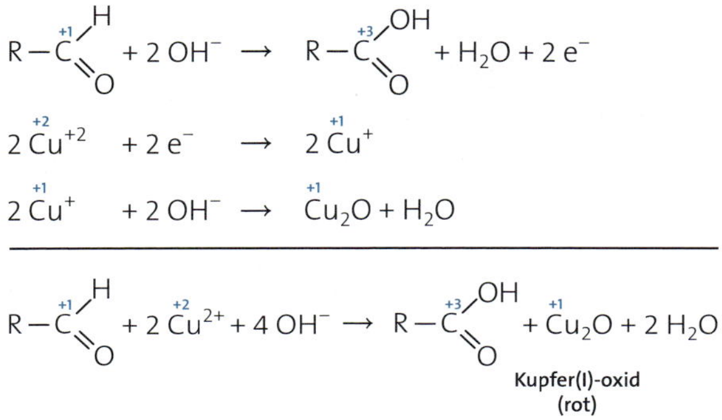

R steht für den Rest des Glucosemoleküls.
Vitamin C (Ascorbinsäure) ist ebenfalls Reduktionsmittel und reagiert mit FEHLING.

3. 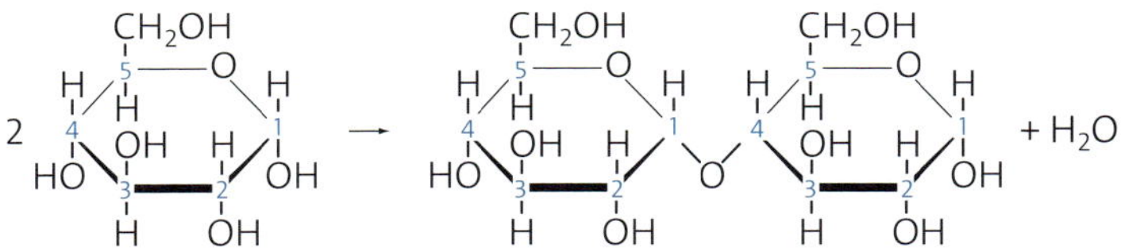

α-D-Glucose

Maltose
(α-1,4-glycosidische Bindung)

Reaktionsart ist eine Substitution (Kondensation). Es werden Atomgruppen wechselseitig ausgetauscht.

4. Bedeutsam ist Pflanzenöl zur Herstellung von Kraftstoff. Für reines Pflanzenöl als Kraftstoff wird aus der Palette der einheimischen Ölpflanzen in Deutschland ausschließlich Raps genutzt. Raps bietet hohe Erträge und optimale chemische und physikalische Eigenschaften für die Verwendung als Kraftstoff. Als Importrohstoffe finden auch Soja- und Palmöl Verwendung.

5 Übungsaufgaben – mündliches Abitur

Die Vorschläge für das mündliche Abitur sind so gehalten, dass man in einer Vorbereitungszeit von meist 20 Minuten (bei Experimenten bis 30 Minuten) ein Konzept für einen Vortrag von ca 10 Minuten Länge erarbeitet.
Beachten Sie, dass nicht in allen Bundesländern Experimente gefordert werden. Die Experimente können oft auch theoretisch gelöst werden.

A

1. Redoxreaktionen

– Stellen Sie die Reaktionsgleichungen auf und entscheiden Sie, ob es sich um Redoxreaktionen handelt.
  (a) Kupfer(II)-sulfatlösung mit Zinkpulver
  (b) Kaliumiodidlösung reagiert im Sauren mit Kaliumpermanganat-Lösung
– Um ein Reaktionsprodukt von (b) sicher zu charakterisieren, kann man Benzin verwenden. Erklären Sie diese Tatsache.
– Erläutern Sie an einem der Beispiele das Wesen der Redoxreaktionen.

L

1. Der Vortrag sollte folgende Inhalte haben:

(a) $\overset{0}{Zn} + \overset{+2}{Cu}SO_4 \rightarrow \overset{+2}{Zn}SO_4 + \overset{0}{Cu}$
– Das rotbraune Kupfer wird ausfallen, die Lösung wird farblos.
– Es handelt sich um eine Redoxreaktion, da sich die Oxidationszahlen von Kupfer und Zink ändern.
– Cu ist Oxidationsmittel, Zink Reduktionsmittel

(b) $2\,\overset{+7}{Mn}O_4^- + 10\,\overset{-1}{I^-} + 16\,H^+ \rightarrow 2\,\overset{+2}{Mn^{2+}} + 5\,\overset{0}{I_2} + 8\,H_2O$
– Redoxreaktion, weil Mangan und Iod die Oxidationszahlen ändern.
– Mn ist Oxidationsmittel, Iodid-Ionen sind Reduktionsmittel
– Iod löst sich in Benzin mit violetter Farbe und kann ausgeschüttelt werden.

Das Wesen der Redoxreaktion sind Elektronenübergänge.
Es liegen zwei korrespondierende Redoxpaare vor:
$MnO_4^- + 5\,e \rightarrow 2\,Mn^{2+}$
$2\,I^- + \rightarrow I_2 + 2\,e$
Oxidationsmittel nehmen Elektronen auf (hier Mangan), Reduktionsmittel geben Elektronen ab.
Iodid-Ion ist richtig nach Reduktionsmittel. Oxidationszahlen über Kupfer und Zink.
Oxidation und Reduktion laufen gleichzeitig ab und sind voneinander abhängig.

2. **Neutralisation** A

- Erläutern Sie an einem selbst gewählten Beispiel die Neutralisation als Säure-Base-Reaktion nach BRÖNSTED.
- Bei der Titration einer unbekannten Salzsäure mit einer Natronlauge $\left(c(\text{NaOH}) = 0{,}1\ \text{mol}\cdot\ell^{-1}\right)$ wurden von 10 ml Salzsäure 2,8 ml Natronlauge verbraucht. Berechnen Sie die Stoffmengenkonzentration der Säure.
- Welche Bedeutung haben Neutralisationsreaktionen in der Praxis?

2. Der Vortrag sollte folgende Inhalte haben: L

$HCl + NaOH \rightleftharpoons NaCl + H_2O$

Nach BRÖNSTED sind Säuren Protonendonatoren, Basen Protonenakzeptoren.

Es gibt zwei korrespondierende Säure-Base Paare:

$HCl \rightleftharpoons Cl^- + \text{Proton}$

Säure Base

$OH^- + \text{Proton} \rightleftharpoons H_2O$

$HCl + NaOH \rightleftharpoons NaCl + H_2O$

$n(\text{HCl}) : n(\text{NaOH}) = 1:1$

Hilfsgröße: $n = c \cdot V$

$c(\text{HCl}) \cdot V(\text{HCl}) = c(\text{NaOH}) \cdot V(\text{NaOH})$

$$c(\text{HCl}) = \frac{c(\text{NaOH}) \cdot V(\text{NaOH})}{V(\text{HCl})} = \frac{0{,}1\ \text{mol} \cdot 2{,}8\ \text{ml}}{\ell \cdot 10\ \text{ml}} = 0{,}028\ \text{mol} \cdot \ell^{-1}$$

Die Stoffmengenkonzentration der Salzsäure beträgt $0{,}028\ \text{mol}\cdot\ell^{-1}$.

Die Bildung von Wasser ist das Wesen der Neutralisation und auch der Energie liefernde Prozess. Neutralisationen haben Bedeutung bei z. B. Gewässeranalysen und Abwasseraufbereitung.

3. **Thermochemie** A

- Erläutern Sie die Beziehung $\Delta_R H = \Delta_R U + W_m$ und die darin vorkommenden Größen.
- Berechnen Sie die Volumenarbeit für die Ammoniaksynthese und die Reaktion von Zink mit Salzsäure. Vergleichen Sie die Ergebnisse.
- Bei der experimentellen Bestimmung der Lösungsenthalpie von Ammoniumchlorid werden 50 ml Wasser mit 5 g Salz zur Reaktion bringen. Die Temperatur steigt um 8 K. Berechnen Sie die molare Löseenthalpie.

3. Der Vortrag sollte folgende Inhalte haben: L

Die Beziehung ist der 1. Hauptsatz der Thermodynamik

$\Delta_R H^0$ = Reaktionsenthalpie; $\Delta_R U^0$ = Änderung der inneren Energie

W_m = Volumenarbeit

Es handelt sich um molare Größen.

Ammoniaksynthese: $N_2 + 3\,H_2 \rightleftharpoons 2\,NH_3$; 2 mol Volumenverkleinerung

$W_m = -p \cdot \Delta V_m$

$W_m = -101{,}3\ \text{kPa} \cdot (-2 \cdot 22{,}4\ \ell \cdot \text{mol}^{-1}) = +4{,}538\ \text{kJ} \cdot \text{mol}^{-1}$

Zink + Salzsäure: $Zn + 2\,HCl \rightarrow ZnCl_2 + H_2$; 1 mol Volumenvergrößerung

$W_m = -p \cdot \Delta V_m$

$W_m = -101{,}3\ \text{kPa} \cdot (22{,}4\ \ell \cdot \text{mol}^{-1}) = -2{,}269\ \text{kJ} \cdot \text{mol}^{-1}$

Zink mit Salzsäure ist eine Reaktion mit negativer Volumenarbeit, also Volumenvergrößerung.

Die Ammoniaksynthese hat positive Volumenarbeit, also Volumenverkleinerung.

Berechnung mit der kalorimetrischen Grundgleichung:

$$\Delta H = \frac{-(m(H_2O) \cdot c_p(H_2O) \cdot \Delta T)}{n} = \frac{-(m(H_2O) \cdot c_p(H_2O) \cdot \Delta T)\,M}{m}\,c_p$$

$$\Delta H = \frac{-50\ \text{g} \cdot 4{,}186\ \text{J} \cdot 8\ \text{K} \cdot 53{,}5\ \text{g}}{5\text{g} \cdot \text{g} \cdot \text{K} \cdot \text{mol}} = 17{,}9\ \text{kJ} \cdot \text{mol}^{-1}$$

Es handelt sich um einen endothermen Löseprozess.

A

4. Komplexchemie

- Erläutern Sie an (a) $K_4[Fe(CN)_6]$ und (b) $[Cu(NH_3)_4]SO_4$ den Aufbau und die Nomenklatur von Komplexverbindungen.
- Ordnen Sie die Komplexbindung in die Arten der chemischen Bindung ein.
- **Experiment:** Weisen Sie in den gegebenen Proben Eisen(III)-ionen und Kupfer(II)-ionen nach.
- Stellen Sie alle Reaktionsgleichungen auf.
- Ermitteln sie die komplexen Isomere von $CoBrSO_4\ 5\,NH_3$, wenn alle Ammoniakmoleküle Liganden sein sollen.
- Wie kann man die Isomere analytisch unterscheiden?

L

4. Der Vortrag sollte folgende Inhalte haben:
(Die Angaben der Tabelle müssen in einem Vortrag genannt werden.)

	Verbindung (a)	**Verbindung (b)**
Name	Kaliumhexacyanoferrat(II)	Tetraamminkupfer(II)-sulfat
	Anionenkomplex	Kationenkomplex
Gegen-Ion	Kalium-Ion	Sulfat-Ion
Zentralteilchen	Eisen(II)-Ion	Kupfer(II)-Ion
Ligand	Cyanid-Ion	Ammoniak
Koordinationszahl	6	4

Die Komplexbindung ist eine Elektronenpaarbindung, bei der das bindende Elektronenpaar vom Ligand kommt.

(Eventuell kann noch auf die Besonderheiten der Bindung eingegangen werden.)

Nachweisreaktion Cu^{2+}
mit Ammoniak: tiefblaue Färbung
$[Cu(H_2O)_6]^{2+}$ (aq) + 4 NH_3 (aq) $\rightarrow$ $[Cu(NH_3)_4(H_2O)_2]^{2+}$ (aq) + 4 H_2O (l)
mit Lösung von gelbem Blutlaugensalz: brauner Niederschlag
2 $[Cu(H_2O)_6]^{2+}$ (aq) + $K_4[Fe(CN)_6]$ (aq) $\rightarrow$ $Cu_2[Fe(CN)_6]$ (s)+ 4 K^+ (aq) + 6 H_2O (l)
Nachweisreaktion Fe^{3+}
mit Lösung von gelbem Blutlaugensalz: blauer Niederschlag von „Berliner Blau"
4 $[Fe(H_2O)_6]^{3+}$ (aq) + 3 $K_4[Fe(CN)_6]$ $\rightarrow$ $Fe_4[Fe(CN)_6]_3$ + 12 K^+ + 6 H_2O
mit Lösung von rotem Blutlaugensalz: brauner Niederschlag
$[Fe(H_2O)_6]^{3+}$ (aq) + $K_3[Fe(CN)_6]$ (aq) $\rightarrow$ $Fe[Fe(CN)_6]$ (s) + 3 K^+ (aq) + 6 H_2O (l)
mit Thiocyanat-Lösung: tiefrote Färbung
$[Fe(H_2O)_6]^{3+}$ (aq) + SCN^- (aq) $\rightarrow$ $[Fe(SCN)(H_2O)_5]^{2+}$ (aq) + 3 H_2O (l)
Farbe verschwindet unter Bildung von $[FeF_6]^{3-}$, deshalb stören Fluorid-Ionen

Es können folgende Isomere auftreten:
$[Co(NH_3)_5Br]SO_4$
Bromopentaammin-cobalt(III)-sulfat reagiert mit Bariumchlorid
$[Co(NH_3)_5SO_4]Br$
Sulfatopentaammin-cobalt(III)-bromid reagiert mit Silbernitrat
Es können jeweils die Gegen-Ionen nachgewiesen werden.

5. Elektrolyse

A

- Erläutern Sie das Wesen der Elektrolyse am Beispiel von Kupfer(II)-chloridlösung.
- **Experiment:** Elektrolysieren Sie eine solche Lösung etwa 5 Minuten. Erläutern Sie Ihre Beobachtungen.
- Ein Gegenstand von 100 cm^2 Oberfläche soll elektroytisch mit einer 0,05 mm dicken Chromschicht überzogen werden. Wie lange muss ein Strom von 4 A durch eine Chrom(III)-salzlösung fließen?

Potenziale der Zersetzung von Wasser als Konkurrenzreaktionen:
$E(H_2O/H_2) = -0{,}41\,V$; $E(H_2O/O_2) = +0{,}85\,V$

5. Der Vortrag sollte folgende Inhalte haben:

L

Bei einer Elektrolyse werden Verbindungen in Elemente gespalten, wobei Energie aufgewendet werden muss. Sie dient dem Stoffgewinn. Es laufen Redoxreaktionen ab. Es werden Kupfer und Chlor abgeschieden.

Ionengleichung Pluspol (Anode)	$2\,Cl^- \rightleftharpoons Cl_2 + 2\,e^-$
Ionengleichung Minuspol (Kathode)	$Cu^{2+} + 2\,e^- \rightleftharpoons Cu$
Gesamtgleichung Elektrolyse	$CuCl_2 \rightleftharpoons Cu + Cl_2$

Treten Konkurrenzreaktionen wie z.B. die Zersetzung von Wasser auf, muss beachtet werden, dass am Pol mit der Elektronenaufnahme immer der Prozess mit dem positiveren Potenzial stattfindet – hier Kupferabscheidung.

Am Pol mit der Elektronenabgabe wird demzufolge der Prozess mit dem negativeren Potenzial dominieren. Das wäre hier die Zersetzung von Wasser. Da der Wasserstoff aber an Kohleelektroden eine sehr hohe Überspannung hat, wird Chlor abgeschieden.

Aufgabe wird über die FARADAY-Gesetze gelöst:

$$I \cdot t = F \cdot \frac{m}{M} \cdot z; \; t = \frac{F \cdot m \cdot z}{I \cdot M} = \frac{F \cdot A \cdot h \cdot \varrho \cdot z}{I \cdot M} = \frac{26{,}8\,\text{Ah} \cdot 10\,\text{cm}^2 \cdot 0{,}05\,\text{cm} \cdot \text{mol} \cdot 7{,}19\,\text{g} \cdot 3}{4\,\text{A} \cdot 52\,\text{g} \cdot \text{mol} \cdot \text{cm}^3} = 1{,}3\,\text{h}$$

A

6. Atombau und Redoxreaktionen

- Erläutern Sie am Beispiel von Schwefel und Mangan den Atombau von Haupt- und Nebengruppenelementen.
- Nennen Sie je zwei Oxidationsstufen in denen diese Elemente auftreten können.
- Geben Sie Verbindungen an, in denen diese Oxidationsstufen betätigt werden.
- **Experiment:** Weisen Sie in der vorliegenden Stoffprobe Mangan(II)-Ionen durch Oxidationsschmelze nach.
  Erläutern Sie Ihre Beobachtungen und werten Sie die Gleichung aus.
  $Mn^{2+} + 2\,NO_3^- + 2\,CO_3^{2-} \rightleftharpoons MnO_4^{2-} + 2\,CO_2 + 2\,NO_2^-$
  Vergleichen Sie diese Reaktion mit der Reaktion von saurer Kaliumpermanganatlösung mit Eisen(II)- ionen.

L

6. Der Vortrag sollte folgende Inhalte haben:

Schwefel: Hauptgruppe s- oder p-Orbitale im Aufbau
[Ne] $3s^2$; $3p^4$
Oxidationsstufe −2
[Ne] $3s^2$; $3p^6$ in H_2S
Oxidationsstufe +6
[Ne] $3s^0$; $3p^0$ in H_2SO_4

Mangan
[Ar] $4s^2$; $3d^5$
Oxidationsstufe +2
[Ar] $4s^0$; $3d^5$ in $MnSO_4$
Oxidationsstufe +7
[Ne] $4s^0$; $3d^0$ in $KMnO_4$

Die Oxidationsschmelze ist eine Redoxreaktion.
Oxidationsmittel: Stickstoff aus Nitrat;
Oxidationszahl +5 des Stickstoffes im Nitrat wird zur Oxidationszahl +3 des Stickstoffes im Nitrit.
Reduktionsmittel: Mangan in Mn^{2+};
Oxidationszahl +2 wird zu Oxidationszahl +6 im Manganat (grün)

Die Reaktion von Permanganat mit Eisen(II) ist ebenfalls eine Redoxreaktion.
Hier ist MnO_4^- Oxidationsmittel Oxidationszahl von +7 nach +2 in Mn^{2+} und Fe^{2+} ist Reduktionsmittel Oxidationszahl von +2 nach +3 im Fe^{2+}
$MnO_4^- + 5\,Fe^{2+} + 8\,H^+ \rightleftharpoons Mn^{2+} + 5\,Fe^{3+} + 4\,H_2O$

7. Fette A

- Stellen Sie die Reaktionsgleichung für die Bildung und die alkalische Hydrolyse eines beliebigen Fettes auf.
- Warum wird die alkalische Hydrolyse auch als Verseifung bezeichnet?
- Auf Lebensmitteln ist oft die Menge ungesättigter Fettsäuren angegeben. Wie wirken sich ungesättigte Fettsäuren auf die Eigenschaften von Fetten aus?
- **Experiment:** Weisen Sie in den vorliegenden Proben ungesättigte Fettsäuren nach und erläutern Sie die Reaktion.
- Großtechnisch wird Wasserstoff zum Härten von Pflanzenfetten genutzt. Erläutern Sie diese Tatsache.
- Welche Rolle spielen Fette bei der Ernährung des Menschen?

7. L

Der Vortrag sollte folgende Inhalte haben:
alkalische Hydrolyse des Fettes (auch: Verseifung)

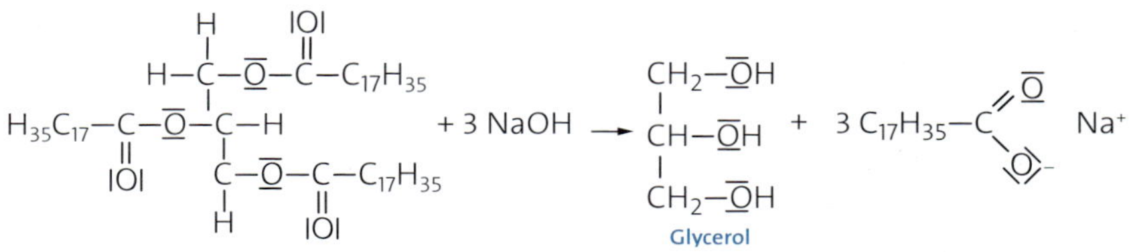

Salz der langkettigen Alkansäure (Natriumstearat), Seife

Die alkalische Hydrolyse liefert Salze von Fettsäuren – die Seifen.

Ungesättigte Fettsäuren führen dazu, dass das Fett flüssig wird. Ungesättigte Fettsäuren kann man nachweisen, indem man zum Fett Bromwasser gibt. Entfärbt sich dieses, so hat sich das Brom an die Mehrfachbindungen addiert.

Addiert man an Pflanzenfette Wasserstoff, so werden die Doppelbindungen der ungesättigten Fettsäuren in Einfachbindungen umgewandelt. Das Fett wird fest.

Fett ist ein wichtiger Nährstoff und liefert mehr Energie als Eiweiß und Kohlenhydrat.

Fette werden entweder stoffwechselphysiologisch „verbrannt" oder im Gewebe gespeichert. Sie haben wichtige Funktionen in Zellmembranen. Fettgewebe schützt außerdem die inneren Organe.

Eine überhöhte Zufuhr an Fett ergibt sich hauptsächlich aus dem Verzehr versteckter Fette, die in Fleisch, Wurst, Käse, Eiern und Milch enthalten sind.

8. Löslichkeitsgleichgewichte A

- Sprechen Sie über Löslichkeit und Ausbildung von Löslichkeitsgleichgewichten.
- Formulieren Sie den Ausdruck für die Löslichkeitskonstante von Calciumcarbonat und Bariumsulfat.

Zeigen Sie rechnerisch, wie sich die Löslichkeit von Bariumsulfat in einem Liter Wasser gegenüber einem Liter Schwefelsäure $c(H_2SO_4) = 0{,}01\ \text{mol} \cdot \ell^{-1}$ verhält.

- **Experiment:** Fällen Sie Silberchlorid und Kupfer(II)-hydroxid aus.
- **Experiment:** Zeigen Sie experimentell, dass sich die Löslichkeit von Stoffen durch Komplexbildung verändert.

L

8. Der Vortrag sollte folgende Inhalte haben
Die Löslichkeit entspricht der maximalen Stoffmenge, die sich bei einer gegebenen Temperatur in einer bestimmten Menge eines gegebenen Lösungsmittels löst. Es handelt sich also um die Konzentration einer gesättigten Lösung.

Bei Salzen folgt die Löslichkeit aus dem Löslichkeitsprodukt unter der Bedingung, dass sich das Salz A_mB_n in $m \cdot A^+$- und $n \cdot B^-$-Ionen teilt.
$K_L = c_{eq}^m(A^+) \cdot c_{eq}^n(B^-)$
$K_L(BaSO_4) = c(Ba^{2+}) \cdot c(SO_4^{2-})$
$l_0 = \sqrt{K_L} = \sqrt{1{,}0 \cdot 10^{-10}\ \text{mol}^2 \cdot \ell^{-2}} = 10^{-5}\ \text{mol} \cdot \ell^{-1}$
In einem Liter Wasser lösen sich 10^{-5} mol Bariumsulfat
Bei Schwefelsäure ist die Konzentration der zugegebenen Sulfat-Ionen viel größer als die Konzentration der Sulfat-Ionen aus dem Löslichgleichgewicht.
Es gilt: $l_0 = \frac{K_L}{0{,}01\ \text{mol} \cdot \ell^{-1}}$
Die Löslichkeit beträgt in einem Liter Schwefelsäure demzufolge $10^{-8}\ \text{mol} \cdot \ell^{-1}$.
Durch gleichionige Zusätze wird die Löslichkeit verringert.

Experiment: $Ag^+ + Cl^- \rightleftharpoons AgCl$ und $Cu^{2+} + 2\ OH^- \rightleftharpoons Cu(OH)_2$
Silberchlorid löst sich unter Komplexbildung in Ammoniak:
$AgCl + 2\ NH_3 \rightleftharpoons [Ag(NH_3)_2]Cl$
Kupfer(II)-hydroxid löst sich unter Komplexbildung ebenfalls in Ammoniak:
$Cu(OH)_2 + 4\ NH_3 \rightleftharpoons [Cu(NH_3)_4](OH)_2$

A

9. Chemisches Gleichgewicht

- Sprechen Sie über die Ausbildung von Gleichgewichten bei chemischen Reaktionen.
- Zeigen Sie am Beispiel der exothermen Konvertierung, wie man nach LE CHATELIER Gleichgewichte beeinflussen kann.
  Welche Rolle spielen dabei Katalysatoren?
- Formulieren Sie für die Konvertierung die Ausdrücke für K_C und K_P.
  Wie verhalten sich die Zahlenwerte dieser Größen bei Temperaturänderung?
- Warum ist es nicht sinnvoll, zur Verschiebung von Gleichgewichten Ausgangsstoffe in extremen Überschüssen einzusetzen?

9. Der Vortrag sollte folgende Inhalte haben: **L**

Im Gleichgewichtszustand ist der Quotient aus dem Produkt der Konzentrationen der Produkte und dem Produkt der Konzentrationen der Edukte konstant.
Die Konzentration der Reaktionspartner im Gleichgewicht wird Gleichgewichtskonzentration genannt.
Der Wert dieser Gleichgewichtskonstanten ist temperaturabhängig und für jede Reaktion charakteristisch.

Obwohl Hin- und Rückreaktion beständig ablaufen, also Edukte in Produkte und diese wiederum in Edukte umgewandelt werden, verändern sich im Gleichgewicht die Konzentrationen der Edukte und Produkte nicht. Dies liegt daran, dass im Gleichgewicht die Geschwindigkeiten von Hin- und Rückreaktion dem Betrag nach gleich sind.
Konvertierung: $CO(g) + H_2O(g) \rightleftharpoons CO_2(g) + H_2(g)$
Exotherme Reaktionen werden durch niedrige Temperatur begünstigt.
Es gibt keine Volumenänderung, weshalb man bei Normaldruck arbeiten kann.
Ein Edukt kann im Überschuss eingesetzt werden.
Katalysatoren verkürzen die Einstellzeit des Gleichgewichtes, verändern aber nicht die Lage des Gleichgewichtes.

$$K_c = \frac{c(CO_2) \cdot c(H_2)}{c(CO) \cdot c(H_2O)} \qquad K_p = \frac{p(CO_2) \cdot p(H_2)}{p(CO) \cdot p(H_2O)}$$

Es ist nicht sinnvoll, ein Edukt in zu großem Überschuss einzusetzen, da die Ausbeutekurve sich nur asymptotisch der Menge des Stoffes mit der niedrigsten Einsatzmenge nähern kann.

10. Der Bleiakku **A**

– Erläutern Sie am Beispiel des Bleiakkus die Wirkungsweise von Akkumulatoren. Verwenden Sie Reaktionsgleichungen.
– **Experiment:** Führen Sie die Funktion am Modellexperiment vor.
– Welche Umweltprobleme treten bei der Verwendung von Bleiakkus auf? Können Sie sich Alternativen vorstellen?

10. Der Vortrag sollte folgende Inhalte haben: **L**

Akkumulatoren sind galvanische Zellen, die sich in einer Rückreaktion (Elektrolyse) wieder aufladen lassen. Man verwendet sie zur Energiegewinnung. Es laufen Redoxreaktionen ab.
Der negative Pol des Bleiakkumulators besteht aus einer Bleiplatte (Pb) und der positive Pol aus einer Blei(IV)oxidplatte (PbO_2). Als Elektrolyt wird Schwefelsäure (H_2SO_4) benutzt.
Entladevorgang: Entladen des Bleiakkumulators
$Pb + 2\,H_2SO_4 + PbO_2 \longrightarrow 2\,PbSO_4 + 2\,H_2O$

Es wird Schwefelsäure verbraucht und Blei(II)-sulfat wird gebildet. Je weiter der Bleiakkumulator sich entlädt, desto mehr Bleisulfat wird gebildet und desto mehr Schwefelsäure wird verbraucht.
Beim Entladen eines Bleiakkumulators bleibt das Volumen der Elektrolytlösung konstant, die Stoffmenge an Schwefelsäure nimmt ab. Folglich wird die Dichte der Schwefelsäurelösung geringer.
Ladevorgang: $2\,PbSO_4 + 2\,H_2O \rightarrow Pb + 2\,H_2SO_4 + PbO_2$
Den Ladungszustand des Bleiakkumulators kann man wieder mithilfe einer Dichtemessung der Schwefelsäure bestimmen.

Durch Blei und Bleiverbindungen können Umweltprobleme auftreten.
Alternativen wären eventuell Lithium-Ionenakkus.

A

11. Seifen

- Stellen Sie die Reaktionsgleichungen für die Bildung einer beliebigen Kern- und einer beliebigen Schmierseife auf. Bestimmen Sie die Reaktionsart.
- **Experiment:** Prüfen Sie die vorgegebene Seifenlösung auf ihre Eigenschaften. Es stehen zur Verfügung: Pfeffer, Indikatorpapier, Calciumnitratlösung. Werten Sie Ihre Ergebnisse aus.
- Was versteht man unter Tensiden? Ordnen Sie die Seife in die Tenside ein.
- Sprechen Sie über Eigenschaften und Bedeutung von synthetischen Tensiden.

L

11. Der Vortrag sollte folgende Inhalte haben:
Seifen sind Salze von langkettigen Alkansäuren. Man gewinnt sie durch alkalische Hydrolyse von Fetten oder durch Reaktion von Laugen mit langkettigen Alkansäuren:
Natriumsalz, Kernseife: $R{-}COOH + NaOH \rightarrow R{-}COO^-Na^+ + H_2O$
Kaliumsalz, Schmierseife: $R{-}COOH + KOH \rightarrow R{-}COO^-K^+ + H_2O$
Reaktionsart: Protolyse/Neutralisation

Experiment: Eine Büroklammer schwimmt auf Wasser, aber nicht auf seifenhaltigem Wasser: Seife setzt die Oberflächenspannung von Wasser herab.
Seifenlösung reagiert alkalisch: $R{-}COO^- + H_2O \rightarrow R{-}COOH + OH^-$
Es können Kalkseifen ausgefällt werden: $2\,R{-}COO^- + Ca^{2+} \rightarrow (R{-}COO)_2Ca$

Tenside setzen die Oberflächenspannung des Wassers herab, sie wirken benetzend und sind deshalb vielseitig einsetzbar. Seife ist ein anionisches Tensid.

Synthetische Tenside haben die positiven Eigenschaften der Seife, reagieren aber nicht basich und fälen keine schwer löslichen Calciumsalze aus.
Häufigste Verwendung: als Waschmittel.

12. Ammoniak und Chlorwasserstoff

A

- Erläutern Sie Bindungsverhältnisse und Geometrie von Ammoniak und Chlorwasserstoff.
- **Experiment:** Lassen Sie Ammoniak und Chlorwasserstoff miteinander reagieren. Entwickeln Sie die Reaktionsgleichung und erläutern Sie die Reaktionsart.
- Berechnen Sie, in welcher Richtung die Reaktion bei Raumtemperatur (25 °C) freiwillig abläuft. Bei welcher Temperatur würde sich die Reaktion umkehren?

12. Der Vortrag sollte folgende Inhalte haben:

L

Beide Stoffe haben Atombindung. Über die Differenz der Elektronegativitätswerte erkennt man, dass es sich um polare Bindungen handelt. Die Differenz beträgt in beiden Fällen 0,9. Ammoniak hat am Zentralatom vier Elektronenpaare, von denen drei bindend sind. Die Geometrie ist pyramidal.
Chlorwasserstoff hat am Zentralatom ebenfalls vier Elektronenpaare, von denen aber nur eins bindend ist. Deshalb ist Chlorwasserstoff eben. (Eventuell Skizzen an die Tafel zeichnen.)

Experiment: Chlorwasserstoffgas wird durch Pusten mit Ammoniakgas in Verbindung gebracht. Es entsteht weißer Rauch von Ammoniumchlorid.

$NH_3(g) + HCl(g) \rightarrow NH_4Cl(s)$;
Reaktionsart: Reaktion mit Protonenübergang/Protolyse/Säure-Base-Reaktion;
korrespondierende Säure-Base-Paare:

$\underset{\text{Base}}{NH_3} + p^+ \rightleftharpoons \underset{\text{Säure}}{NH_4^+}$ $\qquad$ $\underset{\text{Säure}}{HCl} \rightleftharpoons \underset{\text{Base}}{Cl^-} + p^+$

Berechnung von $\Delta_R H$:

$\Delta_R H = \Delta_f H(NH_4Cl) - [\Delta_f H(HCl) + \Delta_f H(NH_3)]$

$= -314\ kJ \cdot mol^{-1} - [-92\ kJ \cdot mol^{-1} + (-46\ kJ \cdot mol^{-1})] = -176\ kJ \cdot mol^{-1}$

Berechnung von $\Delta_R G$:

$\Delta_R G = \Delta_R H - T \cdot \Delta_R S$

$\Delta_R S = S_m^0(NH_4Cl) - [S_m^0(HCl) + S_m^0(NH_3)]$

$= 95\ J \cdot mol^{-1} \cdot K^{-1} - 187\ J \cdot mol^{-1} \cdot K^{-1} + 192\ J \cdot mol^{-1} \cdot K^{-1} = -284\ J \cdot mol^{-1} \cdot K^{-1}$

$\Delta_R G = -176\ kJ \cdot mol^{-1} - 298\ K \cdot (-0{,}284\ kJ \cdot mol^{-1} \cdot K^{-1}) = -91{,}4\ kJ \cdot mol^{-1}$

Die Reaktion läuft bei Raumtemperatur von links nach rechts ab.

Um die Reaktion umzukehren, muss ein Gleichgewicht vorliegen.
In diesem Fall ist $\Delta_R G = 0$

Berechnung der Temperatur: $T = \frac{\Delta_R H}{\Delta_R S} = -\frac{176\ kJ \cdot mol^{-1}}{-0{,}284\ kJ \cdot mol^{-1} \cdot K^{-1}} = 619\ K = 346\ °C$

Die Reaktion kehrt sich bei 346 °C um.

A

13. Aminosäuren und Eiweiße

- Erläutern Sie am Beispiel der 2-Aminopropansäure Aufbau und Eigenschaften von Aminosäuren.
- Stellen sie die Gleichung für die Bildung eines beliebigen Dipeptids auf und erläutern die Reaktion. Vergleichen Sie mit der Veresterung.
- Wie entstehen Proteine? Erläutern Sie die Struktur von Proteinen.
- **Experiment:** Welche der vorgegebenen Stoffproben enthält Eiweiß? Führen Sie geeignete Nachweise durch.
- Gehen sie auf Schaden und Nutzen der Zerstörung von Eiweiß ein.

L

13. Der Vortrag sollte folgende Inhalte haben:

Aminosäuren enthalten Carboxyl- und Aminogruppe als funktionelle Gruppen. Als Feststoffe und in neutralen wässrigen Lösungen liegen Aminosäuren als Zwitterion vor, das heißt die Aminogruppe ist protoniert und die Carboxygruppe ist deprotoniert. Bei 2-Aminopropansäure ist —R eine Methylgruppe Reaktion mit Säuren und Basen ist möglich.

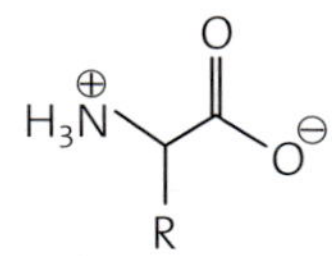

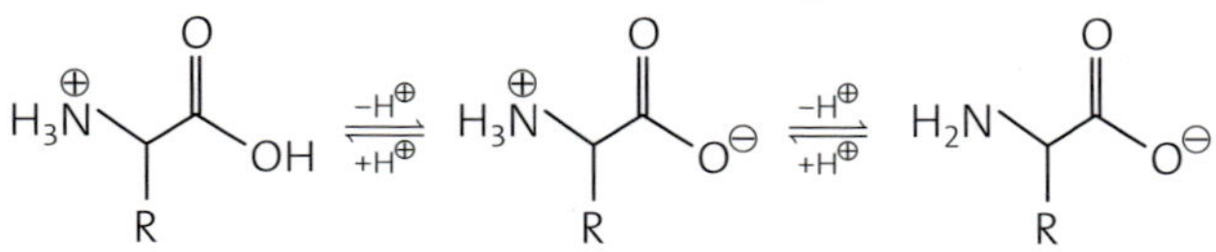

Dipeptid: aus zwei Molekülen Alanin

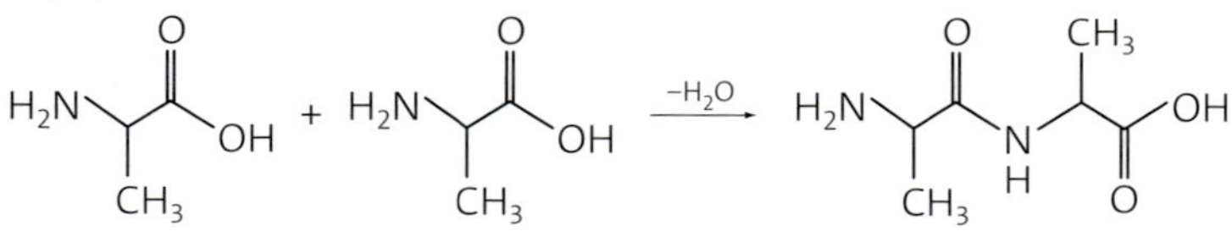

—CO—NH— ist die Peptidbindung

Vergleich mit Veresterung: Beide Reaktionen sind Substitutionen, haben aber unterschiedliche Edukte.

Veresterung: Alkohol und Säure

Peptidbildung: Aminosäuren

Proteine entstehen durch Verknüpfung von 100 und mehr Aminosäureresten.

Proteinstruktur:

- **Primärstruktur** (Abfolge der Aminosäuren) der Peptidkette.
- **Sekundärstruktur** die räumliche Struktur eines lokalen Bereiches im Protein (z. B. Helix, Faltblatt)
- **Tertiärstruktur** die räumliche Struktur einer Untereinheit (Van-der-Waals-Kräfte, ionische Wechselwirkungen, Wasserstoffbrücken, Disulfidbrücken)
- **Quartärstruktur** die räumliche Struktur des gesamten Proteins mit allen Untereinheiten.

Experiment: Eiweißnachweis mit konzentrierter Salpetersäure (Gelbfärbung durch Nitrierung der aromatischen Aminosäuren); Xanthoproteinreaktion

Schaden: Denaturierung von Eiweiß durch Alkohol, Schwermetalle, Säuren und Hitze
Nutzen: z. B. Sterilisieren durch Hitze

14. Kohlenhydrate

A

- Stellen Sie die Formeln für die Ring und die Kettenform der Glucose auf. Erläutern Sie die Formeln. Ordnen sie die Glucose einer Stoffklasse zu.
- In vielen Lebensmitteln findet man Saccharose, siehe Abbildung rechts. Interpretieren Sie die Formel der Saccharose. Wie wird Saccharose gebildet und gespalten?

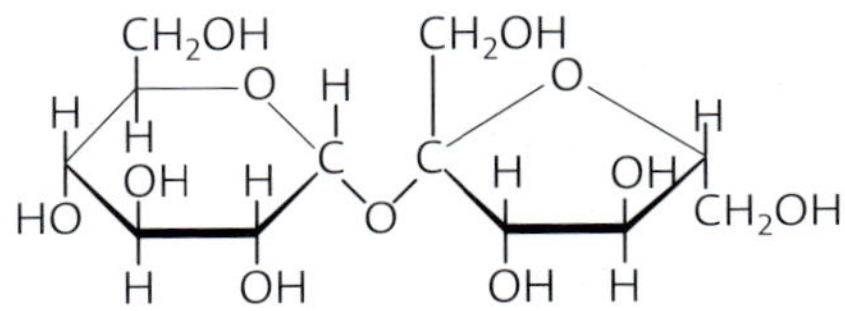

- **Experiment:** Führen Sie mit dem vorliegenden Apfelsaft die Fehling-Probe durch und erläutern Sie das Ergebnis des Experiments.

14. Der Vortrag sollte folgende Inhalte haben:

L

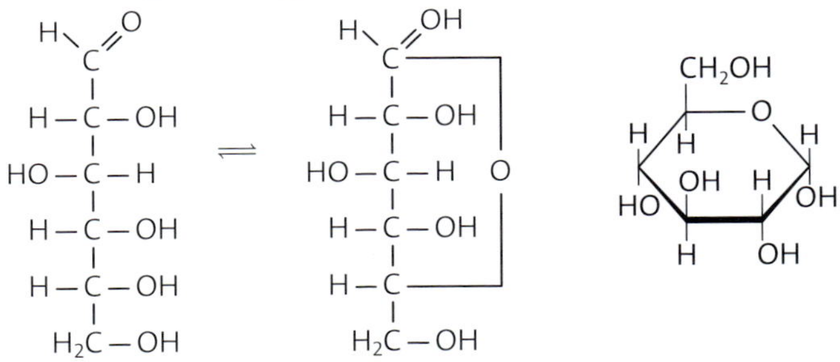

Kette Ringschluss Ring

Glucose ist ein Monosaccharid.

Sacchachose ein Disaccharid aus Glucose und Fructose. Sie wird durch Substitution (Kondensation) gebildet und durch Substitution (Hydrolyse) gespalten.

Experiment: Die Fehling-Probe verläuft positiv. Das heißt, dass im Apfelsaft reduzierende Stoffe enthalten sind. Das können z. B. reduzierende Zucker aber auch Vitamin C sein.
Gleichung Fehling-Probe für eine Aldehydgruppe als Reduktionsmittel:

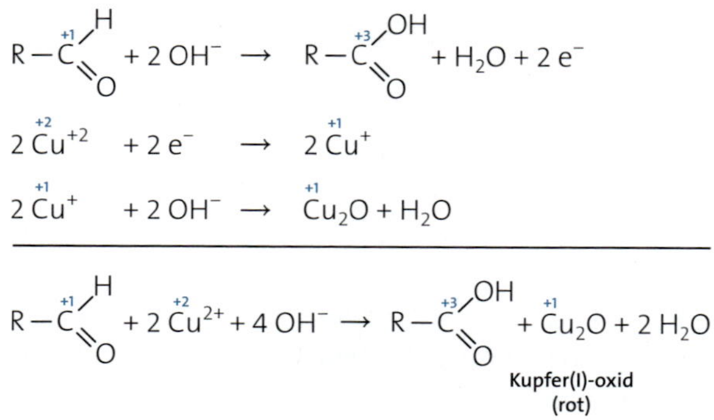

A

15. Puffersysteme

- Der pH-Wert von Blut darf nur geringsten Schwankungen unterworfen sein. Deshalb enthält das Blut Puffersysteme.
  Ein Puffer im Blut ist der Kohlensäure/Hydrogencarbonat-Puffer.
  Erläutern Sie an diesem Beispiel die Wirkungsweise von Puffersystemen.
- Berechnen Sie den pH-Wert eines solchen Puffers. Die Stoffmengenkonzentrationen von Kohlensäure und Hydrogencarbonat sollen $0{,}1\ \text{mol} \cdot \ell^{-1}$ betragen.

L

15. Der Vortrag sollte folgende Inhalte haben:

Puffer sind schwache Säuren und ihre korrespondierenden Basen, die durch Gleichgewichtsverschiebung pH-Werte über einen bestimmten Bereich nahezu konstant halten.

$H_2CO_3 + H_2O \leftrightharpoons H_3O^+ + HCO_3^-$

Zugabe Säure:

$H_3O^+ + HCO_3^- \leftrightharpoons H_2CO_3 + H_2O$

(Reaktion mit der Base aus dem System)

Zugabe Base:

$H_2CO_3 + OH^- \leftrightharpoons HCO_3^- + H_2O$

(Reaktion mit Säure aus dem System)

Es werden Gleichgewichte verschoben. Außer den Komponenten des Systems entstehen keine Stoffe, die den pH-Wert verändern.

pH-Wert mit der Puffergleichung nach Henderson/Hasselbalch berechnen:

$$pH = pK_s + \log_{10} \frac{c(A^-)}{c(HA)}$$

$c(H_2CO_3) = 0{,}1\ \text{mol} \cdot \ell^{-1} = c(HCO_3^-) = 0{,}1\ \text{mol} \cdot \ell^{-1}$

Dadurch wird der Logarithmus-Term gleich null.

Der pH-Wert ist gleich dem pK_S-Wert der Kohlensäure:

$pK_s(H_2CO_3) = 6{,}52$; pH (Puffer) = 6,52

Anhang

6

In vielen Bundesländern sind Experimente Bestandteil des schriftlichen und mündlichen Abiturs. Geeignet sind besonders Experimente, die keine lange Aufbauzeit von Apparaturen erfordern oder sehr lange dauern. Wichtig ist es auch für Experimente im Abitur, dass sie funktionieren. Aus diesen Gründen eignen sich besonders Experimente aus der analytischen Chemie. Auch für theoretorische Aufgaben sind Kenntnisse über Nachweisreaktionen wichtig.

6.1 Qualitative Analyse

Qualitative Analysen behandeln meist Nachweisreaktionen bzw. spezifische Reaktionen von charakteristischen Gruppen.

Wasserstoff
Knallgasprobe: Es findet eine Verpuffung statt.
$2\,H_2\,(g) + O_2\,(g) \rightleftharpoons 2\,H_2O\,(g)$

Sauerstoff
Glimmspanprobe: Ein glimmender Holzspan entzündet sich, da Sauerstoff die Verbrennung fördert.

Iod
mit Stärkelösung: blau-schwarze Färbung
Iod + Stärke $\rightleftharpoons$ Iodstärke

Chlor
mit Kaliumiodid/Stärkepapier: blau-schwarze Färbung
$Cl_2 + 2\,I^- \rightleftharpoons I_2 + 2\,Cl^-$
Das entstandene Iod reagiert mit der Stärke im Papier zu Iodstärke.

Kohlenstoffdioxid
Einleiten in Kalk- oder Barytwasser: weißer Niederschlag:
$CO_2\,(g) + Ca(OH)_2\,(aq) \rightleftharpoons CaCO_3\,(s) + H_2O\,(l)$
Der Niederschlag löst sich in überschüssigem Kohlenstoffdioxid:
$CaCO_3\,(s) + CO_2\,(g) + H_2O\,(l) \rightleftharpoons Ca(HCO_3)_2\,(aq)$

Ammoniak

mit feuchtem Indikatorpapier: charakteristische Färbung durch Hydroxid-Ionen (z. B. Phenolphthalein: Rosafärbung)

$NH_3 (g) + H_2O (l) \rightleftharpoons NH_4^+ (aq) + OH^- (aq)$

Mit Chlowasserstoff-Gas: weißer Rauch

$NH_3 (g) + HCl (g) \rightleftharpoons NH_4Cl (s)$

Wasserstoff-Ionen (Hydronium-Ionen, Oxonium-Ionen)

mit Säure/Base-Indikatoren: charakteristische Färbungen (z. B. Unitest: Rotfärbung)

Hydroxid-Ionen

mit Säure/Base-Indikatoren: charakteristische Färbungen (z. B. Unitest: Blaufärbung)

Ammonium-Ionen

im Feststoff nachweisen: Baselösung zugeben, Ammoniakgeruch, entweichende Gase mit feuchtem Indikatorpapier in Verbindung bringen, weiter siehe Ammoniak

$NH_4^+ (aq) + OH^- (aq) \rightleftharpoons NH_3 (g) + H_2O (l)$

Kupfer(II) -Ionen

mit Ammoniak: tiefblaue Färbung

$[Cu(H_2O)_6]^{2+} (aq) + 4\ NH_3 (aq) \rightleftharpoons [Cu(NH_3)_4(H_2O)_2]^{2+} (aq) + 4\ H_2O (l)$

mit Lösung von gelbem Blutlaugensalz: brauner Niederschlag

$2\ [Cu(H_2O)_6]^{2+} (aq) + K_4[Fe(CN)_6] (aq) \rightleftharpoons Cu_2[Fe(CN)_6] (s) + 4\ K^+ (aq) + 6\ H_2O (l)$

Eisen(III)-Ionen

mit Lösung von gelbem Blutlaugensalz: blauer Niederschlag von „Berliner Blau“

$4\ [Fe(H_2O)_6]^{3+} (aq) + 3\ K_4[Fe(CN)_6] \rightleftharpoons Fe_4[Fe(CN)_6]_3 + 12\ K^+ + 6\ H_2O$

mit Lösung von rotem Blutlaugensalz: brauner Niederschlag

$[Fe(H_2O)_6]^{3+} (aq) + K_3[Fe(CN)_6] (aq) \rightleftharpoons Fe[Fe(CN)_6] (s) + 3\ K^+ (aq) + 6\ H_2O (l)$

mit Thiocyanat-Lösung: tiefrote Färbung

$[Fe(H_2O)_6]^{3+} (aq) + SCN^- (aq) \rightleftharpoons [Fe(SCN)(H_2O)_5]^{2+} (aq) + 3\ H_2O (l)$

Farbe verschwindet unter Bildung von $[FeF_6]^{3-}$, deshalb stören Fluorid-Ionen

Eisen(II)-Ionen

mit gelbem Blutlaugensalz: hellblauer Niederschlag von $Fe_2[Fe(CN)_6]$

mit rotem Blutlaugensalz: blauer Niederschlag von „Turnbulls Blau“ $Fe_4[Fe(CN)_6]_3$

Hinweis: „Berliner Blau“ und „Turnbulls Blau“ sind chemisch identisch, sie unterscheiden sich nur in der Entstehung.

Aluminium(III)-Ionen

mit Alizarin-S-Lösung: roter Farblack (nicht immer tiefrot)

Calcium(II)-Ionen

mit Oxalat-Ionen: weißer Niederschlag

Ca^{2+} (aq) + $(COO)_2^{2-}$ (aq) ⇌ $(COO)_2Ca$ (s)

Nickel(II)-Ionen

mit alkoholischer Diacetyldioxim-Lösung: himbeerroter Niederschlag von Bisdiacetyldioximato-nickel(II)

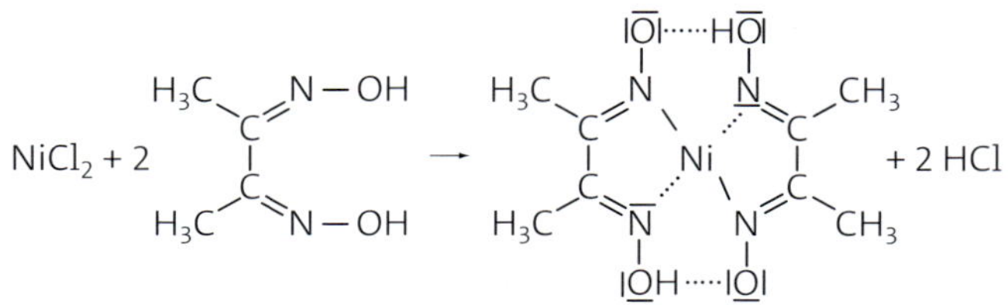

Mangan(II)-Ionen

in der Oxidationsschmelze: Grünfärbung durch Manganat-Ionen

$Mn^{2+} + 2\ NO_3^- + 2\ CO_3^{2-} \rightleftharpoons MnO_4^{2-} + 2\ NO_2^- + 2\ CO_2$

Gebildetes Nitrit wirkt ebenfalls oxidierend.

$Mn^{2+} + 4\ NO_2^- \rightleftharpoons MnO_4^{2-} + 4\ NO$

Lösen der Schmelze in Essigsäure: Disproportionierung

$3\ MnO_4^{2-} + 4\ H^+ \rightleftharpoons 2\ MnO_4^- + MnO_2 + 2\ H_2O$

Chrom(III)-Ionen

in der Oxidationsschmelze: Gelbfärbung durch Chromat-Ionen

$2\ Cr^{3+} + 3\ NO_3^- + 5\ CO_3^{2-} \rightleftharpoons 2\ CrO_4^{2-} + 3\ NO_2^- + 5\ CO_2$

Die Zugabe von Silbernitratlösung zur gelösten und angesäuerten Schmelze führt zur Ausfällung von Ag_2CrO_4 (braun).

Blei(II)-Ionen

mit Sulfid-Ionen: Niederschlag von schwarzem Blei(II)-sulfid

Pb^{2+} (aq) + S^{2-} (aq) ⇌ PbS (s)

mit Chromat-Ionen: Niederschlag von gelbem Blei(II)-chromat

Pb^{2+} (aq) + CrO_4^{2-} (aq) ⇌ $PbCrO_4$ (s)

Silber(I)-Ionen

mit Chlorid-Ionen: Ausfällung von käsig-weißem Silberchlorid

Ag^+ (aq) + Cl^- (aq) ⇌ AgCl (s)

Barium(II)-Ionen

mit Sulfat-Ionen: Ausfällung von weißem Bariumsulfat

Ba^{2+} (aq) + SO_4^{2-} (aq) ⇌ $BaSO_4$ (s)

Hinweis: auch als Bariumchromat nachweisbar

Chlorid-, Bromid- und Iodid-Ionen

Ansäuern mit Salpetersäure, um schwer lösliche Carbonate auszutreiben
mit Silbernitrat-Lösung: Ausfällung von weißem Silberchlorid, gelblichem Silberbromid bzw. gelbem Silberiodid
z. B. $Ag^+ (aq) + Br^- (aq) \rightleftharpoons AgBr (s)$
Löslichkeit in verdünntem Ammoniak von Silberchlorid; Silberbromid ist nur in konzentriertem Ammoniak löslich.
$AgCl (s) + 2\,NH_3 (aq) \rightleftharpoons [Ag(NH_3)_2] (aq) + Cl^- (aq)$
Löslichkeit von Silberchlorid und Silberbromid in Natriumthiosulfat-Lösung
$AgCl (s) + 2\,S_2O_3^{2-} (aq) \rightleftharpoons [Ag(S_2O_3)_2]^{3-} (aq) + Cl^- (aq)$
Die Löslichkeit von Silberiodid in Ammoniak und Natriumthiosulfat-Lösung ist so gering, dass sie nicht beobachtbar ist!

Sulfat-Ionen

mit Bariumchlorid-Lösung: Ausfällung von weißem Bariumsulfat
(Gleichung siehe Barium-Ionen)
Vorher mit Salzsäure ansäuern, um Carbonate auszutreiben, die sonst ebenfalls ausfallen würden!

Carbonat-Ionen

im Feststoff: mit Säurelösung versetzen
$CO_3^{2-} + 2\,H_3O^+ \rightleftharpoons CO_2 + 2\,H_2O$
Entstehendes Gas mit Kalk- oder Barytwasser nachweisen (vgl. CO_2).

Phosphat-Ionen

mit Ammoniummolybdat-Lösung (stark salpetersauer): gelber Niederschlag von Ammoniummolybdatophosphat
$PO_4^{3-} (aq) + 12\,H_3O^+ (aq) + 3\,NH_4^+ (aq) + 2\,Mo_6O_{21}^{6-} (aq) \rightleftharpoons (NH_4)_3[P(Mo_3O_{10})_4] \cdot H_2O (s)$

Nitrat-Ionen

mit frisch bereiteter Eisen(II)-sulfat-Lösung, dann mit konzentrierter Schwefelsäure unterschichten: brauner Ring von Eisen(II)-mononitrososulfat an der Grenzfläche
$3\,Fe^{2+} (aq) + 4\,H^+ (aq) + NO_3^- (aq) \rightleftharpoons 3\,Fe^{3+} (aq) + 2\,H_2O (l) + NO (aq)$
$NO (aq) + Fe^{2+} (aq) + SO_4^{2-} (aq) \rightleftharpoons Fe[(NO)SO_4] (s)$

Permanganat-Ionen

Entfärbung von Reduktionsmitteln, z. B. Sulfit-Ionen in saurer Lösung
$MnO_4^- (aq) + 8\,H^+ (aq) + 5\,e^- \rightleftharpoons Mn^{2+} (aq) + 4\,H_2O (l)$

reduzierendes Vermögen, z. B. von Aldehydgruppen
FEHLING-Probe: rotbrauner Niederschlag aus Kupfer(I)-oxid
$R{-}CHO\ (l) + 2\ Cu^{2+}\ (aq) + 4\ OH^{-}\ (aq) \rightleftharpoons Cu_2O\ (s) + R{-}COOH\ (l) + 2\ H_2O\ (l)$
Kupfer(II)-Ionen befinden sich in FEHLING (I), Hydroxid-Ionen in FEHLING (II). Außerdem enthält FEHLING (II) noch Tartrat-Ionen zur Maskierung von Kupfer(II)-Ionen (Verhinderung der Ausfällung von Kupfer(II)-hydroxid).

TOLLENS-Probe (ammoniakalische Silbernitrat-Lösung): Silberspiegel
$R{-}CHO\ (l) + 2\ Ag^{+}\ (aq) + 2\ OH^{-}\ (aq) \rightleftharpoons 2\ Ag\ (s) + R{-}COOH\ (l) + H_2O\ (l)$
Die Ammoniak-Lösung liefert die Hydroxid-Ionen und verhindert die Ausfällung von Silberoxid.

Beide Proben sind anwendbar, um reduzierende Zucker zu untersuchen!

Aldehyde
mit SCHIFF'schem-Reagenz: Violettfärbung

Stärke
mit Iod/Kaliumiodidlösung: Blauschwarzfärbung durch Iodstärke (vgl. Iod).

Eiweiße
Xanthoprotein-Reaktion (konzentrierte Salpetersäure):
Gelbfärbung durch Nitrierung aromatischer Aminosäuren im Eiweiß

Biuretreaktion (alkalische Kupfer(II)-sulfat-Lösung):
Blaufärbung durch Kupferkomplexbildung an den Peptidbindungen

Denaturierung durch Schwermetall-Ionen, Alkohol, Säurelösungen oder Erhitzen:
Zerstörung der Tertiär- und Quartärstruktur

Mehrfachbindungen
Entfärbung von Bromwasser durch Additionsreaktionen
BAEYER'sche Probe: Braunfärbung einer alkalischen Kaliumpermanganat-Lösung durch Bildung von Diolen und Braunstein

Tipp

Folgende Aufgaben zeigen, dass analytische Kenntnisse auch im Theorieteil gefordert werden können:

- Kapitel 2.6 „Säure/Base- und Löslichkeitsleichgewichte", Seite 48, Aufgaben 10 und 11
- Kapitel 2.10 „Komplexchemie", Seite 73, Aufgaben 3 und 4
- Kapitel 2.12 „Kohlenwasserstoffe mit funktionellen Gruppen", Seite 82, Aufgabe 9
- Kapitel 2.15 „Kohlenhydrate", Seite 96, Aufgabe 3
- Kapitel 2.16 „Seifen und Waschmittel", Seite 100, Aufgabe 3

6.2 Quantitative Analyse (auch theoretisch)

Tipp Für die quantitative Analyse im Abitur sind Titrationen sehr gut geeignet.
Für alle Titrationen wird eine Bürette benötigt, in die man die Maßlösung (Lösung mit bekannter Konzentration) gibt. Als Reaktionsgefäß dient ein ERLENMEYER-Kolben, der die zu bestimmende Lösung in definierter Menge (5 bis 10 ml) enthält.
Gegebenenfalls gibt man noch eine Substanz zur Endpunktsanzeige in den ERLENMEYER-Kolben (z. B. Farbindikatoren).

Durchführung

Die Maßlösung wird langsam in den ERLENMEYER-Kolben getropft, bis die entsprechende Endpunktsanzeige anspricht, z. B. ein Farbindikator umschlägt. Anschließend kann man an der Bürette den Verbrauch an Maßlösung ablesen.
Zur Gewährleistung der Genauigkeit empfiehlt es sich für den Verbrauch den Mittelwert aus drei unter gleichen Bedingungen durchgeführten Bestimmungen zu verwenden.

Neutralisationsanalyse

Mit einer Neutralisationsanalyse kann man die Soffmengenkonzentration basisch reagierender Substanzen mit Säuren (Acidimetrie) oder Stoffmengenkonzentrationen sauer reagierender Substanzen mit Basen (Alkalimetrie) bestimmen. Das Verfahren eignet sich im Bereich $pH \leq 4$ bzw. $pH \geq 10$.
Maßlösung: Säure- oder Base-Lösung meist in den Stoffmengenkonzentrationen $0{,}1\ mol \cdot \ell^{-1}$ oder $0{,}01\ mol \cdot \ell^{-1}$.
Zu bestimmende Substanz: Säure- oder Base- Lösung
Endpunktsanzeige: Farbindikatoren

Tipp Aufgaben hierzu finden Sie
- im Teilkapitel 1.1 „Anfertigen eines Protokolls" auf Seite 18 f. und
- im Kapitel 2.6 „Säure/Base- und Löslichkeitsgleichgewichte" auf Seite 47/48, Aufgaben 6, 7 und 8.

Potenziometrie

Den Endpunkt einer Neutralisationsanalyse kann man auch ermitteln, indem man die Änderung der Potenziale in der Lösung bzw. die Änderung der pH-Werte misst.
Man erhält eine Titrationskurve. Der Verbrauch ist am Wendepunkt der Kurve (Äquivalenzpunkt) ablesbar.

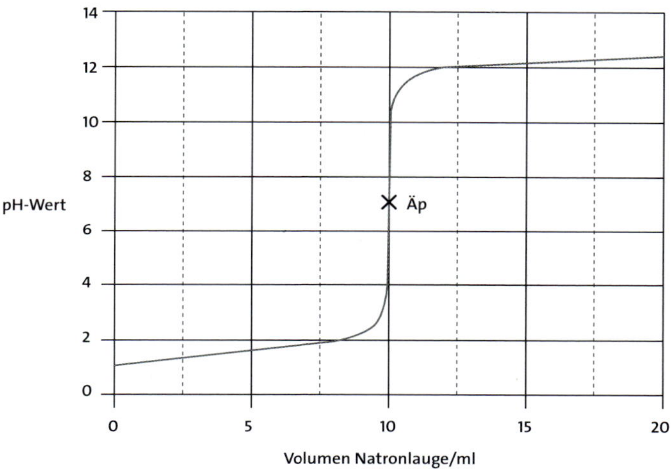

Konduktometrie

Eine weitere Möglichkeit der Endpunktsanzeige ist die Messung der Änderung der Leitwerte der Lösung.

Ein Beispiel hierzu finden Sie in **Tipp**

⊙ Kapitel 1.3 „Anfertigen und Auswerten von Grafiken und Tabellen" auf Seite 21, Beispiel 3

Vorteile der Potenziometrie und Konduktometrie ist das Vermeiden von Fehlern, die auf optische Einflüsse zurückzuführen sind.
Außerdem kann die Maßlösung in Portionen von einem oder einem halben Milliliter zugegeben werden. Das langsame Zutropfen entfällt dadurch.

Redoxtitrationen

Redoxtitrationen sind Verfahren, die auf Oxidations- und Reduktionsprozessen beruhen. Die zu bestimmende Substanz wird mit einer oxidierend oder reduzierend wirkenden Maßlösung versetzt. Der Endpunkt kann mit Redoxindikatoren oder durch die Eigenfarbe eines Reaktionspartners bestimmt werden.

Permanganometrie
Bürette: Maßlösung von Kaliumpermanganat (Stoffmengenkonz. meist 0,02 $mol \cdot \ell^{-1}$)
Zu bestimmende Substanzen: Stoffe, die als Reduktionsmittel geeignet sind, z. B. Eisen(II)-Ionen, Iodid-Ionen, Wasserstoffperoxid, Oxalsäure
Endpunktsanzeige: Wenn die zu bestimmende Substanz verbraucht ist, bleibt Kaliumpermanganat übrig. Der Endpunkt ist erreicht, wenn die Lösung eine leicht rosa Farbe annimmt.
Hinweise:
- Es wird grundsätzlich im sauren Milieu gearbeitet, um eine Reduktion des Permanganats bis zum Mangan(II)-Ion zu erreichen. Man fügt deshalb der unbekannten Lösung im ERLENMEYER-Kolben ca. 10 ml verdünnte Säure zu.
- Bei der Bestimmung von Eisen(II)-Ionen bilden sich Eisen(III)-Ionen, die durch ihre gelbe Farbe die Endpunktserkennung erschweren. Man gibt deshalb einige Tropfen Phosphorsäure zu, die die Eisen(III)-Ionen komplexiert.
- Bei der Bestimmung von Oxalsäure arbeitet man bei etwa 70 °C, um die Reaktionsgeschwindigkeit zu erhöhen.

Tipp Aufgaben hierzu finden Sie im
Kapitel 2.8 „Redoxreaktionen“, auf Seite 60/61, Aufgaben 4 und 6.

Iodometrie
Die Iodometrie beruht auf der oxidierenden Wirkung von Iod bzw. der reduzierenden Wirkung von Iodid-Ionen. Reduktionsmittel können deshalb direkt mit Iod titriert werden. Oxidationsmittel oxidieren Iodid-Ionen zu Iod, welches mit Natriumthiosulfat titriert wird. (Diese Variante soll hier beschrieben werden.)
Bürette: Maßlösung von Natriumthiosulfat
Zu bestimmende Substanz: Iod
Endpunktsanzeige: Der zu bestimmenden Lösung fügt man einige Tropfen Stärke-Lösung bei. Diese bildet mit Iod blau-schwarze Iodstärke. Die Färbung verschwindet, wenn alles Iod durch Natriumthiosulfat verbraucht wurde.
Der Endpunkt ist bei Entfärbung der Lösung erreicht.

Tipp Eine Aufgabe hierzu finden Sie im
Kapitel 2.8 „Redoxreaktionen“ auf Seite 61, Aufgabe 5.

Komplexometrie

Bei der Komplexometrie nutzt man Maßlösungen, die komplexbildende Liganden enthalten. Diese reagieren mit den zu bestimmenden Ionen zu Chelat-Komplexen.
Bürette: EDTA oder andere Komplexone
Zu bestimmende Substanzen: Metallionen, bei der Wasserhärtebestimmung Ca^{2+}, Mg^{2+}
Endpunktsanzeige: Der zu bestimmenden Lösung setzt man einen Metallindikator zu (Murexid, Eriochromschwarz T). Dieser bildet mit dem zu bestimmenden Ion Komplexe einer bestimmten Farbe. Diese werden bei Zugabe der Maßlösung zerstört und es bilden sich Komplexe des Ions mit dem Liganden der Maßlösung, die eine andere Farbe haben.

$$Me^{2+} + Ind^{2-} \rightleftharpoons \underset{\text{Farbe 1}}{[MeInd]}$$

$$[MeInd] + H_2[EDTA]^{2-} \rightleftharpoons \underset{\text{Farbe 2}}{[MeEDTA]^{2-}} + Ind^{2-} + 2\,H^+$$

Hinweis:
Die Reaktionen sind pH-Wert abhängig, deshalb müssen der zu untersuchenden Lösung noch Puffer zugesetzt werden. Im Handel gibt es meist Indikator-Puffer-Tabletten, die den Indikator und das Puffersystem bereits enthalten.

Tipp
Eine Aufgabe hierzu finden Sie im
⦿ Kapitel 2.10 „Komplexchemie" auf Seite 74, Aufgabe 6.

Fällungstitration

Bei Fällungstitrationen bilden die zu bestimmenden Ionen mit der Maßlösung einen schwer löslichen Niederschlag in stöchiometrisch ablaufender Reaktion.

Argentometrie

Diese Analysenmethode wird hier beschrieben, weil man damit z. B. quantitativ Chlorid-Ionen im Leitungswasser bestimmen kann.
Bürette: Silbernitrat-Lösung $c(Ag^+) = 0{,}01\ mol \cdot \ell^{-1}$
Zu bestimmende Substanz: Chlorid-Ionen im Leitungswasser
Endpunktanzeige: Dem Leitungswasser werden einige Tropfen Chromat-Lösung zugesetzt. Wenn die Chlorid-Ionen verbraucht sind, bilden die Silber-Ionen das ebenfalls schwer lösliche Silberchromat. Die Titration ist beendet, wenn die rotbraune Farbe des Silberchromats sichtbar wird (fraktionierte Fällung)

A

1. **Aufgabe zur Argentometrie**

Der Gehalt an verschiedenen Inhaltsstoffen im Trinkwasser ist in der Trinkwasserverordnung gesetzlich festgelegt. So dürfen maximal 250 mg Chlorid-Ionen in einem Liter Wasser enthalten sein.

Bei der argentometrischen Titration mit Silbernitrat-Lösung,
$c(AgNO_3) = 0{,}01\ mol \cdot \ell^{-1}$, verbrauchen 100 ml Wasser 1,2 ml der Silbernitrat-Lösung.
Genügt das Trinkwasser diesen Anforderungen?

L

1. $AgNO_3 + Cl^- \longrightarrow AgCl + NO_3^-$

$n(AgNO_3) = n(Cl^-)$

$c(AgNO_3) \cdot V(AgNO_3) = \frac{m(Cl^-)}{M(Cl^-)}$

$m(Cl^-) = c(AgNO_3) \cdot V(AgNO_3\ M(Cl^-)$

$m(Cl^-) = 0{,}01\ mol \cdot \ell^{-1} \cdot 1{,}2 \cdot 10^{-3}\ \ell \cdot 169\ g \cdot mol^{-1}$

$m(Cl^-) = 2{,}04\ mg$

100 ml Wasser enthalten 2,04 mg Chlorid-Ionen.
In einem Liter sind demzufolge 20,4 mg Chlorid-Ionen enthalten.
Das Wasser entspricht bezüglich der Chlorid-Ionen den Anforderungen:
$20{,}4\ mg \ll 250\ mg$

Hinweis: Fällungstitrationen können auch konduktometrisch durchgeführt werden.

Gravimetrie

Bei der Gravimetrie werden die zu bestimmenden Teilchen unter genau festgelegten Arbeitsbedingungen in Form einer schwer löslichen Verbindung ausgefällt (Fällungsform) und abfiltriert. Anschließend wird durch Trocknen oder Glühen in eine definierte Wägeform umgewandelt.

Beispiel: Eisen(III)-Bestimmung

1: $NH_3 + H_2O \leftrightarrow OH^- + NH_4^+$	(basische Reaktion von Ammoniak)
2: $Fe^{3+} + 3\ OH^- + x\ H_2O \longrightarrow Fe(OH)_3 \cdot x\ H_2O \downarrow$	(Fällungsform)
3: $Fe(OH)_3 \cdot x\ H_2O \longrightarrow Fe_2O_3 + x\ H_2O \uparrow$	(Wägeform)

Hinweis: Eine praktische Durchführung der Gravimetrie ist für das Abitur aus Zeitgründen weniger geeignet, theoretische Berechnungen sind aber relevant.

A

2. Aufgabe zu zur Gravimetrie

Bei der gravimetrischen Trennung von Eisen(III)-Ionen und Nickel(II)-Ionen wird Eisen als Eisen(III)-hydroxid und Nickel als Bisdiacetyldioximatonickel(II) ausgefällt. Berechnen Sie die prozentualen Anteile für Eisen und Nickel, wenn aus einer Lösung von 400 mg Gemisch der geglühte Rückstand zur Eisenbestimmung 50 mg und der getrocknete Niederschlag zur Nickelbestimmung 560 mg beträgt.

L

2. Eisenbestimmung:

$Fe^{3+} + 3\ OH^- \rightarrow Fe(OH)_3$

$2\ Fe(OH)_3 \xrightarrow{\text{Glühen}} Fe_2O_3 + 3\ H_2O$

$m\,(1\ \text{mol}\ Fe_2O_3) = 160\ \text{g} \Rightarrow m\,(Fe) = 112\ \text{g}$

$m\,(\text{Rückstand}) = 50\ \text{mg} \Rightarrow m\,(Fe) = 35\ \text{mg}$

Bei einer Einwaage des Gemisches von 400 mg beträgt der Massenanteil an Eisen 8,75 %.

Nickelbestimmung:

$Ni^{2+} + 2\ C_4H_7O_2N_2^- \rightarrow Ni\,(C_4H_7O_2N_2)_2$

$m\,(1\ \text{mol}\ Ni(C_4H_7O_2N_2)_2) = 289\ \text{g} \Rightarrow m\,(Ni) = 59\ \text{g}$

$m\,(\text{Rückstand}) = 560\ \text{mg} \Rightarrow m\,(Ni) = 114\ \text{mg}$

Bei einer Einwaage des Gemisches von 400 mg beträgt der Massenanteil an Nickel 28,5 %.

6.3 Größengleichungen in der Chemie

Grundgleichungen

Berechnung zur Stoffmenge *n*

$n = \frac{N}{N_A}$	n	Stoffmenge einer Stoffportion in mol
	N	Teilchenanzahl einer Stoffportion
	N_A	Avogadro-Konstante $(6{,}0221367 \cdot 10^{23}\ mol^{-1})$
$n = \frac{m}{M}$	m	Masse in g
	M	molare Masse in $g \cdot mol^{-1}$
$n = \frac{V}{V_m}$ $n = \frac{V_n}{V_{m,n}}$	V_n	Normvolumen in ℓ
	$V_{m,n}$	molares Normvolumen in $\ell \cdot mol^{-1}$
$n = c \cdot V(Ls)$	c	Stoffmengenkonzentration eines Stoffes in $mol \cdot \ell^{-1}$
	$V(Ls)$	Volumen der Lösung in ℓ
$n = \frac{p \cdot V}{R \cdot T}$	p	Druck in Pa
	V	Volumen in m^3
	T	Temperatur in K
	R	(universelle) Gaskonstante $(8{,}314510\ J \cdot K^{-1} \cdot mol^{-1})$

Berechnungen zur molaren Masse *M*

$M = \frac{m}{n}$	m	Masse in g
	n	Stoffmenge in mol
$M = \frac{m \cdot V_{m,n}}{V_n}$	$V_{m,n}$	molares Normvolumen in $\ell \cdot mol^{-1}$
	V_n	Normvolumen in ℓ
$M = \frac{m \cdot R \cdot T}{p \cdot V}$	R	(universelle) Gaskonstante $(8{,}314510\ J \cdot K^{-1} \cdot mol^{-1})$
	T	Temperatur in K
	p	Druck in Pa
	V	Volumen in m^3
$M = V_m \cdot \varrho$	V_m	molares Volumen in $\ell \cdot mol^{-1}$
	ϱ	Dichte in $g \cdot \ell^{-1}$

Berechnungen zur Zusammensetzung

Massenanteil *w*

$w(B) = \frac{m(B)}{m(Gem)}$	m(B)	Masse des Stoffes B	
	m(Gem)	Masse des Stoffgemisches	
	Einheiten:	ℓ; %; ‰; ppm; ppb; ppt	
		% (Prozent)	entspricht 10^{-2}
		‰ (Promille)	entspricht 10^{-3}
		ppm (parts per million)	entspricht 10^{-6}
		ppb (part per billion)	entspricht 10^{-9}
		ppt (parts per trillion)	entspricht 10^{-12}

Volumentanteil φ

$\varphi(B) = \frac{V(B)}{\Sigma V(Ko)}$	$V(B)$	Volumen des Stoffes B
	$\Sigma V(Ko)$	Summe der Volumina der Komponenten des Stoffgemisches
	Einheiten:	ℓ; %; ‰; ppm, ppb, ppt

Stoffmengenanteil *x*

$x(B) = \frac{n(B)}{\Sigma n(Ko)}$	$n(B)$	Stoffmenge des Stoffes B
	$\Sigma n(Ko)$	Summe der Stoffmengen der Komponenten des Gemisches
	Einheiten:	ℓ; %; ‰: ppm, ppb, ppt

Massenkonzentration β

$\beta(B) = \frac{m(B)}{V(Ls)}$	$m(B)$	Masse des Stoffes B
	$V(Ls)$	Volumen der Lösung
	Einheit:	$g \cdot \ell^{-1}$

Volumenkonzentration σ

$\sigma(B) = \frac{V(B)}{V(Ls)}$	$\sigma(B)$	Volumenkonzentration des Stoffes B
	$V(Ls)$	Volumen der Lösung
	Einheit:	$\ell \cdot \ell^{-1}$

Stoffmengenkonzentration *c*

$c(B) = \frac{n(B)}{V(Ls)}$	$n(B)$	Stoffmenge des gelösten Stoffes B
	$V(Ls)$	Volumen der Lösung
	Einheiten:	$mol \cdot m^{-3}$; $mol \cdot \ell^{-1}$

Chemische Thermodynamik

Molare Volumenarbeit W_m

$W_m = -p \cdot \Delta_R V_m$	$\Delta_R V_m$	molares Reaktionsvolumen
Für die Reaktion $\nu_A A + \nu_B B \rightarrow \nu_C C + \nu_D D$ gilt:	ν	Stöchiometriezahl
$\Delta_R V_m = [\nu_C V_m(C) + \nu_D V_m(D)] - [\nu_A V_m(A) + \nu_B V_m(B)]$	$\Delta_R V_m = \Delta\nu(g) \cdot V_m$	
	$\Delta\nu(g) = (\nu_C + \nu_D) - (\nu_A + \nu_B)$	

Molare Reaktionenergie (Änderung der molaren inneren Energie) $\Delta_R U_m$

$\Delta_R U_m = Q_m - p \cdot \Delta_R V_m$	Q_m	molare Reaktionswärme

Molare Reaktionsenthalpie $\Delta_R H_m$

$\Delta_R H_m = \Delta_R U_m + p \cdot \Delta_R V_m$	W_m	molare Volumenarbeit
$\Delta_R H_m = \Delta_R U_m - W_m$		

Berechnung mit der kalorimetrischen Grundgleichung

$\Delta_R H_m = -\frac{m(H_2O) \cdot c_p(H_2O) \cdot \Delta T}{n_F}$ $\Delta_B H_m = -\frac{m(H_2O) \cdot c_p(H_2O) \cdot \Delta T \cdot M(Rp)}{m(Rp)}$	$m(H_2O)$	Masse des Kalorimeterwassers in g
	$c_p(H_2O)$	spezifische Wärmekapazität des Wassers bei konstantem Druck in $J \cdot g^{-1} \cdot K^{-1}$
	ΔT	Temperaturänderung in K
	n_F	Stoffmenge der Formelumsätze
	$\Delta_B H_m$	Molare Bildungsenthalpie
	Rp	Reaktionsprodukt

Berechnung der molaren Standardreaktionsenthalpie $\Delta_R H_m^0$ nach dem Satz von Hess

Für die Reaktion $\nu_A A + \nu_B B \rightarrow \nu_C C + \nu_D D$ gilt: $\Delta_R H_m^0 = [\nu_C \cdot \Delta_B H_m^0(C) + \nu_D \cdot \Delta_B H_m^0(D)]$ $- [\nu_A \cdot \Delta_B H_m^0(A) + \nu_B \cdot \Delta_B H_m^0(B)]$	$\Delta_B H_m^0$	molare Standardbildungsenthalpie in $kJ \cdot mol^{-1}$
	$\nu_{A,B,C,D}$	Stöchiomteriezahl der Stoffe A, B, C, D

Molare Lösungsenthalpie $\Delta_L H_m$

$\Delta_L H_m = \Delta_H H_m - \Delta_G H_m$	$\Delta_H H_m$	molare Hydratationsenthalpie in $kJ \cdot mol^{-1}$
	$\Delta_G H_m$	molare Gitterenthalpie in $kJ \cdot mol^{-1}$

Berechnung der molaren Gitterenthalpie $\Delta_G H_m$ (Born-Haber-Kreisprozess)

$\Delta_G H_m = \Delta_B H_m^0 - \Delta_S H_m^0 - \frac{1}{2} \cdot \Delta_D H_m^0 - \Delta_I H_m - \Delta_E H_m$	$\Delta_S H_m^0$	molare Standardsublimationsenthalpie in $kJ \cdot mol^{-1}$
	$\Delta_D H_m^0$	molare Standardbindungs- (Standarddissoziations-) enthalpie in $kJ \cdot mol^{-1}$
	$\Delta_I H_m$	molare Ionisierungsenthalpie in $kJ \cdot mol^{-1}$
	$\Delta_E H_m$	molare Elektronenaffinität in $kJ \cdot mol^{-1}$

Entropie S und molare Standardreaktionsentropie $\Delta_R S_m^0$

$S = k \cdot \ln W;\ k = \frac{R}{N_A}$	k	Boltzmann-Konstante
	W	thermodynamische Wahrscheinlichkeit
$\Delta_R S_m^0 = S_m^0(Rp) - S_m^0(As)$	S_m^0	molare Standardentropie
	Rp	Reaktionsprodukte
	As	Ausgangsstoffe

Molare freie Reaktionsenthalpie $\Delta_R G_m$ (Gibbs-Helmholtz-Gleichung)

$\Delta_R G_m = \Delta_R H_m - T \cdot \Delta_R S_m$	$\Delta_R G_m$	molare freie Reaktionsenthalpie in $kJ \cdot mol^{-1}$
	$\Delta_R S_m$	molare Reaktionsentropie in $J \cdot K^{-1} \cdot mol^{-1}$
	T	Temperatur der Reaktion in K

Reaktionskinetik

Durchschnittsgeschwindigkeit *v*

$v = \frac{\Delta c(A)}{\nu(A) \cdot \Delta t}$ bzw. $v = \frac{\Delta p(A)}{\nu(A) \cdot \Delta t}$	$\Delta c(A)$	Änderung der Stoffmengenkonzentration eines Ausgangsstoffes
	ν	Stöchiometriezahl
	$\Delta p(A)$	Änderung des Partialdruckes eines Ausgangsstoffes

Momentangeschwindigkeit *v*

$$v = \frac{1}{\nu(A)} \cdot \frac{dc(A)}{dt} \text{ bzw. } v = \frac{1}{\nu(A)} \cdot \frac{dp(A)}{dt}$$

Geschwindigkeit für eine Reaktion erster Ordnung

Für die Reaktion $A \rightarrow B + C$ gilt:	k	Reaktionsgeschwindigkeitskonstante
$v = \frac{dc(A)}{dt} = k \cdot c(A)$	$c(A)$	Stoffmengenkonzentration des Stoffes A
$\ln\{c(A)\} = \ln\{c_0(A)\} - k \cdot t$	t	Zeit
	c_0	Anfangskonzentration des Stoffes A
	$\{c(A)\} = \frac{c(A)}{mol \cdot \ell^{-1}}$	

Geschwindigkeitsgleichung für eine Reaktion zweiter Ordnung

Für die Reaktion $A \rightarrow B + \ldots$ gilt:

$$v = \frac{dc(A)}{dt} = k \cdot c^2(A)$$

$$\frac{1}{c(A)} = \frac{1}{c_0(A)} + k \cdot t$$

Reaktionsgeschwindigkeit und Temperatur (Arrhenius-Gleichung)

$k = A \cdot e^{-\frac{E_A}{R \cdot T}}$	k	Reaktionsgeschwindigkeitskonstante
$\ln\{k\} = \ln\{A\} - \frac{E_A}{R \cdot T}$	A	Aktionskonstante (Frequenzfaktor)
	e	Euler'sche Zahl
	E_A	molare Aktivierungsenergie
	R	(universelle) Gaskonstante
	T	absolute Temperatur

Chemisches Gleichgewicht

Massenwirkungsgesetz (MWG)

Für die Reaktion $\nu_A A + \nu_B B \rightleftharpoons \nu_C C + \nu_D D$ gilt:	K_p, K_c Gleichgewichtskonstanten
$K_c = \frac{c^{\nu_C}(C) \cdot c^{\nu_D}(D)}{c^{\nu_A}(A) \cdot c^{\nu_B}(B)}$	c Stoffmengenkonzentration
$K_p = \frac{p^{\nu_C}(C) \cdot p^{\nu_D}(D)}{p^{\nu_A}(A) \cdot p^{\nu_B}(B)}$	p Partialdruck
$K_p = K_c \cdot (R \cdot T)^{\Delta\nu}$	ν Stöchiometriezahl
	Einheit der Gleichgewichtskonstante K_c: $(\text{mol} \cdot \ell^{-1})^{\Delta\nu}$ mit $\Delta\nu = (\nu_C + \nu_D) - (\nu_A + \nu_B)$
	Einheit der Gleichgewichtskonstante K_p: $\text{kPa}^{\Delta\nu}$

Gleichgewichtskonstante *K*

Molare feie Standardreaktionsenthalpie $\Delta_R G_m^0$ und Gleichgewichtskonstante K

$$\Delta_R G_m^0 = -R \cdot T \cdot \ln\{K\}$$

Temperaturabhängigkeit der Gleichgewichtskonstanten (VAN'T-HOFF-Gleichung)

$$\frac{d\ln\{K\}}{dT} = \frac{\Delta_R H_m^0}{R \cdot T^2}$$

Für die Berechnung der Gleichgewichtskonstante bei verschiedenen Temperaturen gilt:

$$\ln\{K_2\} = \ln\{K_1\} + \frac{\Delta_R H_m^0}{R} \cdot \frac{T_2 - T_1}{T_1 \cdot T_2}$$

Säure-Base-Gleichgewichte

Ionenprodukt K_W und Ionenexponent des Wassers pK_W

$K_W = c(H_3O^+) \cdot c(OH^-)$	$K_W = 10^{-14}\ \text{mol}^2 \cdot \ell^{-2}$ (bei 22 °C)
$pK_W = -\lg\{K_W\}$	$\{K_W\}$ Zahlenwert für das Ionenprodukt des Wassers
$pK_W = pH + pOH = 14$	

pH-Wert und pOH-Wert

$pH = -\lg\{c(H_3O^+)\}$	$c(H_3O^+)$ Hydronium-Ionenkonzentration in $\text{mol} \cdot \ell^{-1}$
$c(H_3O^+) = 10^{-pH}$	$\{c(H_3O^+)\}$ Zahlenwert der Hydronium-Ionenkonzentration
$pOH = -\lg\{c(OH^-)\}$	$c(OH^-)$ Hydroxid-Ionenkonzentration in $\text{mol} \cdot \ell^{-1}$
	$\{c(OH^-)\}$ Zahlenwert der Hydroxid-Ionenkonzentration

Säurekonstante K_S und Säureexponent pK_S

Für die Reaktion $HA + H_2O \rightleftharpoons H_3O^+ + A^-$ gilt:	HA Säure
$K_S = \frac{c(H_3O^+) \cdot c(A^-)}{c(HA)}$	H_3O^+ korrespondierende Base
$pK_S = -\lg K_S$	K_S Säurekonstante in $\text{mol} \cdot \ell^{-1}$
$pK_S = 14 - pK_B$	pK_S Säureexponent
	$\{K_S\}$ Zahlenwert der Säurekonstante

Basekonstante K_B und Baseexponent pK_B

Für die Reaktion $B + H_2O \rightleftharpoons OH^- + BH^+$ gilt:

$$K_B = \frac{c(OH^-) \cdot c(BH^+)}{c(B)}$$

$$pK_B = -\lg\{K_B\}$$

$$pK_B = 14 - pK_S$$

B	Base
BH^+	korrespondierende Säure
K_B	Basekonstante in $mol \cdot \ell^{-1}$
pK_B	Baseexponent
$\{K_B\}$	Zahlenwert der Basekonstante

Protolysegrad der Säure α_S und der Base α_B

$$\alpha_S = \frac{c(H_3O^+)}{c_0(HA)} \quad \alpha_B = \frac{c(OH^-)}{c_0(B)}$$

$c_0(HA)$	Ausgangskonzentration der Säure HA
$c_0(B)$	Ausgangskonzentration der Base B

Ostwald'sches Verdünnungsgesetz

$$K_S = \frac{\alpha_S^2}{1-\alpha_S} \cdot c_0(HA) \quad K_B = \frac{\alpha_B^2}{1-\alpha_B} \cdot c_0(B)$$

Berechnung des pH-Wertes wässriger Lösungen

sehr starke Säuren ($K_S\,.\,10^{1,74}\ mol \cdot \ell^{-1}$): $pH = -\lg\{c_0(HA)\}$

mittelstarke bis sehr schwache Säuren ($K_S\,,\,10^{-4}\ mol \cdot \ell^{-1}$): $pH = \frac{1}{2}(pK_S - \lg\{c_0(HA)\})$

starke Säuren $\left(10^{-2}\,,\,\frac{K_S}{c_0}\,,\,10^2\right)$: $c(H_3O^+) = -\frac{K_S}{2} + \sqrt{\left(\frac{K_S}{2}\right)^2 + K_S \cdot c_0(HA)}$

Ampholyte: $pH = \frac{1}{2}(14 + pK_S - pK_B)$

pH-Wert einer Pufferlösung (Henderson-Hasselbalch-Gleichung)

$$pH = pK_S + \lg\frac{c(A)}{c(HA)}$$

Auswertung von Titrationen

$$z_1 \cdot c_1 \cdot V_1 = z_2 \cdot c_2 \cdot V_2$$

Berechnung der Stoffmengenkonzentration:

$$c_1 = \frac{c_2 \cdot V_2}{V_1} \cdot \frac{z_2}{z_1}$$

Berechnung der Masse:

$$m_1 = M_1 \cdot c_2 \cdot V_2 \cdot \frac{z_2}{z_1}$$

c_1	Stoffmengenkonzentration der zu bestimmenden Lösung
c_2	Stoffmengenkonzentration der Maßlösung
V_1	Volumen der zu bestimmenden Lösung
V_2	Volumen der verbrauchten Maßlösung
n_1	Stoffmenge des zu bestimmenden Stoffes
M_1	molare Masse des zu bestimmenden Stoffes
z_1	Äquivalenzzahl des Stoffes in der zu bestimmenden Lösung
z_2	Äquivalenzzahl des Stoffes in der Maßlösung

Komplex-Gleichgewichte

Komplexzerfallskonstante K_D und Komplexzerfallsexponent pK_D

Für das Gleichgewicht $ML_n \rightleftharpoons M + n\,L$ gilt: $K_D = \frac{c(M) \cdot c^n(L)}{c(ML_n)}$ $K_D = \frac{1}{K_{St}}$ $pK_D = -\lg\{K_D\} = \lg\{K_{St}\}$	K_{St} Komplexstabilitätskonstante pK_D Komplexzerfallsexponent $\{K_{St}\}$ Zahlenwert der Komplexstabilitätskonstanten

Löslichkeitsgleichgewichte

Löslichkeitsprodukt K_L und Löslichkeitsexponent pK_L

Für das Gleichgewicht $M_aL_b \rightleftharpoons a\,M^{m+} + b\,L^{n-}$ gilt: $K_L(M_aL_b) = c^a(M^{m+}) \cdot c^b(L^{n-})$ $pK_L = -\lg\{K_L\}$	Einheit des Löslichkeitsprodukts: $K_L(M_aL_b)$: $mol^{a+b} \cdot \ell^{-(a+b)}$ $\{K_L\}$ Zahlenwert des Löslichkeitsproduktes

Löslichkeit l

$$l(M_aL_b) = \sqrt[a+b]{\frac{K_L(M_aL_b)}{a^a \cdot b^b}}$$

Elektrochemie

Berechnung nach den Faraday'schen Gesetzen

$I \cdot t = F \cdot n \cdot z$ $\frac{m}{M} = \frac{I \cdot t}{z \cdot F}$	F Faraday-Konstante ($9{,}648\,53 \cdot 10^4\ C \cdot mol^{-1}$) n Stoffmenge in mol z Anzahl der Elementarladungen t Zeit M molare Masse m Masse I elektrische Stromstärke

Berechnung des Redoxpotenzials E (Nernst-Gleichung)

Für die Reaktion $Red \rightleftharpoons Ox + z \cdot e^-$ gilt: $E = E^0 + \frac{R \cdot T}{z \cdot F} \cdot \ln\frac{c(Ox)}{c(Red)}$ Für 25 °C ergibt sich: $E = E^0 + \frac{0{,}059\ V}{z} \cdot \lg\frac{c(Ox)}{c(Red)}$ $E = E^0 + \frac{0{,}059\ V}{z} \cdot \lg c(Me^{z+})$	E Redoxpotenzial in V E^0 Standardelektrodenpotenzial für die Redoxreaktion in V z ausgetauschte Eletkronenanzahl je Formelumsatz $c(Ox)$ Stoffmengenkonzentration des Oxidationsmittels $c(Red)$ Stoffmengenkonzentration des Reduktionsmittels $c(Me^{z+})$ Stoffmengenkonzentration der Metall-Ionen

Zellspannung *E*

$E = \Delta E = E\,(\text{Kathode}) - E\,(\text{Anode})$	U	Zellspannung in V

Zellspannung *E* und pH-Wert einer Lösung

Aus der Zellspannung *U* einer Konzentrationszelle, die aus einer Standard-Wasserstoff-Halbzelle und einer Wasserstoff-Halbzelle mit einer Elektrolytlösung besteht, lässt sich der pH-Wert der Lösung berechnen:

$\text{pH} = -\frac{E}{0{,}059\ \text{V}}$

Zellspannung *E* und Gleichgewichtskonstante *K*

Im elektrochemischen Gleichgewicht bei $U = 0$ gilt: $U^0 = \frac{R \cdot T}{z \cdot F} \cdot \ln\{K\}$	U^0	Standardzellspannung

Molare freie Reaktionsenthalpie $\Delta_R G_m$ und Zellspannung *E*

$\Delta_R G_m = -z \cdot F \cdot U$

Halbwertszeit und Aktivität

$t_{\frac{1}{2}} = \frac{\ln 2}{\lambda}$	$t_{\frac{1}{2}}$	Halbwertszeit
$A = \lambda \cdot N = \ln 2 \frac{N_A \cdot m}{t_{\frac{1}{2}} \cdot M}$	λ	Zerfallskonstante in s^{-1}
	A	Aktivität eines Radionuklids
	N	Anzahl der zerfallsfähigen Kerne des Präparats
	m	Masse des Präparats
	M	molare Masse
	N_A	AVOGADRO-Konstante ($6{,}022\,136\,7 \cdot 10^{23}\ \text{mol}^{-1}$)

Radioaktives Zerfallsgesetz

$N = N_0 \cdot e^{-\lambda \cdot t}$	N	Anzahl der vorhandenen Atomkerne zum Zeitpunkt *t*
$\ln N = \ln N_0 \;\; \lambda \cdot t = \ln N_0 \frac{\ln 2}{t_{\frac{1}{2}}} \cdot t$	N_0	Anzahl der vorhandenen Atomkerne zum Zeitpunkt $t = 0$

6.4 Molare Standardgrößen anorganischer Stoffe

Tabellierungsbedingungen: 25 °C (298 K) und 1000 hPa

Name	Formel	Aggregat-zustand	$\Delta_f H_m^0$ in $kJ \cdot mol^{-1}$	$\Delta_f G_m^0$ in $kJ \cdot mol^{-1}$	S_m^0 in $J \cdot K^{-1} \cdot mol^{-1}$
Aluminium	Al	s	0	0	28
Aluminium-Ion	Al^{3+}	aq	−531	−481	−321
Aluminiumbromid	$AlBr_3$	s	−511	−488	180
Aluminiumoxid	α-Al_2O_3	s	−1676	−1583	51
Ammoniak	NH_3	g	−46	−16	193
Ammoniak	NH_3	aq	−80	−27	111
Ammonium-Ion	NH_4^+	aq	−133	−79	111
Ammoniumchlorid	NH_4Cl	s	−314	−203	95
Ammoniumnitrat	NH_4NO_3	s	−366	−184	151
Barium-Ion	Ba^{2+}	aq	−538	−561	10
Bariumchlorid-Dihydrat	$BaCl_2 \cdot 2\,H_2O$	s	−1460	−1296	203
Bariumsulfat	$BaSO_4$	s	−1473	−1362	132
Blei	Pb	s	0	0	65
Blei(II)-Ion	Pb^{2+}	aq	1	−24	18
Blei(II)-chlorid	$PbCl_2$	s	−359	−314	136
Blei(II)-nitrat	$Pb(NO_3)_2$	s	−457	−264	225
Blei(II)-sulfat	$PbSO_4$	s	−920	−813	149
Blei(II)-sulfid	PbS	s	−98	−97	91
Brom	Br_2	g	31	3	245
Brom	Br_2	l	0	0	152
Bromid-Ion	Br^-	aq	−121	−104	83
Bromwasserstoff	HBr	g	−36	−53	199
Bromwasserstoffsäure	HBr_{aq}	aq	−122	−104	82
Calcium-Ion	Ca^{2+}	aq	−543	−533	−56
Calciumcarbid	CaC_2	s	−59	−64	70
Calciumcarbonat (Calcit)	$CaCO_3$	s	−1208	−1130	93
Calciumchlorid-Hexahydrat	$CaCl_2 \cdot 6\,H_2O$	s	−2608		
Calciumhydroxid	$Ca(OH)_2$	s	−986	−898	83
Calciumoxid	CaO	s	−635	−603	38
Calciumsulfat-Dihydrat	$CaSO_4 \cdot 2\,H_2O$	s	−2023	−1797	194
Carbonat-Ion	CO_3^{2-}	aq	−675	−528	−50
Chlor	Cl_2	g	0	0	223
Chlorid-Ion	Cl^-	aq	−167	−131	57
Chlorwasserstoff	HCl	g	−92	−95	187
Chlorwasserstoffsäure (Salzsäure)	HCl	aq	−167	−131	56
Distickstoffmonooxid	N_2O	g	82	104	220
Eisen	Fe	s	0	0	27
Eisen(II)-Ion	Fe^{2+}	aq	−89	−79	−138
Eisen(III)-Ion	Fe^{3+}	aq	−49	−5	−316
Eisen(II)-oxid	FeO	s	−266	−245	59

Name	Formel	Aggregatzustand	$\Delta_f H_m^0$ in $kJ \cdot mol^{-1}$	$\Delta_f G_m^0$ in $kJ \cdot mol^{-1}$	S_m^0 in $J \cdot K^{-1} \cdot mol^{-1}$
Eisen(III)-oxid	Fe_2O_3	s	-823	-741	87
Eisen(II,III)-oxid	Fe_3O_4	s	-1116	-1013	143
Eisen(II)-sulfid	FeS	s	-102	-102	60
Eisendisulfid (Pyrit)	FeS_2	s	-172	-161	53
Fluor	F_2	g	0	0	203
Fluorid-Ion	F^-	aq	-335	-281	-14
Fluorwasserstoff	HF	g	-271	-275	174
Hydroxid-Ion	OH^-	aq	-230	-157	-11
Iod	I_2	g	62	19	260
Iod	I_2	s	0	0	116
Iodid-Ion	I^-	aq	-55	-52	106
Iodwasserstoff	HI	g	26	2	207
Kalium	K	s	0	0	65
Kalium-Ion	K^+	aq	-252	-284	101
Kaliumbromid	KBr	s	-394	-381	96
Kaliumchlorid	KCl	s	-437	-409	83
Kaliumdichromat	$K_2Cr_2O_7$	s	-2062	-1882	291
Kaliumhydroxid	KOH	s	-425	-379	79
Kaliumnitrat	KNO_3	s	-495	-395	133
Kaliumpermanganat	$KMnO_4$	s	-837	-738	172
Kohlenstoff (Diamant)	C	s	2	3	2
Kohlenstoff (Graphit)	C	s	0	0	6
Kohlenstoffdioxid	CO_2	g	-394	-394	214
Kohlenstoffmonooxid	CO	g	-111	-137	198
Kupfer	Cu	s	0	0	33
Kupfer(I)-Ion	Cu^+	aq	72	50	41
Kupfer(II)-Ion	Cu^{2+}	aq	65	65	-98
Kupfer(II)-chlorid-Dihydrat	$CuCl_2 \cdot 2\,H_2O$	s	-821	-656	167
Kupfer(I)-oxid	Cu_2O	s	-171	-148	92
Kupfer(II)-oxid	CuO	s	-156	-129	43
Kupfer(II)-sulfat	$CuSO_4$	s	-770	-661	109
Kupfer(II)-sulfat-Pentahydrat	$CuSO_4 \cdot 5\,H_2O$	s	-2280	-1880	300
Kupfer(II)-sulfid	CuS	s	-54	-55	67
Magnesium	Mg	s	0	0	33
Magnesium-Ion	Mg^{2+}	aq	-467	-455	-137
Magnesiumcarbonat	$MgCO_3$	s	-1112	-1028	66
Magnesiumchlorid	$MgCl_2$	s	-644	-595	90
Magnesiumhydroxid	$Mg(OH)_2$	s	-925	-834	63
Magnesiumoxid	MgO	s	-601	-568	27
Magnesiumsulfat-Heptahydrat	$MgSO_4 \cdot 7\,H_2O$	s	-3389	-2872	372
Mangan(II)-Ion	Mn^{2+}	aq	-221	-228	-74
Mangan(IV)-oxid (Braunstein)	MnO_2	s	-522	-467	53
Natrium	Na	s	0	0	51
Natrium-Ion	Na^+	aq	-240	-262	58
Natriumbromid	NaBr	s	-361	-349	87

Name	Formel	Aggregatzustand	$\Delta_f H_m^0$ in $kJ \cdot mol^{-1}$	$\Delta_f G_m^0$ in $kJ \cdot mol^{-1}$	S_m^0 in $J \cdot K^{-1} \cdot mol^{-1}$
Natriumcarbonat (Soda)	Na_2CO_3	s	−1131	−1044	135
Natriumchlorid	$NaCl$	s	−411	−384	72
Natriumhydrogencarbonat	$NaHCO_3$	s	−936	−836	102
Natriumhydroxid	$NaOH$	s	−425	−379	64
Natriumnitrat	$NaNO_3$	s	−468	−367	117
Natriumoxid	Na_2O	s	−418	−379	75
Nitrat-Ion	NO_3^-	aq	−207	−111	147
Ozon	O_3	g	143	163	239
Permanganat-Ion	MnO_4^-	aq	−541	−447	191
Phosphat-Ion	PO_4^{3-}	aq	−1277	−1019	−220
Phosphor(V)-oxid	P_4O_{10}	s	−3010	−2726	229
Phosphorsäure	H_3PO_4	s	−1279	−1119	110
Salpetersäure	HNO_3	l	−174	−81	156
Sauerstoff	O_2	g	0	0	205
Schwefel (rhombisch)	S	s	0	0	32
Schwefel	S_8	g	98	46	430
Schwefeldioxid	SO_2	g	−297	−300	248
Schwefelsäure	H_2SO_4	l	−814	−690	157
Schwefeltrioxid	SO_3	g	−396	−371	257
Schwefelwasserstoff	H_2S	g	−21	−35	206
Sulfat-Ion	SO_4^{2-}	aq	−909	−744	19
Sulfid-Ion	S^{2-}	aq	33	86	−15
Sulfit-Ion	SO_3^{2-}	aq	−635	−487	−29
Silber	Ag	s	0	0	43
Silber-Ion	Ag^+	aq	106	77	73
Silberbromid	$AgBr$	s	−101	−98	107
Silberchlorid	$AgCl$	s	−127	−110	96
Silberiodid	AgI	s	−62	−66	116
Silbernitrat	$AgNO_3$	s	−124	−33	141
Siliciumdioxid (Quarz)	SiO_2	s	−911	−856	41
Stickstoff	N_2	g	0	0	192
Stickstoffdioxid	NO_2	g	33	51	240
Stickstoffmonooxid	NO	g	90	87	211
Thiosulfat-Ion	$S_2O_3^{2-}$	aq	−652	−522	67
Tetraamminkupfer(II)-Ion	$[Cu(NH_3)_4]^{2+}$	aq	−349	−111	232
Wasser	H_2O	g	−242	−229	189
Wasser	H_2O	l	−286	−237	70
Wasserstoff-Ion	H^+	aq	0	0	0
Wasserstoffperoxid	H_2O_2	l	−188	−120	110
Zink	Zn	s	0	0	42
Zink-Ion	Zn^{2+}	aq	−153	−147	−110
Zinkchlorid	$ZnCl_2$	s	−415	−369	111
Zinkoxid	ZnO	s	−350	−320	44
Zinksulfid (Zinkblende)	ZnS	s	−205	−202	58

6.5 pK_S- und pK_B-Werte bei 25 °C

pK_S		Säuren (HA)	Basen (A^-)		pK_B
	Perchlorsäure	$HClO_4$	ClO_4^-	Perchlorat-Ion	
	Iodwasserstoff	HI	I^-	Iodid-Ion	
	Bromwasserstoff	HBr	Br^-	Bromid-Ion	
	Chlorwasserstoff	HCl	Cl^-	Chlorid-Ion	
	Schwefelsäure	H_2SO_4	HSO_4^-	Hydrogensulfat-Ion	
	Salpetersäure	HNO_3	NO_3^-	Nitrat-Ion	
	Hydronium-Ion	H_3O^+	H_2O	Wasser	
1,0	Oxalsäure	$HOOC_2COOH$	$HOOC_2COO^-$	Hydrogenoxalat-Ion	13,0
1,6	Schweflige Säure	H_2SO_3	HSO_3^-	Hydrogensulfit-Ion	12,4
1,6	Hydrogensulfat-Ion	HSO_4^-	SO_4^{2-}	Sulfat-Ion	12,4
2,0	Phosphorsäure	H_3PO_4	$H_2PO_4^{2-}$	Dihydrogenphosphat-Ion	12,0
2,2	Hexaaqua-eisen(III)-Ion	$[Fe(H_2O)_6]^{3+}$	$[FeOH(H_2O)_5]^{2+}$	Pentaaquahydroxo-eisen(III)-Ion	11,8
2,9	Fluorwasserstoff	HF	F^-	Fluorid-Ion	11,1
3,0	Salpetrige Säure	HNO_2	NO_2^-	Nitrit-Ion	11,0
3,55	Ameisensäure	$HCOOH$	$HCOO^-$	Formiat-Ion	10,45
4,65	Essigsäure	CH_3COOH	CH_3COO^-	Acetat-Ion	9,35
5,0	Hexaaqua-aluminium-Ion	$[Al(H_2O)_6]^{3+}$	$[AlOH(H_2O)_5]^{2+}$	Pentaaquahydroxo-aluminium-Ion	9,0
6,2	Kohlensäure	H_2CO_3	HCO_3^-	Hydrogencarbonat-Ion	7,8
6,8	Schwefelwasserstoff	H_2S	HS^-	Hydrogensulfid-Ion	7,2
6,9	Dihydrogenphosphat-Ion	$H_2PO_4^-$	HPO_4^{2-}	Hydrogenphosphat-Ion	7,1
9,0	Hexaaqua-zink-Ion	$[Zn(H_2O)_6]^{2+}$	$[ZnOH(H_2O)_5]^+$	Pentaaquahydroxo-zink-Ion	5,0
9,0	Borsäure	H_3BO_3	$H_2BO_3^-$	Dihydrogenborat-Ion	5,0
9,3	Ammonium-Ion	NH_4^+	NH_3	Ammoniak	4,7
10,0	Hydrogencarbonat-Ion	HCO_3^-	CO_3^{2-}	Carbonat-Ion	4,0
11,7	Hydrogenphosphat-Ion	HPO_4^{2-}	PO_4^{3-}	Phosphat-Ion	2,3
13,8	Hydrogensulfid-Ion	HS^-	S^{2-}	Sulfid-Ion	0,2
	Wasser	H_2O	OH^-	Hydroxid-Ion	
	Ethanol	C_2H_5OH	$C_2H_5O^-$	Ethanolat-Ion	
	Ammoniak	NH_3	NH_2^-	Amid-Ion	
	Hydroxid-Ion	OH^-	O^{2-}	Oxid-Ion	
	Wasserstoff	H_2	H^-	Hydrid-Ion	

Stichwortverzeichnis

M

N

O

P

Q

R

S

T

V

W

X

Z

Schroedel

fit fürs abi

Abi-Wissen in Bestform

- Die umfassende Vorbereitung auf das Abitur
- Hilft zuverlässig, Abiturthemen erfolgreich zu trainieren
- Mit vielen Tipps und Hinweisen für die Prüfung

Zwei starke Begleiter

Oberstufenwissen
für die Fächer:

- Biologie
- Chemie
- Deutsch
- Englisch
- Erdkunde
- Geschichte
- Mathematik
- Physik
- Referat und Facharbeit

Klausur-Training
für die Fächer:

- Biologie
- Chemie
- Mathematik
- Physik